# 宇宙从何而来

## THE EMERGENCE

## OF

## THE UNIVERSE

傅渥成 作品
*Wocheng Fu Works*

CTS K 湖南科学技术出版社　博集天卷 CS-BOOKY

或许上帝的一位天使巡视了一遍无边无际的混沌之海，
然后他用手指轻轻地搅了一下。
在方程的这个微小而短暂的涡动中，
我们的宇宙成形了。

马丁·加德纳

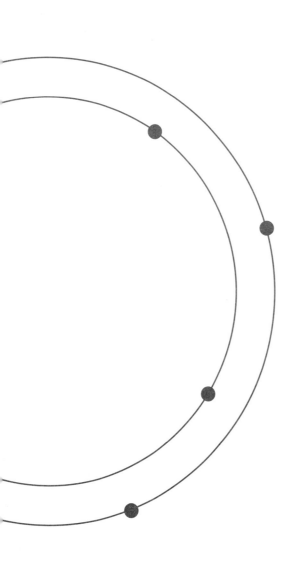

# 这就是现代物理！

　　傅渥成把《宇宙从何而来》这本书的书稿发给我的时候，我正在美国圣塔菲研究所（Santa Fe Institute）做为期两个月的学术访问。该研究所坐落在新墨西哥州圣塔菲市北部的一座毫不起眼的小山顶上，但却是全球复杂性研究的学术重镇和中心。所以，在这样一个学术圣地能够读到傅渥成这本讨论复杂、新物理学革命的书更是让我激动万分。

　　这本书我基本上是一口气儿读完的。能有这样的阅读体验非常难得，至少我自己已经好久没有读过这样的书了。傅渥成巧妙地将物理学史、轶闻趣事和科学概念糅合到了一起，以一种近似意识流的方式呈现给读者。而且，更难能可贵的是，该书科普的内容并不是经典的老掉牙的玩意儿，而是当前理论物理界正在经历的革命——第二次量子革命。我相信，甚至连那些处在前沿阵地的学者们都还没有来得及将这些新知识打包、整理，但这本书居然做到了，而且是那么自然地将知识融入在了一个个的故事当中。

如果用一个词儿来概括这本书所讲述的内容，我更愿意用"系统物理学"，一种采用系统科学和复杂性的视角来重新看待整个物理学的尝试。

什么是系统视角呢？简单说就是"务虚"的视角。都市中随处可见的霓虹灯展示牌上，漂亮女模特正在一边走着"猫步"一步冲你挤眉弄眼，但你会毫不理会，无动于衷。这是因为，你明明知道这个女模特是由成百上千的电灯泡组成的"虚幻泡影"，难道还有什么东西比这更虚吗？然而，当前物理学却在说，没错，但我们的基本粒子就是宇宙霓虹灯上的"虚幻泡影"。

我们都认为凭借着一个人个人的才华和努力一定会获得成功，但是现在的社会学研究却告诉我们你的社交关系才是制约你成功的关键因素。换句话说，重要的不再是事物本身，而是你与周围事物的相互作用关系。还有什么视角比这更虚幻的？现代物理学的最新成果却告诉我们，不仅仅是社交网络，连基本粒子也是这样的。粒子之间的纠缠决定了一切。

看着那些网瘾少年们一个个沉浸在大型网络游戏中不能自拔，我们忍不住会说一句"难道他们就不能活得更真实一些吗？"然而，你凭什么认为你所赖以生存的真实世界就比网络游戏更加真实呢？最新的物理学研究告诉我们，我们整个宇宙就是一台超大号、升级版的"黑客帝国"，只不过，那台模拟用的计算机是一台最新版的量子计算机！很难想象，我们每一个实实在在的灵魂都是这台量子计算机上的转瞬即逝的霓虹图案，还有什么比这更虚吗？

然而，这就是现代物理学！那个我们熟悉的基于原子、像钟表一样运作的牛顿式宇宙已经一去不复返了；取而代之的，是物理学中的"3E"，即 Energy（能量）、Entropy（熵）和 Entanglement（纠缠）。

Energy 恐怕是这三个 E 中我们最熟悉的一个了，然而我们可能不熟悉的是，能量所代表的并不是可以还原到每个粒子的基本属性，而是一个制约整个系统守恒特性的"系统"属性，而且它和系统所处时空中时间流逝的均匀性密切相关。

Entropy 是一个最容易让普通读者摸不着头脑的物理学概念，但却是一个远比力、速度、温度等更重要得多的物理量。甚至熵可以被看作是联通物理与人文、主观与客观、虚拟与实在的重要桥梁。我们都熟悉的是，熵代表了一个系统的混乱度。但令人费解的是，熵不仅与代表无序的死亡、衰败等现象有关；也与生命的起源、自繁殖、进化等代表有序的现象有关。而且，熵又是度量信息的基本单位，制约着互联网、电话、计算机等的运作。所以，熵的含义之广，甚至让我觉得即使科学家也未必全面把握。

就在我们为"熵"头疼不已的时候，物理学又突然冒出了一个 Entanglement。可以说，纠缠在未来物理学中扮演的角色会丝毫不亚于能量与熵。这不，最近炒得沸沸扬扬的"第二次量子革命"就把人类期盼已久的"量子引力"理论建立在了纠缠的基础上。谁在和谁发生纠缠并不重要，重要的就是纠缠本身。这种关系不仅决定了物质的基本属性，而且是定义时空的基本物理量。

历史上，每一次重大科学认识突破都会造成人类社会史无前例的变革。然而，就在你对人工智能革命、区块链革命、基因革命等革命应接不暇的时候，物理学却在时空、物质和宇宙等底层革掉了你对整个世界认知的命。

张 江

北京师范大学教授

集智 AI 学园、集智俱乐部创始人

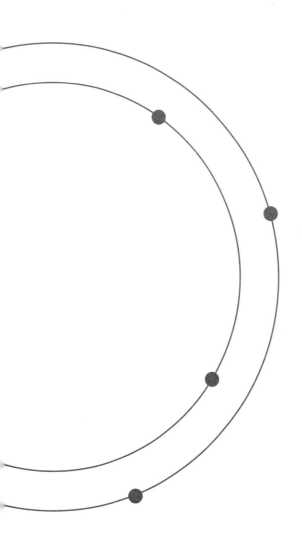

# 物理可以这般有趣

我作为二十世纪八十年代末的大学生，当初本科主修物理，纯粹是一种以出国留学为目的，功利性的，缺乏内在兴趣和好奇心推动的行为。尽管野蛮暴力的题海战术可以对付应试教育于一时，但是对许多基本概念实际是模糊的，甚至严重缺失。而对物理研究的历史，人们如何不断提升对于复杂客观世界之理解的曲折过程，是非常无知的。

现在有了闲，对于功利的需求不那么强烈后，发现物理研究是一个非常有趣，值得深入思考，并可以帮助指导实践的东西。

傅渥成同学（真名唐乾元，南京大学物理博士，知名科学科普博主，现任东京大学综合文化研究科特任研究员）将要推出一本物理科普书《宇宙从何而来》，有幸提前获得书稿，读得津津有味，把一些感想随手写出来。

作者在书中，用浅显易懂的语言，把历史上物理学家对客观世界认识的不断提高的故事，娓娓道来。三百页的书，许多片段，读起来都津津有味。处处都可以感受到作者渊博的知识，和对各种物理概念、现象和理论的深刻把握。

几个例子，信手拈来：

人们如何从热质说的认识，变成热是一种能量。

发现能量守恒定律的灵感，来自于一个给水手放血治疗的随船医生。

"黑洞" 比喻成 社交网络里小众而封闭的粉丝圈。

"虫洞" 对应于社交网络里面的 "长程连接"。

"面向对象（个体）" 的物理学转向 "面向关系的" 物理学。

虫洞 = 量子纠缠（ER = EPR）。

量子力学的 "退相干" 和 "时间之箭"。

"时间" 和 "温度" 这两个概念在深层次上的统一性。

信息与物质的统一。

……


普通人没有意识到物理的发展，各种理论的不断更新，是一个非常有趣的过程。里面很多经验教训，方法论，数学模型可以被其它领域借鉴。


如果运用得当，在投资领域是有可能赚大钱的。其中的秘诀，在于**使用不同于大众的理论框架，从大众没有看到的角度，看到大众没有看到的价值**。

如果像华尔街多数人一样，工具和框架和别人雷同，每天和大家一样读财报，看各种宏观经济数据，用 Black-Scholes-Merton（期权定价模型）计算期权定价，算 Sharpe Ratio（夏普比率），盯盘累得像狗一样，每天患得患失地计算 profit & loss（利润表），很难有大出息。

最终极有可能拉上各种颈椎、脊椎、心血管疾病、抑郁症……把毕生积蓄奉献给医疗行业。

　　书中提到一个有趣的故事，物理学家波尔，思维框架里一直把光当成一种波。1923 年在所谓的康普顿效应里，人们观察到，X 射线和伽马射线与电子作用后波长发生了变化。当时"光作为一种粒子"的概念，还不被主流物理学界接受。

　　为了解释这个现象，"视波动理论为信条"的波尔，甚至想要弱化能量守恒定律，把它变成一个宏观的统计学定律，而能量微观到粒子上，是可能不守恒的。后来因为进一步的实验结果，和波尔的理论不吻合，波尔终于承认了错误。

　　在金融投资和很多其它领域内，我们看到的更多的现象是：**人们的思维框架一旦固化，当现实和自己的理论不断冲突时，不去反思改正自己的基本理论信条、框架或者范式，而要么是在错误的泥潭里越陷越深，愤世嫉俗地破口大骂；要么走上迷信和玄学的道路。**

　　有趣的故事之二，日裔物理学家南部阳一郎在 1957 年超导理论 BCS 模型发布之后，发现里面的超导体能谱中电子的能量动量关系，在数学公式上，和爱因斯坦相对论里面的能量—动量关系，有着很大的相似性。超导体中的"能隙"对应于粒子的"静质能"。

　　超导体研究属于凝聚态物理，南部的研究属于粒子物理。但是他受 BCS 理论的启发，意识到"超导"和"质量产生"两个现象高度相似，1960 年提出了超导体的自发对称性破缺的理论。并于 48 年后的 2008 年，在他 87 岁高龄时，因此获得诺贝尔奖。

　　**所以不同领域的不同现象，如果数学模型有相似性，要对其高度敏感，这后面可能有不为人知的类似的机制，可以借鉴而进一步发展、完善理论。**

　　我在去年曾有文章介绍，复杂系统的网络模型里，有时会出现某个节点一家独大的情况，其数学模型类似玻色 – 爱因斯坦凝聚态中的玻色子。这个模型可以较好地解释历史上的 AT&T（美国电话电报公司）、微软和腾讯等超级垄断公司的长期的良好业绩。可以参见：

　　《王川：从波色 – 爱因斯坦凝聚态，看强者益强的最高境界（四）》

有趣的片段之三，作者在书中关于**"干着搬砖的活，操着劈砖的心"**打了一个精妙的比喻：

"我们在搬砖的时候，砖对我们来说就是一块刚体。砖的内部构造对我们这些搬砖的人来说并不重要。如果我们是一个胸口碎大石、单手劈砖的表演者，我们的工作从搬砖变成了劈砖，这就像从凝聚态物理学家变成高能物理学家，因为劈砖要比搬砖提供更高的能量，砖块的内部结构就变得非常重要了。搬砖者的有效理论，和劈砖者的高能物理理论，在形式上是有着根本的不同的。只要我们是在研究砖块在低能时的性质，那些高能的状态和相应的运动模式，就可以被冻结起来。对我们的低能有效理论不会产生影响。反而会在层次上形成明显的分割。**这些层次间的分离正是演生（Emergence）的一种表现**。"

"洗衣服的人，学了化学以后，担心不断运动的水分子，化学键断裂，形成氢气氧气导致爆炸。

有的人了解了蝴蝶效应后，担心蝴蝶扇翅膀会改变本地天气，和全球气候。

人文学者看到宏观统计研究后，未对相关问题有个理性判断，马上批评这些研究忽视了个人的作用。"

大部分专业教育知识可以看成是"劈砖"的技术，但是在当今这个社会高速发展的复杂网络系统里，'搬砖'，也就是整合其它资源的能力，远远更重要。**悲剧的是，很多专业人士没有区别这两点，专注提高"劈砖"的技能，来试图解决本来属于'搬砖'的问题，结果陷入长期徒劳无功、挫折、无力、自责的泥潭。**

知道"搬砖"和"劈砖"的各自适用范围，该搬的时候搬，该劈的时候劈，搬不动就多劈一会，劈不动就多搬一会，这非常重要。


物理可以非常有趣。

物理、数学、哲学、金融、生物学、心理学等等学科的结合，可以帮助人们更准确地认识客观世界，有可能帮助你另辟蹊径，发现和创造巨大的财富。

在信息、算力、通信速度大爆炸的时代，物理学和其它学科研究的突飞猛进，正在把我们对客观世界的理解，推到一个前所未有的新高度。

我们目前观察到理解到的东西，还只是冰山一角。更激动人心的发现发明之演生，和它将对人类社会的重构，还等待各位读者去身体力行，贡献自己的一份力量。

王　川

硅谷独立投资人

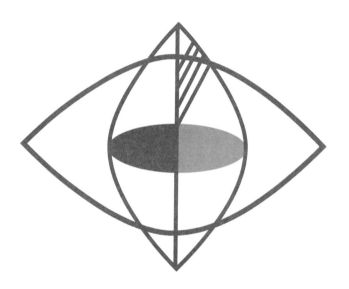

# 细推物理须行乐

很多年以后，当我在写作您眼前的这本科普书时，我还常常会想起我最初读到《时间简史》的那个遥远的下午。当时的我还是中学生，那是一个常常会被斜面和滑块所困扰的年纪。当我怀抱着心中关于"物理"的许多困惑，翻开斯蒂芬·威廉·霍金（Stephen William Hawking）这位最知名的物理学家的书，我才发现物理学完全不是中学教科书中所说的那些。我几乎完全没看懂霍金在说些什么，只是有一种"不明觉厉"的情绪。霍金的书在我面前展开了一幅关于宇宙的宏伟画卷：膨胀的宇宙、高维的空间、相互湮灭的物质和反物质、黑洞和虫洞……关于时空的奇妙图景与我的无知重叠在一起，一种渺小的感觉油然而生。

万万没想到，在很多年以后，我竟然"不慎"成了一个物理学博士。在这么多年的学习和研究中，虽然没有取得太多的成绩，但我确信，与当年那个无知的中学生比起来，自己对物理学的理解有了很大的提高。而当我仔细回顾学习物理学的过程时，我发现自己在这一条道路上曾经跨越过三个重要的鸿沟：

## 第一个被跨越的是"中学物理"的鸿沟。

在中学的课堂上，可能每个物理老师都会花费大量的时间来让学生学会画受力分析图，通过图解来掌握力的合成与分解，通过受力分析来求解物体的运动。然而，当我在大学里见识到理论力学（theoretical mechanics）时，我才知道，原来"受力分析"根本就不是"力学"所必须的，伟大的物理学家约瑟夫·拉格朗日（Joseph-Louis Lagrange）在他的《分析力学》一书中庄严地宣告："在这本书中找不到任何插图，我在这本书中阐述的方法，既无作图也无须几何或力学的推理，而仅仅是按照常规的统一的代数运算固有的过程。"这对当时的我形成了一种巨大的"文化冲击"。诺贝尔物理学奖得主弗兰克·维尔切克（Frank Wilczek）更是在他的文章中一针见血地讨论过这一问题，他指出："同现代基础物理相比，'力的文化'定义很模糊，视野有限，而且是近似的……力持续被使用的原因很大一部分是出于精神上的惯性。"类似的文化冲击还有很多很多，而一旦走过了中学物理的鸿沟，我才发现物理学背后隐藏着美妙的结构与形式，这些都是在中学的物理中绝对无法体会的东西。

## 第二个被跨越的是"习题物理"的鸿沟。

在中学和大学，我们做过无数的物理学习题，习题给定了一些条件，要求证明或者求解某些特定的问题，但"习题"完全不同于那些物理学家真正想要解决的问题。对物理学家来说，最重要的根本就不是解题，而是"提出问题"。这世界上有大量的问题根本还没有用精确的数学语言表达，只有一个模模糊糊的想法，物理学家在实际工作中遇到的困难在于，怎样才能将这个想法转变成定义良好（well-defined）的问题？要知道，在阿尔伯特·爱因斯坦（Albert Einstein）提出狭义相对论之前，物理学家并没有合适的语言来描述"追光"这样的问题，对爱因斯坦来说，他需要重新定义"时间"这样基本的概念，这无疑是比解题困难得多的事情。而当问题被提出来之后，"解决问题"也不等同于"解题"。对物理学家来说，没有什么是给定的条件，如果因为条件限制无法测量或者计算某些东西，我们完全可以通过国内或国际合作来解决这些问题。物理学家还可以通过一些简化和近似，将真实世界中复杂的问题抽象为"真空中的球形鸡"，在此基础上对问题进行定性半定量的分析，以获得对问题基本图像的理解。有了前面的这些分析，问题的求解很可能会变成不那么困难的问题，我们甚至可以用多种方法对一个问题进行求解，一个经典的例子就是"气压计问题"：题目要求用一个气压计测量一栋大楼的高度。我们当然可以根据楼顶与地面的气压差来估算楼的高度；不过我们也可以从楼顶扔下气压计通过自由落体公式来计算楼的高度；我们甚至还可以把气压计作为礼物送给大楼的管理员，直接让他告诉自己这栋楼的高度。

**第三个被跨越的是"科普物理"的鸿沟。**

"科普物理"是我自己发明的一个词，指的是通常在科普书中所能读到的一些物理学内容，这些内容通常包括宇宙学、量子力学、基本粒子以及弦论等等。这些"知识"也常常出现在科幻小说和科幻电影中，给普通公众一种充满"神秘感"的想象。然而随着我自己也成了物理学领域的研究者，我才突然意识到：这些领域的研究者只是物理学家群体中的少数派，绝大部分的物理学家所关心的是各种凝聚态体系。这曾经让我也觉得非常困惑，为什么这么多伟大的头脑既不去"仰望星空"，也不去钻研物质的最基本构成，而是去关心一些奇奇怪怪的材料的性质呢？我怀着这样的困惑，开始学习固体物理等凝聚态物理课程，才发现一块小小的固体里隐藏着不比宇宙更简单的秘密。在公众所熟知的"科普物理"之外，物理学家们还有另一套完整的世界观。

著名的华人物理学家文小刚曾经在采访中这样对比两种不同的思路："以前的思路是，你要找一个东西的起源，都是要把它分解，来得到其组成和基本构件，分得越小就越基本……新思路下，结构是更重要的。考虑结构会使我们对自然界的基本性质有更深刻的理解，这跟老思路考虑物质的构件很不同。二者的区别就好比，观察一根绳子时，是看它由什么分子构成的，还是看这根绳子的扭结结构是什么。老思路看重基本构件是还原论，而新思路看重组织结构（序）是演生论。"虽然物理学家们可能以不同的思路为切入点，但物理学内在逻辑是统一的，各种不同领域的研究是存在联系的，这种思路上的差异让物理学的研究变得丰富多彩。

帮助读者们跨越上述三个鸿沟正是我写这本书的理由，我希望可以向物理学的爱好者们展示那些在教科书、习题集和其他科普书籍中较少见到的一些东西——事实上，我在知乎上的许多回答也在进行着这样的尝试。

对于那些大家在教科书中早已熟悉的论题，如能量守恒、热力学第二定律、不确定关系等，我希望本书的讨论可以延伸读者们对相关问题的理解；而面对那些大家习以为常的"问题"，我希望仔细地介绍为什么那些伟大的物理学家可以提出这些重大的问题，这些重大的问题在物理学的发展中起到了怎样的作用；与其他科普书中体系化的叙述不同，读者在阅读本书时不必下定决心从头开始阅读，完全可以从自己感兴趣的章节开始，而针对那些在其他科普书中同样提到的问题，例如"时间是什么""麦克斯韦妖（Maxwell's demon）"[1]"宇宙的命运会怎样""量子

---

[1]　麦克斯韦妖：在物理学中，假想的能探测并控制单个分子运动的"类人妖"或功能相同的机制，是 1871 年由 19 世纪英国物理学家麦克斯韦为了说明违反热力学第二定律的可能性而设想的。麦克斯韦妖又被称为麦克斯韦精灵。

纠缠是怎么一回事"等等，我希望本书中的讨论可以向读者传达一些更新的理念。此外，由于本人的研究领域主要是与生命系统有关的统计物理，出于本人的趣味，我希望尽可能地将信息、生命和智能的许多讨论穿插到物理问题的分析中，这些问题涉及的都是我所关心的或者是正在研究的领域，希望这些讨论可以为读者提供一些不同的视角，促成更多有意义的学科交流。

理查德·道金斯（Richard Dawkins）在他《自私的基因》（*The Selfish Gene*）一书的序言中提到，在他写作时，脑海中出现过三位假想的读者：第一个读者是不太熟悉相关领域的一般人；第二个读者是个有些挑剔的专业人士；第三个读者则是从外行向内行过渡的学生。要让一本书同时面对这三位读者，需要非常精细地考虑各种平衡。我平时喜欢阅读各种科普书籍，但我也常常感到强烈的挫败感。杨振宁曾经有一句名言："有那么两种数学书，第一种你看了第一页就不想看了，第二种是你看了第一句话就不想看了。"遗憾的是，不只是数学书如此，很多科普书也有类似的问题，在写作过程中，我时常警告自己，希望自己不要成为那种"自己讨厌的人"，写出"自己讨厌的书"，希望我的这本书会比通常的科普书更好读一些。不过，说到好读，最好读的莫过于小说了，但过于有趣的叙述却时常与准确的物理学概念冲突。我想到美籍华裔物理学家徐一鸿（Anthony Zee）曾经提到过的一个重要的警示，徐先生曾将爱因斯坦"物理学应尽可能简单，但不能过分简单"的名言改为了"物理学应尽可能有趣，但不能过分有趣"。这也是我非常认同的想法。有趣的故事能让大家对许多物理学定律有更准确和更深刻的理解，但"太有趣"常常会让真正的重点弱化，让读者产生一些多余的联想和不必要的误解。在写作过程中，避免"过分有趣"也是一个非常重要的考量，希望这本普及性质的读物可以兼顾物理叙述的准确性和讨论的前沿性，期待本书能帮助不同知识背景的读者渐渐走到自己的"舒适区"。

感谢中南博集天卷文化传媒有限公司和知乎的出版部门为本书的出版所做的

重要工作。感谢凯风基金会与集智俱乐部在 2016 年国庆期间主办的"网络、几何与机器学习"研读营，在此次研读营中所讨论的大量问题为本书的写作提供了实质性的帮助。另外，谢晓月老师为本书精心绘制了非常可爱的插画，希望这些萌萌的插画可以缓解读者在阅读严肃的物理讨论时感受到的压力。在这本书写作和完成的过程中，还有大量朋友为这本书的草稿提出过重要的建议，在此特别感谢章彦博、杨凌、刘大可、张倩、王小川、郭瑞东、程嵩、曾培、张雅琦、朱湘青、王雄、党训旺、田凯文等朋友在提高这本书的可读性和语言的准确性方面的重要贡献。感谢我的家人、老师、同学以及来自五湖四海的朋友们对我的科研和写作的理解和支持。

　　由于本人知识水平的限制，可能在讨论某些具体问题时显得有些肤浅，很多讨论也可能存在一些疏漏，这些不妥之处都应由我本人负责，在此提前向各位专业读者表示歉意，还请各位朋友不吝指教（fuwocheng1024@gmail.com），相关的勘误信息和各类资料的补充会同步在我的知乎账号（@ 傅渥成）中更新。

宇宙从何而来

目录

# PART 01

## 终极的终极
### The ultimate truth

**寻求天地间的联系或许是人类这种爱思考的动物所独有的爱好。**

/ 001 /

# PART 02

## 物质与能量
### The secrets of energy

**早在原始人的时候，人类就已经会摩擦生热、钻木取火，但把"摩擦"跟"热"**

**真正联系起来，却经过了这么长的时间。**

/ 075 /

# PART 03

## 生命与信息
### The origin of life

**生命这种有序结构的"意义"就在于尽可能地去消耗甚至浪费资源。**

/ 157 /

# PART 04

## 时间与宇宙
### The essence of the universe

**整个宇宙是一台量子计算机，**

**它在不停地进行着"大数据分析"，**

**全息空间因而演生了出来。**

/ 241 /

我自己只求满足于生命永恒的奥秘，满足于觉察现存世界的神奇的结构，窥见它的一鳞半爪，并且以诚挚的努力去领悟在自然界中显示出来的那个理性的一部分，即使只是极小的一部分，我也就心满意足了。

阿尔伯特·爱因斯坦（Albert Einstein）

# PART

# 01

寻求天地间的联系

或许是人类这种爱思考的动物

所独有的爱好。

---

# 终极的终极

The ultimate truth

## 物理学真正揭示了天地之间的
## 不同现象中隐藏的联系

寻求天地间的联系或许是人类这种爱思考的动物所独有的爱好。在圣经中有"巴别塔"[1]的故事，人类想联合起来建造直通天堂的巴别塔，而上帝阻止了人类的这一计划，并让人类有了不同的语言。此后人类停止了这一工程，并且最终分散到了世界各地。在中国古代的传说中，有一个类似的故事，相传上古时期，天地之间可以相通，而到了少昊之衰时，由于"民神杂糅"，人类对神没有了敬畏之心，因此秩序混乱，引发了许多灾祸。帝颛顼即位后，"乃命南正重司天以属神，命火正黎司地以属民，使复旧常，无相侵渎，是谓'绝地天通'"（语出《国语·楚语下》）。自此以后，天地之间的联系终于断绝，但人类从来没有放弃过探索这些隐藏的"联系"。在地球的各个文明中，都有一群占星家，他们观测天象变化，并据此占卜人间的吉凶，预测历史的行程。直到今天，当我们提起"朱雀玄武"或者"巨蟹天蝎"时，会发现这些寻求联系的尝试仍在影响着我们的文化。

然而，天地间的联系却是以另外的一种面貌展现在我们的眼前。在艾萨克·牛顿（Sir Isaac Newton）发现万有引力定律之前，没人会想到支配苹果下落的力跟支配天体运动的力竟然是一码事。而在本杰明·富兰克林（Benjamin Franklin）放风筝之前，也没有人能真的验证摩擦所产生的"静电"与天空中的"闪电"是

---

[1] 巴别塔：别称巴比伦塔。《圣经·旧约·创世记》第 11 章宣称，当时人类联合起来兴建能通往天堂的高塔；为了阻止人类的计划，上帝让人类说不同的语言，使人类相互之间不能沟通，计划因此失败，人类自此各散东西。

一码事。当我们回过头来思考这两个伟大发现，会发现其背后某种象征性的意义。他们比所有的占星术士走得更远，他们是盗火的普罗米修斯，真正揭示了"天"与"地"之间的不同现象中隐藏着的某些联系。我们今天把这些联系称为"物理学"。

## 牛顿：
## 对于同类的结果，必须给以相同的原因

当我们发现各种不同现象之间的联系时，其实还只是揭开了大自然壮丽银幕的一角，物理学家的好奇心和野心还远不止于寻找联系。牛顿在他的巨著《自然哲学的数学原理》（*Philosophiæ Naturalis Principia Mathematica*）中曾经提到四条"研究哲学的规则"[1]，其中的第二条规则为"所以在可能的状况下，对于同类的结果，必须给以相同的原因"。牛顿的这种想法很可能来源于一神论（monotheism）[2]，但到了牛顿的时代，这种追求"统一"的理念已经变得相对成熟。在牛顿看来，找到这些同类结果背后相同的原因才是更重要的事情，然而这种对"统一"的理论探索却要比对"现象"的研究要困难得多。

----

[1] 研究哲学的规则：牛顿提出了四条规则，说明了他所用于研究、解释未知现象的方法论。四条原则如下：第一规则：求自然事物之原因时，除了真的及解释现象上必不可少的以外，不当再增加其他。第二规则：所以在可能的状况下，对于同类的结果，必须给以相同的原因。第三规则：物体之属性，倘不能减少亦不能使之增强者，而且为一切物体所共有，则必须视之为一切物体所共有之属性。第四规则：在实验物理学内，由现象经归纳而推得的定理，倘非有相反的假设存在，则必须视之为精确的或近于真的，如是，在没有发现其他现象，将其修正或容许例外之前，恒当如此视之。

[2] 一神论：认为只存在一个神的信仰，它同多神论不同。

这种困难主要表现在三个方面：首先，如果要对各种纷繁复杂的现象找到一个统一的解释，那么在科学界必须已经积累了一定的实验结果，例如牛顿的"统一"就是建立在开普勒（Johannes Kepler）三定律[1]的基础上的，这些伟大的先行者正是牛顿所依赖的"巨人的肩膀"。而在历史上，导线中的电流、指南针的偏转和照进我们眼睛中的光曾被认为是三种完全不同的现象，它们分别对应于电学、磁学和光学，如果没有奥斯特（Hans Ørsted）实验[2]和法拉第（Michael Faraday）电磁感应定律[3]等伟大的发现，那么詹姆斯·克拉克·麦克斯韦（James Clerk Maxwell）也很难仅凭自己的想象建立出一套统一的框架来描述电磁现象。如果没有麦克斯韦方程组[4]，即使是爱因斯坦这样天才的人物也无法提出改变世界的相对论了。

另一个困难来源于科学之外。尽管"科学"本身可以独立于"技术"而存在，但科学却并不是独立发展的，很多具体的科学问题是由于技术、经济和社会的发展应运而生的，所以我们其实很难超越自己的时代，提出或者解决科学中的诸多抽象的问题。炼金术曾经长期困扰着不同文明时期的人们，有无数的君王都曾经资助过炼金术士，然而这些尝试都失败了，直到人工核反应的发生，人类才真正控制了元素之间的转化。从这个角度来看，正是由于技术的进步，科学家才提出了正确的问题。曾经人类对制造永动机乐此不疲，而随着工业革命的到来，为了

---

[1]　开普勒三定律：第一定律是所有行星以太阳为焦点，在椭圆轨道上运行（1609年）。第二定律是任意一颗行星与太阳的连线在相等的时间内扫过相等的面积（1609年）。第三定律是行星椭圆轨道半长轴的立方与周期的平方之比是一个常量（1618年）。

[2]　奥斯特实验：本来想证明电与磁之间没有关系，而当奥斯特调大了电流时，却观察到了磁针的偏转，这一实验证明了载流导线的电流会产生磁场（1820年）。

[3]　法拉第电磁感应定律：在靠近的两条导线中，当一条导线中有电流通过时，另外一条导线中也产生了感应电流，随后法拉第又用运动的磁铁代替通电导线重复了实验，并再次检出了电流。这一结果启发他提出了定量的法拉第电磁感应定律（1831年）。除此以外，法拉第还观察到磁场对光线传播的影响，找到了电磁现象与光学之间的联系。

[4]　麦克斯韦方程组包括了以下四个定律的基本内容：（1）描述静电荷电场的高斯定律；（2）描述磁单极子不存在的定律；（3）描述变化的电场产生磁场的安培定律（麦克斯韦增加了修正项）；（4）描述变化的磁场产生电场的法拉第电磁感应定律。

提高蒸汽机的工作效率，在工程师不断地改进技术的同时，物理学家终于提出了正确的问题，于是有了统一各种不同的热现象的热力学；而正是因为有了电动机的技术，当企业主[1]开始考虑是电能更省钱还是蒸汽机更经济的时候，才有了能量守恒定律的发现；随着信息技术的蓬勃发展，在IBM这样的IT企业中，物理学家[2]开始思考信息处理的能耗问题，并最终统一了热力学和信息科学。

此外，我们的直觉和偏见还可能误导对这种"统一"的探索。"直觉"常常会让我们过度乐观，相信各位读者在中学物理课上学到万有引力定律与静电荷的库仑定律（Coulomb's law）[3]时，也会很自然地在直觉上建立起二者之间的某种联系：万有引力的大小与两个物体的质量乘积成正比；库仑力与两个带电物体所带的电荷的乘积成正比，更奇妙的是，这两种力的大小都与两个物体间的距离的平方成反比。两种大小相差巨大的力[4]竟然有着如此相似的表达式，这不免会引起我们每个人的思考。这种相似的形式暗示了某些相同的对称性[5]，但这离"相同的原因"还有着很远的距离，直到今天，仍然没有能被实验验证的理论，将电磁相互作用（量子力学）与引力（广义相对论）统一起来。我们的"偏见"又常常会让我们过度悲观，例如在历史上，物理学家、化学家都曾经相信"生命"是某种与非生命的物质完全不同的存在形态，古往今来有无数科学家尝试称量灵魂的重量或者寻求那些与"生命力"有关的特殊的物质或者相互作用，不过这种特殊的物质（或者相互作用）却并不存在，生命与非生命被无情地统一在一起，它们共享相同的物理学和化学原理。

---

[1] 这里的企业主指的是焦耳，参见第二章中的相关内容。

[2] 这里的物理学家指的是在这方面做出突出贡献的物理学家，有兰道尔（Rolf William Landauer）和贝奈特（Charles H. Bennett）等人，参见第三章中的内容。

[3] 库仑定律（Coulomb's law）：静止点电荷相互作用力的规律。1785年法国科学家 C. A. de 库仑由实验得出，真空中两个静止的点电荷之间的相互作用力同它们的电荷量的乘积成正比，与它们的距离的二次方成反比，作用力的方向在它们的连线上，同名电荷相斥，异名电荷相吸。

[4] 以氢原子（质子－电子）系统进行估算的话，库仑力的大小约是万有引力大小的1039倍。

[5] 平方反比律与空间的均匀性和各向同性有关。

## "统一"的视角改变了我们看待世界的眼光

在爱因斯坦提出狭义相对论以前，"绝对的时空观"主导了我们对时间和空间的看法。

在 1905 年爱因斯坦提出狭义相对论以前，我们大家都抱持着一种"天涯共此时"的认知，我们相信所有的人、所有的事物都在同一个时空的舞台上展现：不管是斜面上的滑块、苹果落地、行星运动，或者是电磁场中的粒子……虽然运动的相对速度可能发生变化，但"时间"始终是绝对的。而当狭义相对论被建立起来以后，我们把"时间"看成空间的第四个维度，将时间和空间看成统一的"时空"，自然界中的各种力学、热学、电磁学和光学现象都是在时空的舞台上表演。这些奇妙的表演是否有规律可循？爱因斯坦在狭义相对论中阐明了这种规律，这是一种新的时空观：在所有惯性系中，物理定律有相同的表达形式；在所有惯性系中，真空中的光速不变。这里"相同的表达形式"和"光速不变"体现的都是物理体系某种保持不变的性质。1907 年，爱因斯坦的老师闵可夫斯基（Hermann Minkowski）真正找到了在爱因斯坦的框架下保持不变的物理量，他将过去被认为是独立的时间和空间整合到一个四维的时空中，其中时间是一个与三维的空间略有不同的维度。我们今天将四维的时空称为"闵可夫斯基空间"[1]。

---

[1]　闵可夫斯基空间：狭义相对论中由一个时间维和三个空间维组成的时空，为德国俄裔数学家闵可夫斯基最先表述。他的平坦空间（即假设没有重力，曲率为零的空间）的概念以及表示为特殊距离量的几何学是与狭义相对论的要求相一致的。闵可夫斯基空间不同于牛顿力学的平坦空间。

　　闵可夫斯基时空可以帮助我们理解许多狭义相对论有意思的推论，相信大家在阅读各类科幻小说或者科普读物时都已经听说过这些推论。例如，物体运动时，空间和时间也会随着物体运动速度的变化而变化（尺缩和钟慢效应），怎样理解这种时空的变换？在《理想国》（Πολιτεία）中有一个"洞穴比喻"：一群囚徒生活在洞穴里，他们能看到的只是火光在洞穴的墙壁上映出来的自己的阴影，他们却相信这些墙上的影像都是真实的事物。这个比喻有着丰富的内涵，柏拉图希望用这个寓言来解释其认识论，尤其是"教育"对人性所起到的重要作用。洞穴的比喻对我们理解相对论有着绝妙的用处，因为洞穴里的人能直观想象的是二维空间（墙上的投影），无法理解真正的三维空间，而我们愚蠢的人类很容易想象三维空间，却常常难以理解四维时空。洞穴里的人走出洞穴理解三维空间的过程可能有助于我们从三维空间理解四维的时空。洞穴里那些被锁住的囚徒，眼前见到的墙上的影子也会保持不动。这时，洞穴里的"毕达哥拉斯"（Pythagoras）提出了勾股定理，定义了洞穴墙壁上两点间的距离：

$$d_2 = \sqrt{(\Delta x)^2 + (\Delta y)^2}$$

　　但是，如果有个人运动起来，例如当一个人朝着墙走去，他看到自己的影子变大了，在洞穴中的其他人看来，真正有意义的"空间"只是展示着投影的墙壁，而这个人的运动发生在另一个维度（z）上，这个额外的空间维度是洞穴中的人难以理解的"时间"。为了解释这种运动所带来的效应，洞穴里的"爱因斯坦"于是提出了一个洞穴版的"相对论"：运动的物体的尺寸会膨胀（正"时间"方向）或收缩（逆"时间"方向）。随后，洞穴里的"闵可夫斯基"看穿了这一切，他解释说，其实真实的世界不是二维的，我们必须加上"时间"的维度，把空间扩展为三维。在"时间"轴上的运动，导致我们在二维空间中的投影发生了伸缩，可是在三维空间看起来，我们每个人的尺寸仍然是保持不变的。洞穴里的"闵可夫斯基"定义了一种考虑了时间维度（z）的三维空间中的距离：

$$d_3 = \sqrt{(\Delta x)^2 + (\Delta y)^2 + (\Delta z)^2}$$

三维空间中的闵可夫斯基同样对于"时间"有自己深刻的看法。我们对"时间"之所以难以想象，其实就是因为我们是在更高维的"洞穴"中生活的囚徒。在闵可夫斯基看来，尽管爱因斯坦的相对论是"相对"论，但如果我们站到四维空间的洞穴里，我们可以定义出一种新的"距离"，这种距离称为时空间隔（spacetime interval）[1]，它是四维空间中的不变量：

$$d_4 = \sqrt{(\Delta x)^2 + (\Delta y)^2 + (\Delta z)^2 + (ic\Delta t)^2}$$

这里的 $i$ 是一个虚数单位，$c$ 是光速。时空间隔的不变性其实告诉我们，相对论虽然名为"相对论"，却表现得更像是"绝对论"。闵可夫斯基发现，只要增加一个维度，很多物理量就可以在相对论的时空变换下保持不变，这种相对论的时空变换最早由亨德里克·安东·洛伦兹（Hendrik Antoon Lorentz）提出，但洛伦兹没有爱因斯坦那么深刻的物理学洞见，仅仅是把变换中的"时间"看成数学上的辅助变量。在洛伦兹变换下保持不变的物理量被称为洛伦兹不变量，时空间隔就是一个洛伦兹不变量。

类比这个"时空间隔"的定义，我们还可以将"能量"的概念在狭义相对论下进行扩展。在狭义相对论中，不但物体的运动会让物体具有能量；当物体静止时，能量会与物体的静止质量（这也就是牛顿力学问题中常见的"质量"）$m$ 成正比，能量与静止质量之间的换算关系即为大名鼎鼎的 $E=mc^2$。因此，在狭义相对论中，一个物体的能量等于：

$$E = \sqrt{(cp_x)^2 + (cp_y)^2 + (cp_z)^2 + (mc^2)^2}$$

这种被扩展的"能量"概念同样是一个洛伦兹不变量，它与时空间隔有着相似的形式。上面的公式通常被简写为：

---

[1]　时空间隔：四维空间中的不变量。其地位大致相当于三维空间中的空间间隔（距离）。

图 1- "洞穴比喻"与相对论

$$E^2 = (pc)^2 + (mc^2)^2$$

这个关系即为相对论中的"能量 – 动量关系"[1]。因此，在狭义相对论的框架下，不但时间和空间被统一了起来，能量与动量被统一了起来，质量与能量也被统一了起来。

　　虽然面临着诸多的困难，可一旦科学家们建立起了某些统一，我们就如同从洞穴内走出，那些长久以来困扰我们的问题终于有了解决的可能，我们看待世界的角度便从此焕然一新了。曾经提出过哲学命题"我思故我在"的法国著名哲学家勒内·笛卡尔（René Descartes）还是一位科学家，他不但是直角坐标系的发明人，在他的《折光学》（1637 年）一书中，为了解释光的本质还提出了两种假说，这两种假说后来分别发展为以牛顿为代表人物的"微粒说"[2]和以克里斯蒂安·惠更斯（Christiaan Huygens）为代表人物的"波动说"。这两种观点的争论曾经以"波动说"的胜利宣告结束，而麦克斯韦的"统一"更是让"波动说"达到了巅峰。然而，在麦克斯韦去世后八年（1887 年），德国物理学家海因里希·鲁道夫·赫兹（Heinrich Hertz）发现了光电效应（Photoelectric Effect），此后又过去了十八年，在一个奇迹的年份（1905 年）[3]，爱因斯坦发表了《关于光的产生和转化的一个探索性观点》，重新将光看成一种粒子，提出了"光子"的假说。终于，在 1924 年，出身公爵家庭的王子路易·维克多·德布罗意（Prince Louis-Victor de Broglie）受到爱因斯坦理论的影响，提出了"波粒二象性"（wave–particle duality）的观点。德布罗意说："我的根本主张，是要推广这种波与粒子的共存性

---

[1]　对电磁波而言，能量对应于其频率（颜色），而动量则对应于波矢（反映的是波的传播情况）。因此，能量 – 动量关系也被称为"色散关系"（dispersion relation）。

[2]　事实上，牛顿对微粒说的诸多阐述都是错误的。例如牛顿曾经以"波会绕开障碍物，而光却沿直线传播"为论据批评"波动说"，而这种批评显然是站不住脚的。

[3]　这一年被称为"奇迹年"，因为在这一年，26 岁的爱因斯坦有四篇文章发表在当时国际物理学界声望最高的《物理学年鉴》上。为了纪念"奇迹年"百年，国际纯粹与应用物理学联合会将 2005 年定为"世界物理年"。

（coexistence）。"这一观点深深影响了后来量子力学的发展——既然光这样的电磁波可以表现出粒子的性质，那么电子这样的粒子应该也会表现出波动的性质——埃尔温·薛定谔（Erwin Schrödinger）、保罗·狄拉克（Paul Adrien Maurice Dirac）等人提出了描述电子波动的运动方程[1]，建立起了量子力学大厦的重要根基。薛定谔因而开始思考宏观物体的量子特性问题：宏观物体也可以处在如同"波"的叠加态中吗？基于对这一问题的思考，他提出了著名的假想实验——"薛定谔的猫"。在这一假想实验中，只要不进行测量，那么猫就可以处于"死"与"活"的叠加态，这种状态颠覆了我们对宏观世界的想象。而近年来，随着技术的发展，科学家们也有了越来越大的野心，科学家们开始考虑将冷冻的细菌制备到量子叠加态，而这又可能带来全新的问题，如果存在着意识的生命体能够观察自身，那么处于薛定谔猫态的细菌，是否可能通过对自身的观测让自己保持不死之身呢？这时，我们突然又想起了笛卡尔，或许正是因为科学家们在近 400 年里对"统一"的求索，最终回到了"我思故我在"的问题上。

## 爱因斯坦：
## 通往大统一的道路不是一帆风顺的

对"统一"的追求深深影响了一代又一代的物理学家，爱因斯坦正是其中最具代表性的人物。在提出了伟大的狭义相对论之后，爱因斯坦又开始思考更宏大的问题。由于一个处在封闭空间中的观察者无论采用什么测量方法（例如投掷小球、跳高、单摆实验……）都无法区分自己到底是处于引力场还是处在一个加速

---

[１]　薛定谔和狄拉克分享了 1933 年的诺贝尔物理学奖。

参考系之中，爱因斯坦因此提出了"等效原理"。自此，"引力"和"时空"建立起了联系。在牛顿的万有引力定律中，"引力"是一种力，这种力拉着物体，不断改变运动物体的速度，而在广义相对论中，引力是时空扭曲的一种效果。在这种视角下，天体的运动应该解释为，在一个弯曲的时空中，物体的运动受到了影响。

　　爱因斯坦的广义相对论方程给出了质量与时空曲率的基本关系。在广义相对论的框架下，我们已经不能再简单地把物理规律看成是在"时空"的舞台上表演，而应该把时空也看成是戏剧的一部分。在弯曲的时空中，不但一般物体的运动会受到影响，光线也不会再沿着直线传播，而是会去往时间流逝最慢的地方，光线因而沿着弯曲时空中的"测地线"进行传播。如果要验证爱因斯坦的广义相对论，就要观测光线在引力场中的弯曲，而这一点在爱因斯坦的理论提出后不久就得到了验证，1919 年 11 月，英国皇家学会和皇家天文学会举行联合会议，正式宣布了英国天文学家亚瑟·斯坦利·爱丁顿（Sir Arthur Stanley Eddington）所率领的赴非洲和南美的观测队的最终结果及结论，爱丁顿的两个观测队通过在日食期间观测光线在太阳附近的弯曲，证明了广义相对论的正确性。亲历了发表会现场的哲学家艾尔弗雷德·诺思·怀特海（Alfred North Whitehead）这样回顾当时的场景："那种洋溢着浓厚兴趣的气氛完全是希腊戏剧式的。我们都齐声称颂着这一卓越事件在发展过程中所显示出的命运的律令。"

　　受到这一巨大成功的鼓舞，爱因斯坦又开始了新的尝试，在爱因斯坦看来，所有的物理定律应该有着相同的起源，于是，爱因斯坦开始建立这样一种能够统一引力和电磁力的"统一场论"。然而，爱因斯坦的这一尝试却失败了，更为要命的是，正因为其全身心投入对统一理论的研究，加上其对量子力学"上帝掷骰子"的概率解释的抗拒，从二十世纪三十年代开始，他就把自己孤立在了物理学的其他研究之外。在电磁相互作用和弱相互作用的"统一"方面做出过重要成就的物

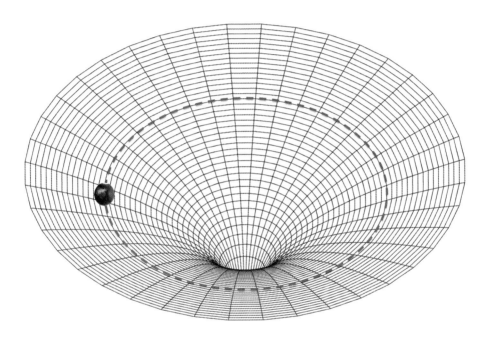

图 2- 广义相对论将引力视为空间的弯曲

理学家史蒂文·温伯格（Steven Weinberg）[1] 这样评价爱因斯坦的这一错误："也许爱因斯坦的最大错误是变成他自己成就的囚徒。世界上最自然的事情，就是一个往日获得过巨大成功的人试图沿用曾经如此管用的方法来获得进一步的成功。我们不妨想想 1956 年苏伊士危机期间一位貌似懂行的苏联军事专员对埃及总统迦玛尔·阿卜杜尔·纳赛尔（Gamal Abdel Nasser）所提的建议：'将你的部队撤到国家中部，然后等待冬天。'"然而遗憾的是，埃及冬季平均最低气温大约为 14℃，这一温度与西伯利亚夏季的平均温度大致相当，老办法终于还是遇到了新问题。

## 狐狸知道很多事，但是刺猬只知道一件事

　　为什么爱因斯坦会陷入这一困境之中呢？美国著名的数学物理学家弗里曼·戴森（Freeman Dyson）[2] 在他的《反叛的科学家》（The Scientist as Rebel）中提到过相关的问题。在他看来，与爱因斯坦犯了同类错误的人还有尤利乌斯·罗伯特·奥本海默（Julius Robert Oppenheimer），奥本海默是美国"曼哈顿计划"的主要领导者。在战争开始前，奥本海默曾经研究过爱因斯坦广义相对论方程，1939 年，在德国入侵波兰的当天，奥本海默和他的学生曾经在《物理评论》（Physical Review）上发表过一篇关于广义相对论问题的论文，在这篇论文中指出：一颗质量足够大的恒星可以造成极致密的堆积，以致光都无法穿越——

---

[1] 温伯格与阿卜杜勒·萨拉姆（Abdus Salam）和谢尔登·李·格拉肖（Sheldon Lee Glashow）因为在电弱统一理论方面的贡献分享了 1979 年的诺贝尔物理学奖。

[2] 除了在数学和物理方面的贡献，戴森的一个重要想法——"戴森球"也广为科幻爱好者所知。戴森球（Dyson Sphere）是戴森假想出的包围恒星的巨大球形结构，它可以捕获恒星大部分的能量输出。戴森认为戴森球是长期生存的技术文明对于能量需求增长的必然需求，并认为寻找其存在的证据可以引导发现先进的和智慧的外星生命。（参考了维基百科条目。）

我们今天知道，奥本海默所预言的正是"黑洞"（black hole）的存在。然而，随着曼哈顿计划的成功，战争终于结束了，此时的奥本海默已经不再对黑洞这样的问题感兴趣了。爱因斯坦也是如此，虽然作为广义相对论的提出者，但随着他在统一论方面研究的不断深入，他自己也对黑洞这样的问题失去了兴趣，甚至对于黑洞的存在性也不再感兴趣。戴森曾经就这一问题与奥本海默讨论，"这种视而不见和漠不关心是怎样产生的？我从未跟爱因斯坦直接讨论过这一问题，但是我跟奥本海默讨论过好几次，我相信奥本海默的回答也适用于爱因斯坦。奥本海默在晚年时相信，只有能导致物理学基本公式发现的问题，才值得严肃的理论物理学家关注。爱因斯坦肯定也持同样的观点。关键是找到正确的方程。一旦找到了正确的方程，研究这些方程的特解就成了二流物理学家或研究生的常规练习。在奥本海默看来，我们自己去操心那些特解的细节，简直是在浪费他的或我的宝贵时间。"

戴森与奥本海默或爱因斯坦有着完全不同的风格。戴森本人曾经沿用哲学家以塞亚·伯林（Isaiah Berlin）的比喻[1]，将科学家分成"刺猬"和"狐狸"两类，伯林的这个比喻来自于一句古希腊谚语："狐狸知道很多事，但是刺猬只知道一件事。"伯林用"刺猬"和"狐狸"对人类历史上的许多思想家和艺术家进行分类，其中刺猬型的思想家会用某种基本的观点去看待人类社会中纷繁复杂的诸多事情，这样的思想家包括柏拉图"柏拉图"、黑格尔（G.W.F.Hegel）等人；而狐狸型的思想家则是对许多事情感兴趣，这样的思想家包括亚里士多德（Aristotle）、威廉·莎士比亚（William Shakespeare）等。将这一想法延伸到科学界，沉迷于统一理论的爱因斯坦无疑是"刺猬"，而戴森本人则无疑是"狐狸"了。因为戴森本人的数学背景，他曾经"快乐地寻找我的数学技巧可以派得上用场的科学领域"，他研究过粒子物理、统计力学、凝聚态物

---

[1]  这个比喻更早的来源是古希腊诗人阿基罗库斯（Archilochus）。

理、天文学、生物学中的各种问题。在戴森看来，"科学是一种艺术形式，而不是一种哲学方法。科学上的伟大进展通常得自新的工具，而不是得自新的学说。"爱因斯坦广义相对论的发现本身就可以作为戴森这一论述的最好例证。爱因斯坦的相对论无疑是一种"新学说"，但这种新学说的建立却与"新工具"的使用是分不开的。爱因斯坦在思考与引力有关的时空弯曲的问题时曾经遇到过巨大的困难，于是他向大学同学并且是数学家的马塞尔·格罗斯曼（Marcel Grossmann）请教，格罗斯曼告诉爱因斯坦他所需要的是一种新的数学工具。这种爱因斯坦在当时还没有听说过的工具是由数学家波恩哈德·黎曼（Bernhard Riemann）建立的，它可以很好地对弯曲的空间中的几何问题进行定量的刻画。而爱因斯坦正是借助着这种新的数学"工具"，将引力描述为因物质与能量而弯曲的时空，最终建立了广义相对论。

## 形式上的统一

为什么"新工具"如此重要？这是因为新工具常常可以帮我们实现"形式化"（formalized）的统一。一些曾经难以描述的困难问题，在新工具的帮助下，常常可以对应为那些我们已经熟知的问题。在我们日常的语言中，一些不经意间的"比喻"也蕴含着形式化的对应。例如当我们描述网络上一些广告信息的传播时，我们会将其称为"病毒营销"，而当我们自己能抵制一些网络上的不实信息时，我们会说自己已经对谣言"免疫"了，这里的"病毒"和"免疫"等词其实将互联网上的信息传播过程等价为了一个传染病的传播问题，这种对应也的确是可以形式化的。

　　西方有句谚语：如果它看起来像鸭子，游泳像鸭子，叫声像鸭子，那么它可能就是只鸭子。这背后也有着朴素的物理原理。即使这只鸭子是一只天鹅所假扮的，但因为这种相似性，我们至少在描述它的形态、游泳和叫声方面，可以用"鸭子"的方程来描述。如果两种完全不同的事物可以用相似的方程来描述，这两种不同的事物就达成了"形式上的统一"，两件完全不同的事物会表现出许多深刻的相似性。正因为如此，疾病控制中的若干方法同样可以成为控制舆论的手段，而病毒的传播和进化的战略可以帮助营销人员不断花样翻新自己的宣传策略。这种"统一"仅仅关注于问题的形式而非本质，因此正是"狐狸"们所钟情的方法论，更重要的是，如果不同的问题背后存在着形式的相似性，那么当我们解决了其中一个问题时，就意味着我们很可能不只是解决了这个问题本身，还解决了与这个问题有关的位于不同学科分支中的一大类问题。正因为如此，物理学家常常可以轻松切换自己的研究方向，并且也不用那么担心会因为学科的发展陷入低潮而失业，这真是非常激动人心的一件事。

　　这种"形式上的统一"在物理学中有许多有趣的实例。2004 年，英国曼彻斯特大学物理学家安德烈·海姆（Andre Geim）和他的学生康斯坦丁·诺沃肖洛夫（Konstantin Novoselov）在实验中成功地从石墨中分离出石墨烯（graphene）。海姆本人是一个有趣的极客，他曾经因为将一只青蛙悬浮在磁场中而获得搞笑诺贝尔奖。当海姆看到他的学生用透明胶带来清洁石墨表面时，他的好奇心再次爆发了，他把胶带放在显微镜下观察，发现胶带粘上的石墨厚度竟有几十层，于是，一种"崭新"的制备方法诞生了，海姆反复地用透明胶带来粘已经变得很薄的石墨层，最终，当胶带上粘着的碳原子只剩一层时，石墨烯就被发现了。石墨烯是一种二维材料，它是单层的石墨，它由在平面上排成蜂窝状的碳原子构成。研究石墨烯的电学性质时，物理学家们发现，石墨烯中的电子运动非常诡异，通常，电子的能量与动量的平方成正比（因为动能中有速度的平方项），然而石墨烯中电子的能量与动量间却呈线性关系，电子的质量仿佛是不存在的。这种"质量不存在"的性质让我们想到了一些其他粒子（例如没有质量的光子），而光子是一种以光速运动的粒子，描述光子的运动会需要用到相对论。虽然石墨烯中的电子[1]运动的速度很快，但却并不是光速，不过这种运动的特征又太像相对论性的粒子。从形式上来看，石墨烯中的电子可以用相对论量子力学（狄拉克方程）来刻画，正是因为这种性质，石墨烯成为一种罕见的可帮助物理学家研究相对论量子力学的凝聚态物质。

下一个有趣的例子仍然与相对论有关。根据广义相对论，因为引力所导致的时空弯曲，光线不再沿着直线传播，而是沿着弯曲时空中的"测地线"传播。因此，如果在光线传播的道路上突然出现了一个大质量的天体（例如黑洞），那么光线就会发生偏转。这种光线的偏转就类似于"透镜"的作用，我们在中学都做过类似的实验，在阳光下，用一个放大镜（凸透镜）可以将平行的太阳光进行弯折，使之汇聚在纸上的一点，最终，因为聚焦点局部的高温，这张可怜的纸会被点燃。透镜的这种扭曲光线的作用与引力所导致的弯曲有着极大的相似性，因此，物理学家将光线在引力场中的偏折称为引力透镜效应（gravitational lensing），通过分析来自于天体背后的光源的扭曲，可以帮助人们研究类似于"透镜"的那些天体或者星系的引力场的性质。更有趣的是，我们还可以考虑一个与之相反的问题，既然天空中的天体与"透镜"有着类似的光学性质，那么我们也可以利用一些具有特殊性质的光学材料，构造出类似于"黑洞"的人造结构，这些人工的"黑洞"，一方面可以作为研究广义相对论的小型装置，另一方面也为能源的收集等问题打开了新的思路。

---

[1] 准确地说，是电子与石墨烯晶格相互作用产生的准粒子。石墨烯中的"相对论性电子"，是指石墨烯能带具有 Dirac 锥，也就是说其能带在 K=0 处近似为线性的。

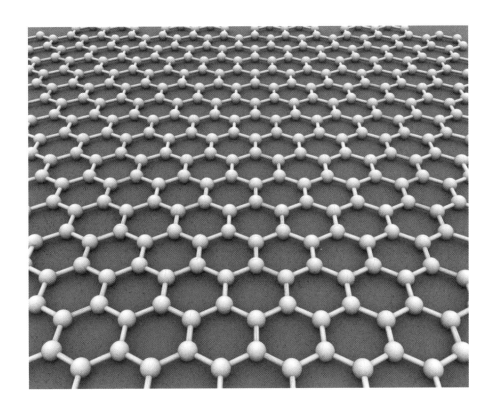

图 3– 石墨烯的结构示意图
图中的碳原子（用圆球表示）周期排列形成了蜂窝状的结构

图 4- 引力透镜与普通光学透镜的相似性

## 南部阳一郎：
## 在不同的领域间架起桥梁

一位伟大的数学家[1]曾经说过这样一段话："数学家能找到定理之间的相似之处，优秀的数学家能看到证明之间的相似之处，卓越的数学家能察觉到数学理论之间的相似之处。而最顶级的数学家能俯瞰这些相似之处之间的相似之处。"物理学家也是如此。爱因斯坦那样的物理学家寻求"终极定律"式的统一，但也有部分的物理学家首先关注于形式，希望从中发现不同的领域间隐藏的联系。著名的物理学家南部阳一郎（Yoichiro Nambu）先生的一位学生曾经这样描述当他见到南部先生时的第一印象：

我初次见到南部阳一郎先生大约是在十年前，当时是在芝加哥大学的一次研究生讨论班上，我在后排。我看到台上的小个头的男人，穿着整洁的西装，在黑板上画着弯弯曲曲的线。有时候他说这些线是在超导体内发现的涡旋线，有时候他说这些线是连接夸克之间的弦。在不同的领域之间建立起桥梁，这让我觉得困惑，但同时又为此而着迷。

南部的这种看似"跳跃"的风格的确会常常让人感觉困惑。公众更是不太理解这种基础性的工作，即使是受过一些科学教育的学生，普遍容易理解的物理学突破应该是要么像超导现象那么直观，要么就是一些基础性的实验发现，例如 2012 年欧

---

[1]  波兰著名数学家斯特凡·巴拿赫（Stefan Banach）。

洲核子中心（CERN）发现希格斯粒子（Higgs boson）那样的突破，希格斯粒子与物质获得质量的原因直接相关，因此这种"上帝粒子"的发现曾经引起媒体的广泛关注[1]。有趣的是，南部关于"对称破缺"的工作正是将"超导"与希格斯粒子这两个看起来风马牛不相及的研究领域建立起联系，深深地影响了后来的研究者。2013年，因为希格斯粒子的发现，理论物理学家彼得·希格斯（Peter Higgs）也获得了诺贝尔奖，希格斯曾经在回忆自己的研究经历时，特别提到了南部先生在1960年所发表的论文，他说："尽管我的名字被戴上这个领域的王冠，但是南部阳一郎首先提出，费米子（Fermion）的质量应该是由类似超导能隙形成的方式产生的。"

　　为什么南部会发现这二者之间的联系呢？这或许与南部本人的教育背景有关，他在东京大学接受的教育，在当时的日本，有以汤川秀树（Yukawa Hideki）等为代表的一代物理学家，这些物理学家在粒子物理方面有着很深的造诣，在战后，这批物理学家很快就赢得了国际学术界的尊重。所谓的"粒子物理"，研究的是物质的基本构成，从微观的视角出发，关心夸克、电子、光子、中微子等基本粒子。然而这些基本粒子理论的研究者主要集中在京都大学[2]，南部所在的东京大学相对凝聚态物理更强一些。所谓的"凝聚态物理"，研究的是凝聚态物质（主要是固体）的性质，因为是研究材料整体的性质（如电学、磁学和光学性质等）。关于"希格斯粒子"的研究很显然属于粒子物理的范畴，而"超导"相关的研究很明显属于凝聚态物理学。这两种研究的区别非常明显，还是以超导为例，超导现象应该是电子表现出的某种"集体行为"，而这种集体行为显然是与单个电子性质完全不同的——正因为如此，凝聚态物理和粒子物理看起来是相隔非常遥远的两个分

---

[1]　实际上诺贝尔物理学奖得主莱德曼（Lederman）在其科普书《上帝粒子：假如宇宙是答案，究竟什么是问题？》中提到，想把让物理学家头疼的希格斯粒子起个外号"Goddamn particle"，出版商觉得不妥，遂改为"God particle"。

[2]　改编自东野圭吾原作的电视剧《神探伽利略》的主角名字叫"汤川学"，而电视剧的校园取景也正是在京都大学。

支，可南部在诺贝尔奖的颁奖演讲中特别提到："我必须承认，早期对凝聚态物理的那些基础研究对于我是非常有帮助的。"此后，虽然南部转向了基本粒子的研究，但他却并不"专一"，南部曾经将他的基本粒子理论称为"超导体模型"，可见凝聚态物理也对他产生了重要而深远的影响。

为什么南部可以将"超导的起因"与"粒子质量的产生"这两个完全不同的问题建立起联系呢？要想理解南部的思路，首先我们必须回到"超导"现象本身。超导现象在 1911 年由著名的低温物理学家海克·卡末林·昂内斯（Heike Kamerlingh Onnes）在液化氦气时最早发现。所谓"超导"是指材料在低于某一温度（转变温度 $T_c$）时，电阻变为零的现象，这一性质暗示我们超导材料具有无损耗输送电能的潜力；1933 年，德国物理学家瓦尔特·迈斯纳（Walther Meissner）发现在材料的电阻变为零的同时，材料还表现出完全抗磁性，即超导体内部磁场为零，超导材料表现出对磁场的完全排斥，这一性质暗示我们超导材料在磁悬浮等方面也具有重要的应用。在迈斯纳发表他的重要发现的同时，希特勒上台，在德国爆发了排犹运动，有一对出生于富裕犹太家庭的兄弟被迫流亡，这对兄弟的名字分别叫海因茨·伦敦和弗里茨·伦敦（Heinz London and Fritz London），仿佛如他们的姓氏"伦敦"所暗示的那样，他们流亡英国，去往牛津大学从事低温物理研究工作。兄弟两人恰好一人擅长理论，另一人擅长实验，他们一起建立了描述超导体的电动力学方程，成功地解释了超导体的迈斯纳效应。我们在这里可以简单介绍伦敦兄弟的一个有趣的想法：为什么在超导体里面没有磁场呢？我们前面已经提到，麦克斯韦方程告诉我们，电、磁和光本质上都是一码事，那么在超导体内，没有磁场，这就意味着电磁波在超导体里面突然"刹车"了。

我们不妨沿着伦敦兄弟的想法继续思考下去。当光子可以"刹车"时，岂不是我们可以追上光的运动？这种"超光速"的问题让我们马上想到了爱因斯坦。的确，爱因斯坦是最喜欢思考"追光"问题的人。爱因斯坦在 1900 年从苏黎世联邦理工学院（ETH）毕业，但仅仅是毕业——还没有拿到学位。他接下来的两年没有找到教职，在数学家格罗斯曼的父亲的帮助下，他去了伯尔尼的专利局工作。这段专利局期间的工作经历使得爱因斯坦成为民间科学家们心目中的"祖师爷"，当然，爱因斯坦显然不是民科，他在专利局期间的工作甚至也不是与他此后的诸多发现毫无关系的。我们今天回顾狭义相对论时，常常会觉得奇怪：为什么爱因斯坦会想到光速跟测量之间的关系？因为爱因斯坦在专利局负责电磁发明的技术鉴定，这些发明可能千奇百怪，从电动的打字机到砂石的分选器，不难想到，在二十世纪初，专利局收到的电磁方面的专利申请还有很多跟电信号传输以及电学－力学信号的同步有关，这些来源于工程应用的发明或许对爱因斯坦也是一种启发，因为它们都已经开始触及光速的极限以及狭义相对论中关于测量的问题，而这些也成为爱因斯坦本人思想实验的基本元素。爱因斯坦因为对光的问题的思考，在1905年提出了狭义相对论，"光速不变"正是狭义相对论的一个重要假设。对于超导体以外的电磁波，因为真空中的光速无法超越，因此不管我们选取怎样的参考系，电磁波的传播方向会始终垂直于相应电磁波的电场和磁场方向（横波）——可如果光可以"刹车"，此时，我们可以选取某些参考系，使得光的传播方向发生改变，这就有可能导致电磁波的传播有了电磁场相同方向的分量（纵波）。伦敦兄弟指出，这种纵波的分量就对应于光子的"质量"，只要超导体内的光子产生了"质量"，就可能导致磁场无法进入超导体。伦敦兄弟的这一想法图像清晰、思路明确，尽管他们最终没能解答"质量的起源"这样一个难题，他们的模型已经暗示我们：超导体内可能隐藏着关于光子等玻色子（Boson）[1]质量产生的机制。

---

[1] 在量子力学里，各种粒子可以分成两大类，其中一类是玻色子，光子就是典型的玻色子，许多的光子可以处于同样的量子态；而另一类是费米子，电子是典型的费米子，两个全同的费米子不能处于同样的量子态，因此电子的排布满足泡利不相容原理（Pauli exclusion principle）。我们提到"粒子质量的产生"问题，这说明我们的问题包括两个部分，其中一部分是玻色子质量的产生，另一部分是费米子质量的产生。

# 巴丁：
## 获得过两次诺贝尔物理学奖的人

我们每个人很容易就会意识到超导现象巨大的应用价值，但不一定能想到"超导"这一问题到底具有怎样的理论意义。对一块超导体而言，有意思的事情并不只是在于超导态本身，也很有趣的是，当温度低于转变温度时，材料可以稳定存在于超导态——这表明超导材料并不是处在一个不稳定的平衡点。试想，假如一个高尔夫球场经营不善，导致洞被杂草堵住了，那么此时即使有最顶尖的高尔夫球运动员打出一个位置和速度都很适合的球，它也没有办法掉到洞里去。进到洞里的高尔夫球处于一个能量很低的稳定状态，而要想达到这样一个稳定态，这个洞就必须要有足够的深度才行。这里所说的"足够的深度"被物理学家称为"能隙"（energy gap），在超导理论中，处于超导态的电子必须存在一个足够高的能隙才能保护超导态的稳定。但单个电子本身不会存在这样的能隙，因此超导现象应该是电子们的某种集体行为的表现。

在各种超导理论中，最著名也最经典的莫过于 BCS 理论了，BCS 理论成功地刻画了电子的集体行为，解释了经典超导体中能隙的起源。BCS 理论由美国物理学家约翰·巴丁（John Bardeen）、利昂·N.库珀（Leon Neil Cooper）和约翰·罗伯特·施里弗（John Robert Schrieffer）三人在 1957 年提出，并以他们三人姓氏的开头字母命名，这一理论可以较好地解释传统超导现象的微观机理，BCS 三人也因此获得了 1972 年的诺贝尔物理学奖。值得一提的是，这已经是巴丁第二次获奖了，在 1956 年时，他因为发明了半导体三极管而与沃尔特·布拉顿（Walter

Brattain）和威廉·肖克利（William Shockley）[1] 分享了当年的诺贝尔物理学奖。巴丁虽然获得过两次诺贝尔奖，但在科技圈，他的名气却不如肖克利，因为肖克利的半导体实验室现在通常被视作硅谷的起源地。1957 年，肖克利本人的管理理念引起了年轻职员的广泛不满，他的八名主要员工（叛逆八人帮[2]）辞职后于当年成立了仙童半导体公司（Fairchild Semiconductor），为硅谷和现代计算机行业的发展奠定了重要的基础，也塑造了硅谷"叛逆、创新"的文化传统。值得一提的是，肖克利不但曾逼走手下的"八叛逆"而成为硅谷的"祖师爷"；早在贝尔实验室时期，肖克利就已经把巴丁给逼走了，这最终导致巴丁进入大学开展学术研究，并在超导理论上做出了如此重要的成果。巴丁在大学期间同时在电子系和物理系带研究生，他物理系的博士生有前面提到的施里弗，而他在电子系的博士生还有发明了 LED 的尼克·何伦亚克（Nick Holonyak）。关于巴丁的两次诺贝尔奖，还有一个有趣的故事。当巴丁首次参加诺贝尔奖的颁奖晚宴时，瑞典国王古斯塔夫六世·阿道夫（Oskar Fredrik Wilhelm Olaf Gustav Adolf）曾经问他："为什么不把所有的孩子都带过来呢？"巴丁回答说："下次我会把他们都带过来的。"而当他第二次获奖时，他也兑现了他的承诺。近年来，科学家们不断提高着超导体的转变温度（目前的最高超导转变温度大约为 –70℃），希望可以找到常温情况下的超导材料。理论物理学家们为了解释关于各种材料的超导性质，提出过许多种不同的超导理论，而 BCS 理论始终是超导理论中最基础也最经典的一种。

---

[1]　威廉·肖克利：晶体管之父。在贝尔实验室期间与人共同发明晶体管——被媒体和科学界称为"20 世纪最重要的发明"。1955 年在硅谷创办肖克利半导体实验室，担任主任。他率先引导"硅谷"走向电子产业新时代。获得过 90 多项发明专利。

[2]　叛逆八人帮：Traitorous eight。这八个人是：诺伊斯（R. N. Noyce）、摩尔（G. Moore）、布兰克（J.Blank）、克莱尔（E.Kleiner）、赫尔尼（J.Hoerni）、拉斯特（J.Last）、罗伯茨（S.Roberts）和格里尼克（V.Grinich）。这八个人后来都在计算机行业做出过突出的贡献，例如这里的 Moore 和 Noyce 是 Intel 公司的创始人，而这位 Moore 就是提出著名的"摩尔定律"的那位"摩尔"。

超导体：
电子配对与质量的产生

　　BCS 理论怎样解释超导能隙的形成？简单来说：一对电子只有在它们的动量非常接近某个值的时候才会发生相互作用，这个值被称作"费米面"（Fermi Surface）；当一个电子在超导材料的晶格中运动时，电子的运动与晶格的运动交织在一起，此时，当另一个电子通过时，会感受到前一个电子通过时导致的晶格变形的影响，如果这个电子保持与前一个电子某种"步调一致"的性质[1]，形成某种"配对"的结构，那么两个电子间就会产生等效的吸引相互作用。在经典的超导体中，配对的两个电子的动量大小相等，方向相反，配对后形成的电子对表现得就像一种新的粒子，它的动量等于为零，这样形成的电子对以 BCS 三人中的 C 命名，被称为"库珀对"，这些库珀对可以在晶格中毫无阻碍地移动，材料因而表现出电阻为"0"的特征。库珀对的形成让系统的能量降低，此时超导的能隙产生，系统中可以有稳定存在的超导态。

　　根据 BCS 理论，物理学家可以求出超导体的能谱，这一能谱展示出超导体中电子的能量动量关系：

$$E = \pm\sqrt{\epsilon_p^2 + \Delta^2}$$

上式中根号下的两项分别代表动能的平方以及超导能隙宽度的平方。而在爱因斯

---

[1]　这种"步调一致"的行为表现为电子波函数的相位相干。

坦的相对论中，能量跟动量的关系为：

$$E = \sqrt{p^2c^2 + (m_0c^2)^2}$$

这里的"$c$"代表光速，根号下的两项分别代表了零质量粒子的动能平方以及物质静质能的平方。这两个方程显然具有某种相似性，它们长着一副类似于勾股定理的"长相"，这种形式的相似性让南部敏锐地注意到：超导能隙的产生与粒子质量（静质能 $mc^2$）的产生具有相似性。库珀对的"动能"可以对应于爱因斯坦方程中无质量粒子的"动能"，而超导"能隙"则对应于粒子的"静质能"项，换句话说——因为超导体中的载流子是电子，那么通过库珀对产生超导能隙的机制就暗示了电子等费米子质量的产生机制。

终于，我们隐隐约约感受到"超导"与"质量产生"这两个问题间隐藏的联系了。伦敦兄弟的方程暗示了玻色子质量产生的机制，而 BCS 理论又展示了超导能隙与费米子质量产生的相似性。正如温伯格所说："凝聚态物理和粒子物理是相互联系的，虽然各自领域获得的知识对另一方几乎没有帮助，但经验告诉我们，从一个领域发展起来的思想可以对另一个领域产生重大影响。有时这些思想在移植的过程中发生改变，人们在新的领域应用这些思想会发现新的价值。"物理学家大栗博司（Hirosi Ooguri）在他的科普书《强力与弱力：破解宇宙深层的隐匿魔法》中将物理学家分成三种类型——贤者、杂技师和魔法师。其中，"贤者"的代表人物是爱因斯坦，爱因斯坦牢固地构建了广义相对论的理论体系，他的著作逻辑严密，思路和细节都容易跟随，像一本严格的教科书；"杂技师"的代表人物是理查德·菲利普斯·费曼（Richard Phillips Feynman），费曼有着深刻的物理学洞见，其论文和演讲的思路是很容易理解的，但其中却有许多难以把握的细节，技巧性极高；南部阳一郎是"魔法师"的代表，他的工作超越了时代，他深邃的思路让同时代的物理学家都难以跟随，但正是这些魔法师的工作帮助我们打通了物理学不同分支间的联系，发现了其他任何人都没有发现的自然的秘密。

## 南部的洞见：
## 亚原子世界和凝聚态体系中的对称破缺

　　南部受到超导理论的启发，深入粒子物理学的领域，为物理学家解答"质量的产生"这一根本问题提供了有益的思路。在上一节中，我们以管窥豹，欣赏了"超导"与"质量产生"这两个问题形式上的相似性。然而"形式"的背后还可能隐藏着更为本质的联系，南部的伟大之处正在于此，他意识到问题背后更为本质的因素——"对称破缺"（broken symmetry）。对称破缺不但能解释固体材料的超导转变，也可以解释微观粒子质量产生的机制。2008 年，南部阳一郎因为"对亚原子物理学的自发对称性破缺机制的研究"获得了诺贝尔物理学奖。

　　按字面意义理解，"对称破缺"意味着本来对称的某些东西，在发生转变之后突然变得不对称了。最早提出这一概念的是苏联物理学家列夫·达维多维奇·朗道（Lev Davidovich Landau）。朗道在理论物理的诸多领域做出过重要的贡献；更重要的是，朗道对于理论物理本身就有着自己深刻的思考，他本人关注物理学各领域的诸多问题，但始终可以从这些复杂的实际问题中抽象出关键的理论模型，在其生前，苏联就形成了一批深受其影响的"朗道学派"，而其十卷本《理论物理教程》深深影响了其后的无数理论物理学家。用一个中国古代科学家的例子来帮助我们理解"对称破缺"。在《后汉书·张衡列传》中记录了张衡所发明的地动仪，记录如下："阳嘉元年，复造候风地动仪，以精铜铸成……中有都柱，傍行八道，施关发机。外有八龙，首衔铜丸，下有蟾蜍，张口承之……如有地动，尊则振，龙机发吐丸，而蟾蜍衔之，振声激扬，伺者因此觉知。虽一龙发机，而七首不动，寻其方面，乃知震

图 5– 超导态形成的示意图

电子从高度对称的状态（上）而形成库珀对（下），配对态，电子两两结伴跳起圆圈舞来

之所在。"在张衡的地动仪中，"中有都柱"是这一仪器的关键，直立的都柱（大柱）本来处于对称的状态（旋转对称），而当外界发生微小的振动时，柱子马上就会发生摇晃，这种不稳定的状态会让柱子马上发生对称破缺，倒向特定的方向，这里的"一龙发机，而七首不动"即"对称破缺"。理论上，如果能进行非常精确的测量，那么都柱倒下的方向的确应该与地震波的传播方向有关。但生活经验也告诉我们，我们无法准确预测竖立在桌面上的筷子到底会倒向哪个方向。事实上，张衡的地动仪面临着两难的选择，如果这一装置很不敏感（例如中间的柱子非常粗），那么它很可能可以滤掉那些微小的扰动，但与此同时，它将无法准确地对地震做出响应；可如果它很敏感，那么都柱应极容易受各种外界扰动（而不仅仅是受到地震波的影响）而导致对称性破缺，在这种情况下，张衡的准确预测应该只是一个伟大的巧合。

理解了"对称"和"对称破缺"的直观意义，那么我们马上会提出问题：为什么"超导"的转变会跟"对称性"有关呢？我们可以直观地对此理解：假设有一个圆形的操场，在自由活动时，所有同学站的位置没有什么特别的倾向性，而且所有人的运动方向也是随机的，这时的系统处在一个均匀、无序、对称的状态。而当音乐突然响起时，转变开始发生，同学们开始两两结伴跳起圆圈舞来，这就类似于形成了"库珀对"。本来，每个同学可以朝着任意的方向无序地运动；然而当形成配对时，每个有舞伴的学生都不再可以有随意的取向，他们的舞步必须与舞伴相协调，因此某种"对称性"被打破了。上述图像用物理学家的语言来描述就是：在库珀对形成的过程中，规范对称性（gauge symmetry）发生了破缺。事实上，早在 BCS 之前，物理学家们就发现了超导体内部的电流违背了这种对称性，而 BCS 尽管提出了这种规范对称性破坏的机制，但他们的论文并没有集中于讨论这种对称性的破缺，而南部正是敏感地注意到了这其中的问题，当他思考微观粒子有关问题时，想起了 BCS 理论，从而提出了他的"超导体"模型。

可问题还有一半没有解决，为什么"质量的产生"也会与"对称性"有关呢？我们在介绍迈斯纳效应时已经提到了"追光"的问题。由于光子没有质量，光速无法超越，所以在现实世界里，我们永远没有办法选取某些参考系，使得光的传播方向发生改变。可如果面对那些有质量的、可以"刹车"的光子，我们能想到一些办法让自己跑得比它们还快。通过选取某些比光子速度更快的参考系，我们将看到那些有质量的光子的传播方向发生改变。当光的传播方向发生改变时，就类似于对光进行了一个镜面反射。这就如同我们像爱丽丝一样进入了镜子中的世界[1]，相应地，我们的左手也就变成了镜子中的右手，真实世界里的各种物理现象也可以进入到镜子中。与此类似，我们可以想象一个镜子中的电子，我们关注电子所拥有的"自旋"（spin）自由度，尽管自旋不意味着电子在发生旋转，但不影响我们进行直观的想象。在镜子中，本来顺时针旋转的电子变成了逆时针旋转，这对应于电子的自旋发生翻转。在何种情况下，电子的自旋永远不会因为观测者而发生翻转呢？与"追光"问题类似，在现实世界里，我们没有办法选择某些参考系让"无质量的费米子"自旋翻转。不过，质量的产生改变了这一切，因此，南部敏锐地发现，只要找到"对称破缺"的理论，也就找到了"质量产生"的理论。

## 对称破缺意味着"相变"

在朗道提出"对称破缺"这一概念时，他首先希望解释的问题就是物理体系中的相变（phase transition）问题，我们以"水"和"冰"这两种不同的物相间的转变为例来介绍朗道的物理思想。"冰"是一种固体，而"水"是一种液体。这里的"固体"和"液体"即为不同的"相"（phase）。朗道敏锐地发现了"相变"的

[1]《爱丽丝镜中奇遇》（*Through the Looking-Glass, and What Alice Found There*）是英国作家刘易斯·卡罗尔（Lewis Carroll，原名 Charles Lutwidge Dodgson）于 1871 年出版的儿童文学作品，这也是《爱丽丝梦游仙境》（*Alice's Adventures in Wonderland*）的续作。

本质就是"序"（order）和"对称性"的改变。例如，在冰块中，因为具有规则的晶体结构，所以冰块中的原子排布是高度"有序"的，对于高度有序的结构，它有着较低的对称性——这看起来有些违反直觉，但仔细考虑一下就会明白：显然一个球要比一块砖有更多的对称性；一杯水，旋转任意的角度仍然可以保持不变，而水中的冰块却没有这样的性质（类似的例子还有许多，例如玻璃的切割可以比较随意，而为了让水晶更加闪耀，需要在某些特定的、与特定对称性有关的面上进行切割）。这些例子都说明：晶体只能在少数特定的离散的对称变换下才能保持不变，相变的过程就伴随着这种对称性的变化；而在液态的水中，各种无序结构在大量连续的对称操作下依然可以保持不变。

朗道的相变理论可以很好地将许多不同的物理现象纳入一个相同的框架下。为了描述一个相的有序程度，朗道用"序参量"（order parameter）来刻画不同的相。"对称破缺"意味着从"无序"的结构形成了"有序"的结构，描述这些"序"的序参量发生了改变，这些改变导致了系统对称性的降低。在分析实际物理体系中的相变问题时，我们总关心这一体系中的"序"和"对称性"。例如，当有一块磁铁突然失去了磁性，它就失去了指向南北的能力，物理学家会说，磁铁中本来拥有的某种"序"就丢失了，而"对称性"增加了，因为一块无法指南北的磁铁从一个南北极"不对称"的状态变成了180度旋转后仍然"对称"的状态。

## 希格斯机制：
## 质量可以不再被视作是粒子本身的一种属性

围绕着"对称破缺"这一想法，物理学家可以彻底地解决"质量的产生"这个问题。为了深入探讨这一问题，我们用一枚铁钉为模型，介绍有关的物理概念。一枚铁钉与张衡地动仪中的"都柱"类似，它们都很容易发生对称破缺。假如我们想象一枚受到外力作用的钉子，当这个力比较小的时候，钉子保持竖直，此时的钉子可以维持在一个对称的状态。可随着压力的不断增加，钉子要想保持竖直就会越来越难——如图6所示，当压力超过一定的阈值之后，这根钉子就被"掰弯"了。钉子之所以会变弯，是因为在压力的作用下，保持竖直状态反而需要更高的能量。此时，原本处在对称状态的铁钉发生了对称破缺，一枚弯曲的钉子再也不满足旋转对称性了。对于这个被掰弯的钉子来说，此时它有无数个能量最小态，这一系列最小值点对应于钉子弯向不同的方向。此时，系统相应的能量面表现为"墨西哥帽子"[1]的形状，一系列能量最小值点构成了这个"帽子"的内沿。有趣的是，因为有无数个能量最小态，而它们的能量相同，这就暗示我们，一枚弯的钉子绕着原来的旋转对称轴运动是不需要耗费额外的能量的。这种运动模式在能量面上对应于那些绕着帽子内沿的运动，这种运动模式以物理学家南部和戈德斯通（Jeffrey Goldstone）两人的名字命名，叫作"南部 – 戈德斯通模式"（Nambu–Goldstone mode），有时也简称为"戈德斯通模式"。

　　南部与戈德斯通指出，如果系统发生了对称性的破缺，那么就会导致戈德斯通模式的产生。这种运动模式不需要能量，一点微小的扰动就可以让系统在这样的模式之下运动，轻轻地推一下弯曲的钉子，钉子会很自然地绕着原来的对称轴旋转，这一旋转过程不再需要外力来维持。这种运动模式可以看成是系统的某种自身的属性。如果一枚弯的钉子执意要变直（或者由直变弯），那么这时能量就会增加（或者减少），这一运动方向与南部 – 戈德斯通模式垂直，它对应于图6中从"草帽"内沿往草帽的顶部方向（或反方向）运动，这种运动模式叫作"希格斯模

[1]　2009年，英国的《卫报》展开了一次重命名希格斯粒子的竞赛，并最终从提交的命名中选择了"香槟酒瓶玻色子（champagne bottle boson）"作为最佳命名。"墨西哥帽子"和"香槟酒瓶"是两个常常被用来作为展示南部 – 戈德斯通模式和希格斯模式的实例。

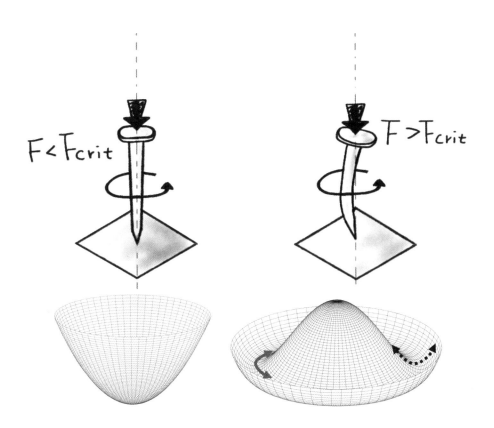

图 6- 对称破缺的直观示意图

位于右下方的小图中直观地展示了对称破缺情况下对应"钉子"问题的"南部 - 戈德斯通模式"（实伐双箭头）和"希格斯模式"（虚线双箭头）

式"（Higgs mode），这种运动模式正是以大名鼎鼎的希格斯命名的。

在一个草帽形的能量面上，明明有不需要耗费能量的运动路径（南部 – 戈德斯通模式），为什么粒子却偏偏要产生质量（希格斯模式）呢？希格斯证明，如果发生了某种定域对称性的破缺，那么希格斯模式就会涌现出来。我们可以直观地将"定域对称性的破缺"理解为一顶有些不那么对称的、粗糙的墨西哥草帽，一个小球在草帽上本来想沿着内沿运动，但因为定域对称性的破坏（在小球运动的路上出现了一个小坑），小球的轨迹就发生了偏转，从而产生了"希格斯模式"的运动，这些运动伴随着能量的增加或减少，正是这些运动导致了质量的产生。

希格斯在提出了这一重要机制后写了两篇论文，其中的一篇被送到了南部手中。南部在评审论文的时候，建议希格斯加上更多的讨论来解释其理论背后深刻的物理学意义。在量子力学中，"粒子"和"波"这二者常常是统一的，在这种思想的指引下，我们可以把运动的模式都看成是类似于光子的玻色子，对应于南部 – 戈德斯通模式的"粒子"可以被看成是一种无质量的"戈德斯通粒子"，而对应于希格斯模式的激发同样可以看成是一种"粒子"。希格斯在他的论文中增加了相关的讨论，预言了这种粒子的产生，这种粒子现在就被称为"希格斯粒子"。根据希格斯机制，我们可以认为有一种"希格斯场"遍布在真空中，各种（原本没有质量的）基本粒子由于其与希格斯场的相互作用，在类似的机制下产生了质量。在各种科普书中，一个常见的比喻是将真空比喻为某种黏性的液体（例如蜂蜜），本身没有质量的粒子可以看成是在其中通过的微小颗粒，由于黏滞阻力，这些颗粒表现得好像"质量增加了"。这个比喻非常直观，但希格斯本人不喜欢这个比喻，因为在这个比喻中，蜂蜜的阻力最终将耗尽颗粒的动能，而希格斯场所产生的质量却不是这么容易耗散掉的。

当我们对希格斯机制有了一些直观的认识之后，我们会发现，"质量"可以不再被视作是粒子本身的一种属性，而被视作是对称破缺的结果。正是因为对称破缺，W玻色子、Z玻色子、费米子等，才可以获得质量。在粒子物理学的标准模型（Standard Model）里，当宇宙的温度足够高时，系统处在类似于气体、液体的高度对称态，此时所有基本粒子都不具有质量。随着宇宙温度的降低，相变接连发生，这就类似从水蒸气和液态水中形成了冰块的结构，对称破缺给出了我们现在宇宙的图像，例如其中一个对称性破缺打破了电弱力的对称性，使得弱作用力与电磁作用力被分离。希格斯机制是粒子物理标准模型的关键，更是温伯格等人的电弱统一理论的核心，随着2012年大型强子对撞机（Large Hadron Collider，以下简称LHC）上希格斯粒子的发现，标准模型补上了最后的一块拼图。

## 最"智能"的选择，就是让未来的可能性最多的选择

"对称破缺"的机制不但是我们解决诸多物理谜题的关键，它还为我们思考许多抽象的问题提供了解答的线索，例如我们不妨来思考"什么是智能"这一问题。我们首先以玩游戏的经验来指导我们的思考。想象我们在玩一个跷跷板的游戏，如图7所示，一只兔子会随机地在跷跷板上向左或者向右移动，你可以控制兔子的运动以抵消这种随机力所产生的效果。假设跷跷板的长度是有限的，兔子滚到边缘时游戏结束。很容易可以想到，如果跷跷板左倾，这说明兔子到了跷跷板的左侧，我们这时必须指示它向右运动，否则游戏就会结束。最安全的游戏策略就是想办法让兔子永远稳定在跷跷板的中段，这时的系统保持着最大的对称性。

图 7- "跷跷板"游戏示意图

　　上面所描述的"跷跷板"游戏非常简单，但在绝大多数情况下，游戏可能会变得更加复杂。玩家需要在各种各样的分支中进行选择，错过了一个加速向前跳跃的机会，这局游戏可能就结束了；忘记在某棵树下捡起一件装备，很可能会让自己在最后的对决中失利；过早地让病毒表现出攻击性，很可能让人类更早地开始研发解药……最终的成功者就是能坚持到最后的玩家。各类游戏追求的目标不同，在不同的目标下，"智能"的表现也有所不同。我们在解决不同的难题时可能涉及完全不同的思维，而一旦开始考虑某些具体的问题，可能会让我们对"智能"的理解过于受限，这样的系统就像是被精心调校的机器，只能解决某些特定问题，而不能解决那些通用性的问题。我们必须跳出这种局限的眼光，重新思考在不同的游戏中，我们所选择的策略到底有怎样的共同点。一个优秀的游戏玩家不能因为当前这一步的选择，陷入下一步（或者更远的未来）无路可走的境地。从游戏的例子中我们认识到：**最"智能"的选择，就是让未来的可能性最多的选择。**

## 对称破缺的系统中蕴含着"智能"的可能性

　　在一个游戏中，我们怎样才能让自己在未来有尽可能多的选择呢？在思考这个问题之前，我们首先得注意：只有在存在"对称破缺"的系统中才有"智能"存在的意义。试想，如果在一个游戏中完全不存在对称破缺的可能性，那么往左走还是往右走其实都是一样的，不管我们做出怎样的选择其实都没有区别，"智能"在这种情况下也没有用武之地。系统必须在某些位置处存在某种约束，越过那个约束的演化是不被允许的，例如在游戏中，某个角落的怪兽可能对玩家产生攻击。

假设现在就存在这样一个对称破缺的系统，那么，什么样的状态才是这个系统最智能的状态呢？作为一个最简单的实例，我们还是用张衡地动仪里的"中有都柱"作为一个"对称破缺"的例子来介绍有关的"智能"。当都柱直立时，它处于对称的状态，外界一旦发生微小的扰动时，柱子马上会发生对称破缺，因而倒向特定的方向。当发生这种对称破缺时，这根柱子的未来就已经被决定了——它正在倒向某个特定的方向。然而，如果我们想要构造某种力，让这根柱子变得"智能"，那么，我们就必须让这根柱子在各种扰动的情况下始终保持在直立状态。

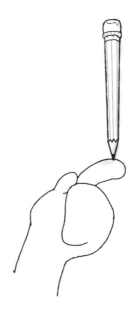

图 8- 最简单的智能体系——在指尖上保持直立的铅笔

　　我们来举一个最简单的智能体系——在指尖上保持直立的铅笔。这个系统是"都柱"系统的一种变形，这样一个系统最"智能"的状态对应铅笔保持直立的状态。这是因为铅笔直立起来之后，就有了向各个方向倒下的可能性，此时的系统未来的演化有着最多的"可能性"。

　　按照这种简单的定义，我们可以把"智能"理解为在可能存在对称破缺的系统中，系统追求并保持最大的对称性，因为最大的对称性也就意味着未来有最多选择的可能性。但系统为了让自己维持在这样一个对称的状态，就必须从外界获取能量或信息。如何让一根铅笔在指尖上保持直立？通过不断移动手指的位置，我们很艰难地在很短的时间内让铅笔平衡在竖直的状态。之所以有可能让系统保持在这样的状态，是因为我们的手指本身让许多"信息"源源不断地流入这个体系中，让铅笔的演化具有某种智能的特征。对于任意的实际物理体系，怎样才可以构造一种"力"，使得这种"力"起到我们手指的作用，让系统始终处于"未来可能的选择最多"的状态？2013年，在哈佛大学和马萨诸塞理工学院（MIT）工作的威斯奈·格罗斯（A.D.Wissner-Gross）在他发表的一篇论文中提出了一种方案，这种方案构造出一种力的形式，系统在这种力的作用之下，可以被驱动到"选择更多"的位置上，作者将这种力命名为"因果熵力"（causal entropic force）。

　　尽管我们可以构造出某种"力"将系统驱动向"最智能"状态，但这种"力"的构造很难推广到多粒子的体系[1]。因为每个粒子有着不同的优化目标，例如，当资源有限时，"个人利益"与"公共利益"就会发生矛盾，每个人都希望自己获得最多的可能性，那么就很可能伤害到其他人，我们必须从其他角度来思考这种智能的状态。对于一根竖立的杆子，我们很容易会发现的是这根杆子"最敏感"的状态：一个微小的扰动就可能使这根杆子倒下。事实上，"敏感"正是"智

─────────────

[1] 对于较少粒子的情况，因果熵力可以证明"合作"和"使用工具"的必要性。相关讨论可以参见原始论文或者我的电子书《写在物理边上》。

能"的一种表现——我们常常在夸奖一个人聪明时会夸他"随机应变""巧妙灵活",这都暗含了"敏感"的意味。当我们将个体的智能推广到集体时,保持"敏感性"是一个非常重要的考量。这是因为一个集体常常要不表现得过度有序(例如跳广场舞的大妈们),要不就是表现得过度无序(例如广场上随意行走的其他人),这两种体系都不能维持敏感性。以鸟群为例,如果鸟群过于团结(类似于有序的固体),那么它们将会盲目地朝着一个方向飞,此时,如果有一个个体注意到前方的障碍物,在其他个体没有看到障碍物的情况下,它将没有办法阻碍集体的力量,最终,整个群体将撞上障碍物;而如果鸟群过于松散(类似于无序的气体),那么它们就没有办法组织起来完成那些个体无法实现的行为(如一起对抗天敌)。因此,对鸟群而言,最智能的状态应该是某种"团结紧张"的状态。这种状态恰好处在"有序"与"无序"之间,类似于相变的临界点(critical point)处,此时,一个群体既能保持其稳定性,又能保证个体的信息在群体中有效地传递。

奇妙的是,类似于在指尖保持平衡的铅笔,鸟群的确处于并且可以长期处于这样一个"团结紧张"的高度敏感的状态,这种状态处在对称破缺的边缘,都是"临界态"。意大利物理学家安德烈·卡瓦尼亚(Andrea Cavagna)等人对鸟群的运动进行了长期的观察,他们用两个摄像机拍摄同一个鸟群,从而重建出鸟运动的三维坐标(这与我们在电影院观看 3D 电影的基本原理是相同的),他们从这样一个 3D 的影片中算出来各个时刻,群体中的各只鸟分别处在怎样的位置,又根据相邻各帧画面,计算出鸟的速度。卡瓦尼亚等人的研究表明,虽然每只鸟只受到附近较少的几只近邻的影响(保持速度的一致性),但如果群体中任意一只鸟的速度发生变化(这种变化可能是由发现了障碍物或者天敌所造成的),那么这种速度的变化不只会对这只鸟的邻居们产生影响,更可以遍及整个群体。这充分展示了鸟群中存在着"长程关联",这种长程关联正是我们所说的"敏感性"的来源。

为什么鸟群可以表现出这样神奇的能力?难道是距离很远的个体之间存在着

"心灵感应"？当然不是这样的。对鸟群的飞行而言，各种不对称出现的外界刺激可以看成是一种动态的信息输入，也可以看作就是一种"激发"，例如捕食者突然出现在某一个方向上，又或者从某个方向突然吹来一阵风等，这些动态的外界刺激对鸟群的运动也会产生影响，这些"激发"就对应于使得系统发生对称破缺。伴随着这些激发，鸟群在运动中会有某个特定的模式被选择出来，这个模式就是戈德斯通模式。我们已经提到，戈德斯通模式的激发不需要耗费额外的能量，并且由于戈德斯通粒子的影响会遍及整个系统，它对应于系统的大尺度集体运动。在发生大尺度运动时，鸟群中距离非常遥远的个体之间也会存在相互关联，例如处在鸟群的边界上距离非常遥远的个体之间就可能存在着反向的关联，在边界上相对位置上的鸟会倾向于往相反的方向运动。这种运动模式使得鸟群的轮廓在空中可以不断发生大尺度的扭曲、变形，这种大尺度的运动正是由于戈德斯通模式的激发而产生的。

　　用物理学的眼光来考虑"智能"，我们发现"智能"不是什么新鲜的事物，它不过就是对称破缺的情况下产生的戈德斯通模式。"智能"需要始终保持让系统未来的演化有尽可能多的可能性，一旦各种扰动使得系统偏离了这样的状态，系统还必须有可以恢复到这种状态的能力。这种能力暗示我们，系统中必须存在着长程的关联，而另一方面，系统强大的恢复能力又暗示着系统的高度敏感性，这使得"智能"的体系可以灵活而通用地应对各种实际状况。鸟群的例子给我们一个重要的启示，我们对凝聚态体系"对称破缺"的研究思路同样适用于生物体系，生物体系中最抽象的概念之一——"智能"也是在对称破缺的边缘被激发出来的。

　　大脑的工作原理与鸟群也有相似之处。在大脑中，信息的有效整合需要有"长程关联"的存在。近年来，随着各种实验技术的发展，我们可以用功能性核磁共振（fMRI）等实验直接测量大脑皮层中神经信号发放之间的关联，大脑皮层中神经信号的这种关联也是长程的，并且大脑皮层中距离较远的区域的放电情况还可能出现反关联，这些性质表明，大脑也是处在临界态的。大脑的信号输入等刺

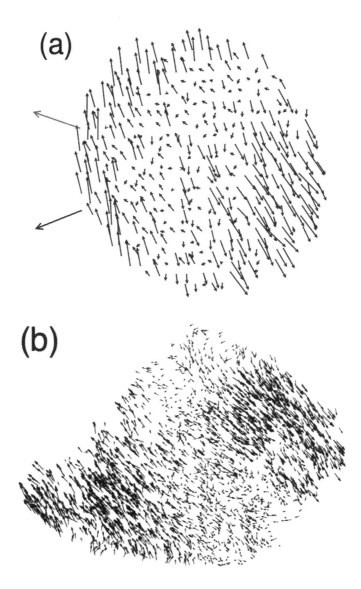

图 9– 外场作用下磁性系统中自旋方向涨落的模式（a）与实验观察中鸟群速度涨落的模式（b）接近［图片来源为《物理评论快报》（*Phys. Rev. Lett.*）110，168107．］

激可以看成是对大脑的一种激发，伴随着这些激发，"智能"在大脑的结构中衍生出来，这种特性帮助大脑始终保持在最佳的工作状态——稳定性与可塑性的最佳平衡。物理学家与神经科学家证明，这种状态与大脑的信息传输、信息储存和计算能力都是直接有关的。对大脑而言，直观地来理解，这种"稳定性"某种程度上意味着"记忆"，而"可塑性"则对应于对新知识的"学习"。试想，如果一个大脑从某个时刻起，其稳定性远远强于可塑性，这时的大脑可以始终保持旧有的各种记忆，不过它很快将会无法学习新的技能，也无法利用曾经学习的这些知识去解决那些某种意义上相似的问题；可如果大脑的可塑性远远强于稳定性，那么每天起来都觉得自己被"洗脑"了，这样的大脑需要一直进行训练，很难真正掌握某些技能。幸运的是，我们的大脑在稳定性和可塑性之间达成了一种巧妙的平衡，我们的大脑恰好处在一个最具适应性的临界点上。

## 寻求普适性：
## 深度学习与重正化群

弗里德里希·恩格斯（Friedrich Engels）在他的《自然辩证法》（*Dialectics of Nature*）中就已经注意到了相变和临界有关的现象，他指出："每种气体都有其临界点，在这一点上压力和冷却能使气体变成液体。一句话，物理学的所谓常数，大多不外是这样一些关节点的标志，在这些关节点上，运动的量的增加或减少会引起相应物体的状态的质的变化，所以在这些关节点上，量转化为质。"从这个意义上来看，恩格斯的"量变引起质变"不只是一句抽象的哲学教条，他已经敏锐地注意到了他同时代的一些最新的科学成就。不过，恩格斯的观点中有一点值得我们推敲。他提到"物理学的所谓常数，大多不外是这样一些关节点的标志"，恩格斯在这里所指的，大致是例如"在标准大气压下，固液相变的转变温度为0℃，气液相变的转变温度为100℃"之类的"常数"，这类常数常常出现在各类物理化学手册上。然而，这些常数在物理学家看来，根本算不得真正意义上的"常数"。例如，一旦改变了其他控制变量（如气压改变，一个中学物理书上常见的例子就是在青藏高原上烧开水），相变温度就会发生改变。如果我们真的需要找到某些"常数"，我们就应该找到那些在相变中真正不变的东西，因为这些不变的量才是这个问题的"本质"。

怎样才能找到那些不变的量呢？物理学家们发现，对于一个相变，尽管相变点本身可能发生改变，然而物理量在相变点附近的"变化趋势"是保持不变的。通常用临界指数（critical exponents）[1]来刻画这些变化趋势，例如，当物理量随着温度的 –3 次幂发生变化，这样的变化趋势被称为"标度律"，而与这一标度律相关的临界指数为 –3，这些指数正是对系统在临界点附近动力学的定量刻画。有趣的是，两个看似完全不同的相变现象在临界点附近的标度律也可以有着完全相同的幂指数，例如气体—液体相变与某些磁系统中的相变有着相同的临界指数。如果两个不同的体系出现了相同的标度，那么就说明我们可以用完全相同的方程来刻画这两个系统的相变临界点，在临界点附近，支配这两个体系的基本物理规律可能是相同的，这两个体系中可能有着一些极为相似的"特征"。如果我们用更现代的观点来看，恩格斯所说的描述相变的"物理学的所谓常数"，不应该是熔沸点这类控制变量的特定取值，而应当是临界指数。如果两个不同的相变有着完全相同的各个临界指数，这就表明在低能激发的情况下，这两个不同体系的基本物理规律"本质"是相同的，如果解决了其中的一个问题，那么另一个问题也就迎刃而解了。

---

[1] 临界指数：苏联物理学家列夫·达维多维奇·朗道在解释连续相变时，把热力学量在临界点附近的特性用幂函数来表述，其幂次就是临界指数。

根据相变的临界指数，我们可以对各种相变现象进行"分类"。在这种视角下，对物理规律本质的探索，就是根据相变的临界指数对系统分类的过程。当我们看到某一现象与其他系统中的情形有相似之处，先不要轻易下结论说这二者有着共同的起源或本质，必须仔细检查这些体系中对应的临界指数，当有足够的定量证据说明这两个现象属于（或者接近于）同一分类时，我们才能做出肯定的回答。这种"分类"被物理学家称为"普适类"（universal class）。

图 10– 伊辛模型在临界温度的构型展现出自相似特征和尺度无关性

物理学家探索"普适类"的方法是一种提取物理系统特征的有效方法，这种特征提取的方法不依赖于特定的体系，也不依赖于体系特定的尺寸。图 10 展示了一个典型的物理体系在相变临界点附近出现的构象。图中的各个像素点可以为黑色或者白色，对应于两种不同的状态，在相变的临界点处，这些点既不会全部都是黑色或者白色（低温的情况，有序态，类似于"冰"），也不会在空间中完全无序地排布（高温的情况，无序态，类似于"水蒸气"），而是会形成又有点像有序、又有点像无序的自相似结构。从左到右的四个模拟截图是逐个从前一幅图中截取右下角四分之一的画面放大而形成的。虽然这四张图片是在逐步放大系统的局部结构，但这些图片看起来却非常相似，这种结构通常被叫作分形（fractal）结构或者自相似（self-similarity）结构。这些结构暗示我们，选用怎样的"尺子"去测量我们所研究的系统固然非常重要，但更重要的却在于这种尺度之间的变换，只有通过研究这种尺度变换，我们才能找到具有普适性的规律。

如果我们不断"放大"我们所研究的系统，我们就可以看到系统中的诸多细节；如果我们不断"缩小"我们所研究的系统，我们对系统的刻画就好像"降低了分辨率"，得到了一张有马赛克的图片，一部分信息在操作时丢失了，但我们却因此得到了对这个系统更为整体化的描述。对于一个物理系统，当我们不断"放大"或"缩小"观测的尺度时，如果能找到某种不变的能量函数形式，我们就发现了一种反映系统本质特征的变换操作。这样的变换操作叫作"重正化"（renormalization）。当物理系统在相变的临界点附近时会出现各种自相似的构象，此时，这种重正化可以反复进行。随着这种迭代的不断迭代，我们最终将会得到一系列"不动点"，那些不稳定的不动点对应于相变的临界点。

当我们认识世界时，我们也常常会用到与"重正化"类似的思路。人类的大脑正是在用着类似的方法处理着各种纷繁复杂的数据，当我们在人群中认出一张熟悉的面孔，或者从一段语音中提取出有用的信息，又或者是根据经验对市场的整体趋势做出预测，甚至是在对文学作品的阅读中感受作者的语言风格时，我们的大脑很快速地从这些体系中提取出了那些最为核心的因素。例如，当我们将一张图片中的物体称为"猫"时，我们摒弃了图片中许许多多的细节：猫的动作、猫的神态、猫的毛色、猫所处的环境……我们抛弃了一个复杂系统中的诸多细节特征，转而提取出其中那些最核心、最关键的因素。这种从大数据中"提取特征"的思路与物理学家探索普适类的思路非常类似。我们虽然很难用语音具体说明"猫"的定义，但在我们的大脑中，已经对猫的形象有了一个准确而精练的概括，我们不会因为猫的毛色或动态的不同而把猫不当成"猫"。这些经验都提醒我们，这种"特征提取"的方法不但应该是物理学家所关心的问题，还会是人工智能中的一个重要课题。

　　早年间，"特征提取"常常依赖于算法专家的经验，找到一个好的特征表达，很可能会对问题的解决起到重要的作用。不过如果仅凭专家的经验来选取特征，将会是一件非常耗费时间和精力的事情，有许多的特征包含着"只可意会不可言传"的经验和信息，对这些特征的描述常常会存在诸多的不确定因素，而且针对具体体系人工提取的特征通常也很难推广到其他问题的研究中。怎样才能发展出一套方法，可以很好地从复杂的数据中自动地提取出最关键的信息？加拿大的计算机科学家杰弗里·辛顿（Geoffrey Hinton）发展了在二十世纪末曾风靡一时的人工神经网络（Artificial Neural Network，即ANN）算法，设计出一种具有较深的层次结构的神经网络，这种网络的结构与人类视网膜神经连接结构有相似之处，这种拓扑结构有利于研究者从原始信号中逐层"抽象"并提取特征，进而一步一步地向更为高级的层级迭代。以人脸识别为例，在这样的一个神经网络上，较为低级的层级首先提取的是图片中一些边缘和界面的特征，随着层级的提高，图片中一些纹理的特征可能会显现，而随着层级继续提高，一些具体的对象将会显现，例如眼睛、鼻子、耳朵等等，再到更高层时，整个人脸的特征也就被提取了出来。这种利用较深的层次结构的神经网络进行机器学习的方法被称为"深度学习"（deep learning）。在一个深度神经网络上，较高层的特征是低层特征的组合，而随着神经网络从低层到高层，其提取的特征也越来越抽象，越来越涉及"整体"的性质。深度学习在特征学习方面有着极为优秀的能力，目前在图像和语音识别等领域已经取得了非常广泛的应用。

　　随着神经网络层级的加深，一个深度网络很有可能变得非常复杂、繁琐、丧失通用性，而深度学习最神奇之处在于：面对复杂的数据和海量的参数，只要训练得当，深度学习总能得到对原有信息的一种有效压缩，即尽管模型充分复杂，深度学习仍有可能得到泛化性能良好的网络。一种观点认为，之所以深度学习的泛化表现如此优秀，是因为深度学习与重正化存在相似之处。随着隐藏层数目的增加，深度网络提取到的将是系统中那些更粗糙、更整体的特征，而随着重正化操作的进行，我们得到的是物理体系在更大尺度上的粗粒化描述。深度学习中的特征提取与统计物理中的重正化方法的这种相似性目前已经吸引了许多来自不同背景的科学家的注意，在一些特定的问题中，物理学家已经找到了二者间的对应关系。这种对应关系再次证明了"临界"概念的重要性。这种对应还暗示我们，在大自然中可能存在着一种特征提取的普适逻辑和通用方法。

## 微观规则导致宏观现象，
## 而从宏观现象未必能导出微观规则

"对称破缺"的概念看似简单，但随着物理学研究的不断进展，不同研究领域的物理学家们开始体会到这一概念背后所蕴含的重要思想。这些思想彻底改变了物理学研究的面貌。温伯格曾经提到："BCS证明中最重要的一点就是，理解超导性不需要引入新的粒子或作用力。根据库珀向我展示的一本关于超导的书，许多物理学家甚至为此感到失望，因为'超导性在原子尺度上竟然只是由于电子和晶格振动之间的微小相互作用'。"我们或许很难理解为什么物理学家会有这种失望——没有新的粒子或者作用力的引入，难道问题不是变得更简单了吗？物理学家并不一定会这样想，这是因为发现新的粒子或作用力一度是物理学发展的主流方向，物理学家在质子和中子中发现了夸克；在宇宙射线中发现了正电子（positron）；在加速器上还发现了更多的高能粒子；为了解释原子核的形成以及衰变，物理学家发现了"强相互作用"和"弱相互作用"这两种基本相互作用。这些例子给我们一种印象，如果要解释某种新奇的现象，引入新的粒子或者新的相互作用常常是必要的——这种思路甚至渗透到我们的流行文化中，例如在《星球大战》中，就有"原力"这样一种新的场。然而，在超导体这样一种新奇的材料中，竟然没有某种新的作用力，无疑，这是让人有些失望的。

　　为了更深刻地理解这种失望的情绪，我们不妨来看一个更直观的例子。2009年10月的一天，位于"三八线"附近的韩国士兵突然变得紧张起来，韩国军方通过雷达观测到有一个巨大的不明飞行物体正穿越朝韩两国的边境向南飞来，就此韩国军方宣布进入警戒状态。韩军起初误以为这是朝鲜军用飞机的挑衅行为，但事后就的分析结果显示，该物体并不是军用飞机，而是我们刚刚讨论过的鸟群。在韩国军方的雷达上，鸟群就像是一个巨型的"不明飞行物"，很难相信这种转变竟然是由许许多多独立的个体聚在一起完成的。鸟群的这种集体行为不但曾经让边境上的士兵感到紧张，当我们自己目睹这种动物的群集运动时，我们也常常会感到惊奇。当这些动物的个体集合在一起时，竟然可以非常好地组织起来，向前、变形、逃避其他捕食者，不断切换自己的阵型。物理学家们发现，在许多情况下，鸟群中并不存在特定的"领导者"；超导体中的电子更不会"紧密团结在以电子A为核心的结构附近"。鸟群的集体行为与超导体中电子的集体行为一样，是由许多简单的微观规则[1]所导致的复杂宏观现象。

　　简单的规则可以导致复杂的宏观现象，而一旦我们观察到这些宏观现象，尽管我们可以对宏观现象进行非常细致的分析，但仅仅凭借这些分析，可能仍然无法找到其背后真正的微观规则。这也是"还原论"的一个重大困境。关于微观机制与宏观现象之间相互关系最著名的例子莫过于托马斯·谢林（Thomas C. Schelling）的种族隔离模型[2]（1971年）。在美国，种族问题是一个长期以来困扰着所有人的问题，我们总是会尖锐地批评那些极端种族主义者，但谢林的模型告诉我们，只要群体中有的人不希望与自己同种族的人在社区中占少数，那么就

――――――――――――

[1] 通常认为，在一个鸟群中，个体间凭借体积排斥、速度对齐（防止相撞）和聚集倾向形成了复杂的群体。
[2] 谢林的这篇论文标题为 *Dynamic models of segregation*。

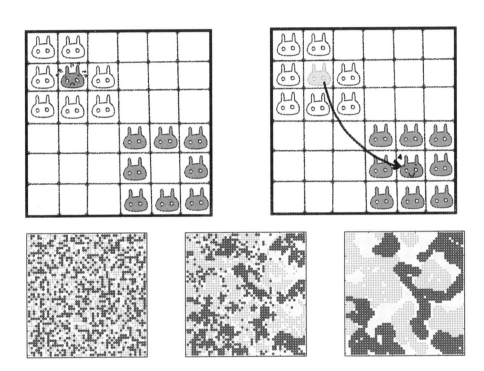

图 11- 谢林种族隔离模型中的微观机制（上）与宏观现象（下）

可能导致宏观上的种族隔离——这是一个非常违背直觉的结果，这告诉我们，通过统计一个城市的种族隔离程度来分析该城市的种族主义倾向是有问题的，系统的宏观性质与微观机制之间不存在简单的对应关系。2005 年，谢林因为其博弈论方面的研究与以色列经济学家罗伯特·奥曼（Robert J. Aumann）分享了诺贝尔经济学奖。

在谢林的模型中，每个格子代表一座房子，每个房子里可以住人（用不同的颜色标记居住者的族群属性），也可以是空房子，不住人。每个房子与它自己附近的 8 个房子构成了一个小社区。如果一个人自己的种族在他所在的社区中不占据多数，他会表现得"不开心"，因此会选择搬家，这样一个简单的原因就会导致种族隔离，本来混杂的社区随时间的演化不复存在，同种族的小群落不断生长、合并，最后只剩下几个大的群落，此时，绝大多数个体被与自己相同种族的邻居包围。在物理学上，这种现象被称为"相分离（phase separation）"。

## 演生：
### 在每一个层次上呈现出全新的性质

尽管从宏观现象到微观机制的过渡是困难的，但在物理学的发展历史中，从"宏观"到"微观"的这一思路始终是贯穿着的。例如，十九世纪末，科学家刚刚认识到原子的结构，提出了电子排布的规律；随后，科学家们开始敲开了原子核的大门，发现了质子和中子；又过了几十年，物理学家发现夸克是构成质子和中子的基本粒子；而现在又有弦论认为"弦"才是更基本的"粒子"。这种研究的思路认为，因为一个复杂系统是由许多基本单元构成的，所以，我们看到的各种复杂现象总能从构成该系统的基本单元上找到原因，要认识复杂的系统，我们应该去尝试不断对复杂系统进行分解，这种思路被称为"还原论"（Reductionism）。在不断"还原"的道路上，随着人类认识的尺度（包括时间尺度和空间尺度）不断变小，在越来越微观的世界里，反应发生的过程越来越快（这对应越来越高的频率），而高的频率就意味着要有越来越高的能量——因此研究基本粒子的物理学也被称为"高能物理"。在还原论者看来，真正"基础性"的工作应该总是远方那些"高能"的研究，因为只有这些研究才真正是对"微观规则"的探索：寻找更基本的粒子、研究更基本的相互作用。而一旦基本的理论被建立起来，就像奥本海默所认为的那样，"研究这些方程的特解就成了二流物理学家或研究生的常规练习"，这种观点一旦发展到极端，那么骄傲的物理学家会认为：当量子力学的体系被建立起来，"化学"就成为"常规练习"，例如在许多量子力学教科书中，不但会求解氢原子的电子轨道，还会讨论氢分子化学键形成的有关问题；而当化学被建立了起来，生命科学也就成为"常规练习"。还原论曾经取得了巨大的成功，但 BCS 理论与超导现象展示了另一种可能，正如温伯格说："我们大部分人研究粒子物理既不是因为这些现象奇妙有趣，也不是因为其中的实用价值，而是因为我们在追寻一种还原论的图像……（BCS 理论）最重要的成就是，证明超导性并不是还原论者的前沿领域。"

为什么还原论会出现无法解释的新问题呢？曾率观测队验证广义相对论的爱丁顿爵士认为："我们常想，研究完 1，就能完全明白 2，因为 1+1 等于 2。我们忘了，还要研究如何'加'。"爱丁顿的这种观点是对还原论最朴素的一种批评。1972 年，美国凝聚态物理学家菲利普·安德森（Philip W. Anderson）在他著名的论文《多者异也》（*More is different*）中提到了不同于还原论的另一种世界观，我们今天将这种观点称为"演生论"（Emergentism）。安德森在文中指出："将万事万物还原成简单的基本规律的能力，并不蕴含着从这些规律出发重建宇宙的能力……当面对尺度与复杂性的双重困难时重建论的假设就崩溃了。其结果是，大量基本粒子的复杂聚集体的行为并不能依据少数粒子的性质做简单外推就能得到理解。取而代之的是，在每一复杂性的发展层次中呈现了全新的性质，从而我认为要理解这些新行为所需要做的研究，就其基础性而言，与其他相比也还不逊色。"物理学的规律并不总是从小的尺度外推而得到的，在复杂的物理体系中，随着时间的演化，系统中出现自组织，并且在不同的尺度上，出现"演生现象"（Emergence）。一组简单的规则，一群基本的个体，一些简单的相互作用，纷繁复杂的物理现象就在我们的面前"演生"（也被翻译成"涌现"或"层展"）了，这一概念强调科学规律在不同层次上的展现——例如，当我们研究固体时，我们研究的不是单个的原子，而是由许多原子周期排列组成的大块固体；当我们研究由个体组成的集体时，我们关注的是集体的行为，而不再是个体的差异性。科学的规律在其所涉及的时间和空间尺度上可能具有一定的差异，但科学本身并不存在高低贵贱之分。物理学家卡丹诺夫（Leo P. Kadanoff）对此也有过相关的评价，这一评价是对"还原论"非常直接的批评："已经有足够的经验表明，不同的聚集层次自然地成为不同科学家群落的研究对象。据此，一组科学家研究夸克（一族亚核粒子）；另一组，原子核；另一组，原子；另一组，分子生物学；另一组，遗传学。在这一序列中，后面的部分是由前面层次的对象所构成的。可以认为基本性依次序而递减。但是在每一层次中总有新的而且激动人心的有效普遍原则，却并不能由更加'基础'的科学自然而然地推导出来。从这一系列中最不基础的层次开始，我们可以一一列出这些科学中的具有代表性和重要性的结论，诸如孟德尔遗传规律、双螺旋、量子力学、原子核裂变。谁最根本？谁最基本？谁推导了谁？从这些例子可以看出将科学知识区分等级是十分愚蠢的。宁可说在每一层次的普遍原则中都会呈现宏伟的概念。"

科学的层次性对我们来说实在是极为重要的，我们在生活中自然而然地已经用到了这种层次间的分离性。当我们在考虑人类在社交网络上的活动时，我们不需要研究每个人体内特定细胞与细胞之间的通信；当我们在考虑两个细胞间的通信问题时，我们会需要考虑信号分子在水中的扩散，但我们却不需要考虑细胞所处的环境中水分子间氢键的形成和断裂；当我们在考虑水分子间的氢键形成和断裂时，我们不需要考虑氧原子核内的质子和中子的运动，更不需要考虑核子内部夸克的渐近自由问题。这是因为在我们所关心的时空尺度下，更微观、更高能的物理规律其实是被"冻结"起来的。如果我们不能提供足够高的能量，我们就无法观察到其内部的那些自由度（例如构成系统的各个微观单元间的相对运动）。举一个例子，当我们在搬砖时，"砖"对我们而言就是一块刚体[1]，它可以发生平动和转动，砖的内部构成对我们这些搬砖的人来说并不重要。而如果我们是一个"胸口碎大石、单手劈砖"的表演者，我们的工作从"搬砖"变成了"劈砖"，这就像从凝聚态物理的研究者变成了"高能物理学家"——因为"劈砖"要比"搬砖"提供更高的能量。此时，砖块的内部结构就变得非常重要了，搬砖者的"有效理论"与劈砖者的"高能物理理论"的形式是有着根本的不同的。可只要我们是在研究砖块的低能性质，系统的高能自由度会被隐藏起来，我们就可以用一些有效理论（刚体运动的理论）来描述"砖"。因此，只要我们安分搬砖，那些高能的状态和相应的运动模式就可以被冻结起来（在低能情况下不能激发），它们对于我们的低能有效理论不会产生影响，反而会在层次上形成明显的分隔。这些层次间的分离正是"演生"的一种表现。

科学的理论在层次间的分离不是简单而幼稚的结论。我们每一个人都可能会在这些概念上犯错误——干着搬砖的活，操着劈砖的心——这些错误常常导致"杞人忧天"的后果：例如有的中学生在学过水的化学组成后担心，如果衣服洗很久的话，不断被驱动运动的水分子是否可能化学键断裂，形成氢气和氧气，最后导致爆炸；还有的大学生在提取 DNA 的实验中担心玻璃棒的搅拌会导致 DNA 链的断裂；有的朋友在了解到"蝴蝶效应"后，认为蝴蝶扇一下翅膀不但可能改变一个

--------

[1] 刚体：指在运动中和受力作用后，形状和大小不变，而且内部各点的相对位置不变的物体。

地方的天气，甚至还可能改变地球上的气候情况；还有的人文学者在看到一些宏观的统计研究后，在自己未对相关问题有一个理性判断的时候，马上就会批评这些研究忽视了"个人"的作用。这些错误的本质都在于没有真正搞清楚问题的层次。也没有意识到"在每一层次的普遍原则中都会呈现宏伟的概念"这样一个重要的事实，在大尺度的问题中，越是去集中研究"个人"（或者"原子"），就越是在不恰当的场合用了还原论。

我们或许曾经有过这样的观点：之所以还原论在许多方面的表现不尽如人意，是因为人类的计算能力存在问题，例如我们无法求解多体问题，无法求解非线性问题等等，如果有了足够强大的计算能力，我们总有一天可以从最基本的规律导出更大尺度上的物理。但随着认识的深入，我们会认识到，有些问题的困难不是计算能力的问题，其复杂性蕴含于问题本身；更值得注意的是，尽管我们没有这样解决问题的计算能力，但这不是一个缺点，因为系统大量的微观自由度是被冻结的，我们可以非常安全地在不同尺度上同步发展不同的学科。还原论者无须为此感到不愉快，正如还原论的最忠实支持者温伯格曾经说过的那样："无论自然界的终极定律是什么样子的，都没有理由认为它们是为了让物理学家高兴而被设计出来的。"

## "还原"与"演生"之争：
## 我们该建设大型对撞机吗

"还原"与"演生"之争不仅是对科学研究方法的一种争论，也不只是一种"世界观"的冲突，更重要的是，这种争论会影响到国家的科学发展决策，也

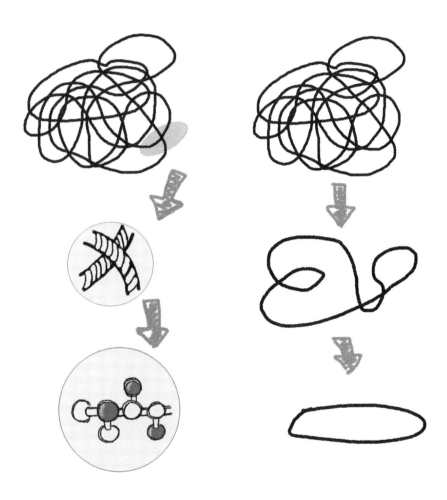

图 12- "还原论"与"演生论"之间的比较

观察一根绳子时，还原论者关注它由什么分子构成，演生论者关注绳子的扭结结构

会影响到年轻学生对研究方向的选择，这些因素将成为一个时代科学发展的重要信号——在民族主义者看来，这甚至还决定了国家或民族的命运。温伯格是粒子物理方面的研究专家，他本人是美国超导超级对撞机项目（Superconducting Super Collider，以下简称SSC）的主要推进者，他曾经为SSC项目四处奔走。安德森曾经是SSC项目的主要反对者，在安德森等人看来，一个重要的问题在于"从粒子物理中获得的知识不可能帮他们理解诸如超导这样的现象"，这正是站在演生论的立场上对还原论的观点进行批评，不过在温伯格看来，他的观点过于谨慎诚实，"不但没有对SSC的建造带来负面影响反而帮助了它"。遗憾的是，最终美国的SSC项目没有在国会得到批准（1993年）。因提出夸克的"渐近自由"而获得2004年诺贝尔奖的美国理论物理学家戴维·格罗斯（David Gross）就曾经明确地表示：这对美国基础物理学而言是一场灾难。随着LHC的建立，欧洲变成高能物理的研究中心，这更是让以格罗斯为代表的许多美国科学家痛心疾首。

今天的中国也开始面临着修建大型对撞机的问题。中国高能物理学家的计划包括两个项目，其中一个是环形电子－正电子对撞机（Circular Electron Positron Collider，简称CEPC），CEPC可以用于深入研究希格斯粒子的性质，它有望成为制造希格斯粒子的工厂[1]；而一个更长远的规划则是超级质子－质子对撞机（Super proton–proton Collider，简称SppC），SppC是CEPC的升级方案，而由于质子与电子相比有着高得多的静质量，对质子进行加速会需要耗费高得多的能量，事实上，SppC计划在同一隧道中建设一个比LHC的能量高七倍的质子对撞机，这几乎是将现有的加速器提高了一个数量级，这虽然意味着工程上的困难和造价的高昂，可一旦建成就很可能会发现新的物理，并在工程技术（例如同步辐射、超导磁铁以及计算机网络等）上取得许多重要的突破。许多物理学家对此都非常激动，高能

---

[1]　CEPC投入运行后，10年中可以产生大致100万个希格斯粒子。与目前正在欧洲运行的大型强子对撞机LHC相比，CEPC至少可以把对希格斯粒子的测量精度提高10倍。

物理所的所长王贻芳就表示"中国建造大型对撞机，今天正是时机"，中国科学院的外籍院士格罗斯也曾经在诸多场合大力宣传和推动中国的这一计划，并曾称该项目与万里长城一样伟大。然而对于这种大型项目的规划，科学界向来都会有许多争议，而国家也会对此非常谨慎。

关于修建大型对撞机的争论至今仍然在科学界中持续，这种争论早已经超出了高能物理界甚至整个物理学界，许多杰出的科学家都表明了自己的观点，他们泾渭分明地分成了相互对立的两派。其中，杨振宁是华人科学家中提出反对意见的代表，他曾经发表《中国今天不宜建造超大对撞机》表达自己的看法，而与之针锋相对的是著名的数学家丘成桐（Shing-Tung Yau）。在这些讨论中，我们可以选取不同的切口，仔细审视这些数学家和物理学家在相关问题上的立场。我们在这里主要分析他们在物理学观点上的差异，有趣的是，物理学家杨振宁特别强调"寻找美妙的几何结构"在高能物理中的重要性，而数学家丘成桐则强调实验的重要意义："每一次实验的突破，都代表着人类进一步地了解了人类历（有）史以来最想知道的事情：天地是如何建立起来的？"格罗斯同样认同实验本身的价值，他指出："物理学是一门实验科学，没有其他低成本的途径研究基础物理。""演生论"的代表人物安德森始终是一个谨慎诚实的批评者，他直接明了地指出："粒子物理学家太执着于高能量对撞这个代价极大的单一研究方式，而忽略了其他重要的实验事实（比如暗能量、暗物质、丢失零点能量等问题）比追逐更高的能量还有意义。"如果站在还原论的立场上，我们当然会希望不断探索那些更基本的物理规律；而如果我们也站在演生论的立场上，自然会觉得格罗斯的观点有些偏颇，凝聚态物理（例如前面提到的 BCS 理论）本身也应该是基础物理的一部分。

当然，关于对撞机的争论早已经超越了"还原论"和"演生论"之争，甚至已经超越了科学本身。我们每个人会站在不同的立场上来考虑涉及工程造价、国际合作、社会贡献、中国的经济发展状况和对世界文明的贡献等诸多方面的问题。当涉及如此多的因素时，我们已经无意也无力对这一项目本身发表评价了。而在科学意义以外，我个人认为安德森的这段话值得我们思考："把加速器物理的发展看作一种国家竞赛令我不安。科学是很严肃的，不应和民族主义挂钩。如果高能物理此时此刻少了这台加速器就会受到致命的影响，那我想它只好死掉了，因为这种看法就表明了想象力的致命缺乏。"

## 朗道的遗产：
## "序"与"激发"

在物理学的分支中，"高能物理"可以看成是"还原论"的重要代表，而"凝聚态物理"就可以视作是"演生论"的重要代表。某种程度上我们可以认为前者研究的总是"个体"，而后者研究的总是"集体"，但需要注意的是，前者并不比后者更"基本"。我们研究鸟群的集体行为时，未必要认识鸟群中的每只鸟；我们在组装电脑的时候也不需要知道主板上的每一根线到底是起什么作用的；神经科学的研究者甚至至今还不完全清楚我们的大脑中到底有多少个神经细胞，但这并不影响蓬勃发展的神经科学取得一个又一个的重要进展。在同样面对"电子"这样一个对象时，高能物理的研究对象是"一个"电子，而凝聚态物理关心的是"一堆"电子。

凝聚态物理的典型问题就是电子在一块固体材料中的运动情况。与经典粒子不同的是，电子是一种全同粒子，电子与电子之间是没有任何区别的。当我们把一个电子放入固体中时，马上我们就无法区分它与固体中的其他电子，这种"不可分辨"的性质不是由我们能力的限制所造成的，而是来源于量子力学的一种基本属性。因此在凝聚态中，我们面对的不是"单个"电子的行为，而几乎总是电子的"集体行为"。那么要怎样才能描述这样的集体行为呢？考虑到固体具有周期性的结构，当电子进入晶体结构中，它周期性地重复面对着晶体中的其他原子。这种"周期性"提示我们可以用一种"波"来描述固体中的电子。而对于一种"波"，我们又可以将其抽象成一种抽象化的"粒子"。对此我们并不陌生，因为德布罗意就曾经引入过"物质波"的概念，我们只是把这种类似的想法又移植到了固体中。对于晶体中的各种波，我们也可以根据其波长与频率定义出相应的能量和动量，将它们也看成是某种抽象的"粒子"。

将固体中的"波"视为"粒子"的想法看似简单，但其背后的思想却非常深刻。我们用"粒子"这样一种"个体化"的描述建构了固体材料中的某种"集体运动"的图像，这种抽象化的粒子被称为"准粒子"（quasi-particle）。准粒子的想法来自苏联物理学家朗道，在介绍"对称破缺"的想法时我们曾经提到过他。朗道在其费米液体理论中（Fermi liquid theory）最早提出了这一想法，在费米液体中，电子与电子之间存在着复杂的相互作用，而朗道巧妙地抛弃了真正的"粒子"，将这一体系中的低能"激发"看作是近自由的"准粒子"，使得思考相关体系中的复杂问题变得可能。所谓的"激发"（excitation）指的正是系统中集体行为的模式，就好像往一片平静的湖面扔下一块小石头，小石头在湖面荡起涟漪，平静的湖面从其能量最低的状态（基态）中被"激发"了，伴随着激发，准粒子也涌现了出来，例如湖面上荡漾开去的波就可以看成是某种准粒子。固体的许多性质都与"激发"有关，例如比热、磁化率、电导率等，通过研究与这些"激发"相关的某种"准粒子"，我们可以对相关的物理问题展开深入的研究。

1962 年 1 月 7 日，朗道突然遭遇了一场车祸，这场车祸在当时让来自社会主义阵营和资本主义阵营的物理学家们空前团结起来。量子论的创始人丹麦物理学家尼尔斯·玻尔（Niels Bohr）甚至安排了最好的医生远赴莫斯科参与会诊。车祸后四十天，朗道终于苏醒，但他已经不能工作了，同年 10 月，诺贝尔物理学奖评委会担心朗道可能不久于人世，便破例将诺贝尔奖交由瑞典驻苏联大使授予在病床上的朗道。朗道在物理学的诸多领域都做出过卓越的贡献，而诺贝尔奖主要表彰其在液氦的超流理论方面的重要贡献。朗道本人非常孤傲，他其实看不起许多跟他同时代的物理学家，但他却曾经很谦虚地为自己在物理学方面的贡献排名。朗道将物理学家所做的重要科学贡献以对数坐标表示出来，在等级上每上升一级，则在物理学上的贡献就要大十倍。在朗道的排名中，爱因斯坦属于"半流"；玻尔、薛定谔和狄拉克等量子论和量子力学的创始人属于"一流"；朗道起初将自己定位于"二流半"，直到他与拉扎列维奇·金兹堡（Lazarevich Ginzburg）合作完成了关于超导的工作，才把自己的排名提高到"二流"。朗道的这一自我评价是相对保守的，或许在朗道自己看来，他实在"生不逢时"，没有能参与到建构量子力学的工作中去，也正因为如此，朗道的许多贡献不涉及太多的"本质"，例如朗道与金兹堡的超导理论是一个唯象理论（phenomenology），这与我们前面介绍的 BCS 理论非常不同，尽管 BCS 理论的推导中也会需要用到平均场近似，但 BCS 理论本身是一个从微观出发的理论。但需要注意的是，朗道本人非常擅长物理学上深刻的思考和直观的图像，随着物理学的发展，我们越发地不能忽视朗道的重要意义。伟大的爱因斯坦、玻尔、薛定谔和狄拉克等人发现了相对论和量子力学的基本"法则"（law），从这个角度来看，他们很像是在法国大革命后写下成文法典的"立法者"拿破仑·波拿巴（Napoléon Bonaparte）；而朗道奠定了凝聚态物理学的两个重要的基石，他提出的"序"和"激发"的概念深深影响了此后凝聚态物理学的发展，这就像在革命尚未到来的启蒙时代（Age of Enlightenment）就提出自由、平等、博爱（Liberté, Égalité, Fraternité）的"启蒙者"伏尔泰（Voltaire）、让 - 雅克·卢梭（Jean-Jacques Rousseau）和孟德斯鸠（Baron de Montesquieu）。

　　"序"和"激发"之间的这种内在的联系也蕴含在许多其他学科中。在工程力学中，结构力学（Structural mechanics）是一个重要的分支，这一学科也是土木工程的基础，我们所看到的各种高塔、房屋、桥梁、堤坝，无一不是建立在这一学科的基础上。结构力学所考虑的不是一块砖、一根钢筋的性质，而是一个建筑物的框架结构本身的稳定性，一旦结构确定了，那么一个建筑物在各种外界扰动（地震、下沉、热膨胀等）作用下的响应也就确定了。这些建筑物的"结构"是一种"序"，而外界扰动引起的响应是一种"激发"。序决定激发，所以结构决定了响应。

在化学中，结构化学（Structural chemistry）是研究原子、分子以及晶体的结构及其化学性质的一门学科。化学家常说"结构决定性质"，这也是"序决定激发"的一种体现，当一个化学分子的对称群被确定之后，这个分子的性质（如红外光谱）也就确定了，红外光谱反映了分子的振动，而这种振动正是一种激发。在晶体中同样如此，化学反应的发生常常与界面、缺陷等有关，而这些与特定的对称性和拓扑性质有关，这同样是"序"决定"激发"的表现。

在生命科学中，结构生物学（Structural biology）是主要研究生物大分子（主要指蛋白质，也包括 RNA 和 DNA 分子）的空间结构，以及结构与功能之间关系的一门学科。生物大分子要执行特定的功能，它首先要有一个特定的结构（无序的结构同样也是某种"序"），这一结构决定了分子的动力学（激发），进而决定了生物分子的功能。"组学"（omics）同样是生命科学的重要问题，我们最常听说的一种组学是"基因组学"（genomics），事实上，还有许多与之类似的系统性研究，如蛋白质组学（proteomics）、连接组学（connectomics）等学科，而蛋白质组学的一个重要课题就是蛋白质与蛋白质之间的相互作用，这同样反映着某种"序"，而连接组研究人脑中神经细胞的连接模式，这更是某种"序"。正如科学家们所说的"你就是你的连接组"（承现峻的《连接组：造就独一无二的你》），从更广的角度来看，你就是你的"组"，或者你就是你的"序"。生命体内的各种"序"决定了我们的生命活动乃至我们的行为，而这些"序"是还原论式的研究无法实现的。

如果沿着这种对结构的重视进一步走下去，我们还可以建立起关于"统一"的更宏大的图景——"序决定激发"背后是某种"结构主义（structuralism）"。结构主义是二十世纪人文学科和社会科学中的一种思潮。结构主义强调结构、整体、系统、关系和规则，而非事物的简单加和。文化媒体人梁文道曾经用一个非常好的例子解释人文学科（语言学、人类学等）中的"结构主义"：以象棋为例，如果下象棋时发现丢了一枚棋子，例如少了一枚"车"，我们只需要随便拿块硬币出来代替它就行了。这是因为棋子本身并不具有什么特别的功能，重要的是象棋本身的规则（结构）（《梁文道深入浅出谈"结构主义"》）。与此类似，结构主义的语言学家，例如费迪南·德·索绪尔（Ferdinand de Saussure）认为语言的关键在于"结构"，并由此提出了"符号的任意性"，这正是莎士比亚在诗中所说的："What's in a name? That which we call a rose by any other word would smell as sweet.（名字代表什么？我们所称的玫瑰，换个名字还是一样芳香。）"词汇（或者符号）本身的含义来自于这些词语彼此间的差别，而不在于这个词本身独特的性质。而受到索绪尔的启发，在结构主义人类学家克洛德·列维 - 斯特劳斯（Claude Lévi-Strauss）看来，这种对"结构"的重视同样可以适用于对社会的研究，例如他曾经在许多不同民族的神话间找出过结构上的对应关系，这种对应关系还可以用来研究文明中的亲属关系、图腾等，这些隐藏的"结构"反映了原始人类思维中的某种本质性的东西。尽管语言和人类社会有着复杂的演化和动力学，其"激发"也很难称得上是低能激发，但索绪尔和列维 - 斯特劳斯等人提供了基于结构主义的分析框架，这种思路深刻影响了其后的人文学科和社会科学的发展，这种分析的视角同样非常值得自然科学的研究者们注意。

## 固体中"激发"的小宇宙

朗道提出了"序"和"激发"这样两个重要的概念，而这两个概念背后有着统一的逻辑——序本身就决定着激发，而激发也反映着序。我们在上文中提到了在平静湖面上的波纹和固体中的波这两种不同的"激发"，它们虽然都是某种"波"，但它们的对称性有所不同，在固体中有着晶体的平移对称性，而在液体中有着任意角度的旋转对称性，因而这两种激发有着不同的性质，这种差别是由"序"的不同所导致的。而在激发的能量较低时，这就如同平静的湖边可以产生各种不同的波纹，而不至于产生各种惊涛骇浪，这时我们总可以用比较少的一些自由度（例如波长、振幅等）来描述体系，而用不着用复杂的水分子之间的相互作用来对这种运动的形式进行刻画。换言之，我们可以用"准粒子"的图像完整地建立起描述系统的低能激发的理论。基于此，我们可以使固体材料中产生各种激发，这些激发对应于固体中的一些特定的模式，它们可以一一对应为各种准粒子。

### （A）晶格振动的激发对应"声子"的产生

我们在中学时学过，固体中的声音传播依赖于固体的振动。又因为晶体中的原子（或离子）是周期排布的，容易猜想到，在这种周期结构中的"振动"会具有波的性质。的确如此，晶格的振动形成格波，每个原子在平衡位置附近运动，而各个原子在运动时又"手牵着手"，此时，原子的振动在空间中的传播就像"波浪"。例如，在固体的周期场中运动的电子可以看成是某种特殊的波，它被称为"布洛赫电子"（Bloch electron）；而与晶格运动有关的"虚拟粒子"被称为"声子"（phonon），描述晶体结构的集体激发。在中学的课堂上，我们已经学过，"声音是物体振动而产生的一种声波，能在固体、液体和气体中传播"，"声子"所刻画的这种集体激发因与固体中的声音传播密切相关而得名。电子的自旋也可以在磁性晶体中传播，这种与自旋波（spin wave）相对应的粒子被称为"磁振子"（magnon），每激发一个磁振子，相当于一个自旋的翻转。这些布洛赫电子、声子、磁振子等都是某种抽象化的"准粒子"，它们对应于各种各样的集体激发，它们之间还可以互相碰撞，发生相互作用，例如超导理论中的库珀对就可以视作是电子与声子之间的相互作用。

从这种角度来看，一块简单的固体材料其实并不简单，我们可以将其看成是原子（或者离子）所构成的晶体结构，但在这样的晶体结构中，其实还伴随着大量"粒子"的产生，有布洛赫电子、声子、磁振子。这些粒子有的是玻色子，有的是费米子，有的表现得没有质量，有的则表现得好像有质量。在凝聚态中，不但"粒子"表现得跟"粒子物理"的"粒子"非常相似，就连这些粒子间相互作用的方式也有相似之处，例如，在固体中，两个电子通过声子的传递相互作用，在真空中，两个电子通过光子的传递相互作用。由于这种内在结构的相似性，我们不妨把凝聚态物理看成是可以把握在我们自己手中的宇宙的实验室，关于凝聚态体系的许多思考可以帮助我们理解粒子物理中的许多基本问题。从这种相似性来看，一块固体的确就像是一个小小的宇宙——这可真是"一花一世界"。

### （B）对称破缺与戈德斯通粒子的产生

对一个物理体系而言，其基态通常处于充分有序的状态，而激发态的产生伴随着"对称破缺"，当系统处在激发态时，系统表现出恢复原本对称性的倾向，例如湖面的波纹倾向于恢复平静的状态（这个列子参考了冯端、金国钧《凝聚态物理学中的基本概念》）。而"恢复平静"不是一件简单的事情，这需要整个湖面进行一些

"协调"，也就是说，随着对称性发生破缺，湖面上各处的波动不再是独立的。这就产生了某种"神奇"的效果，湖面上距离很远的两个点的振动之间存在着某种"长程关联"（long-range correlation）。那么问题就来了，水面上不存在什么"超距作用"（固体中的相互作用同样是近邻的相互作用），那么当系统中出现了低能激发时，距离很远的原子彼此之间是怎么知道对方的位置，相互协调地恢复到基态呢？这说明一定是有一个粒子扮演了信使的角色，来传递这种长程关联的信号——没错，这种粒子就是伴随着对称破缺而产生的"戈德斯通粒子"。戈德斯通粒子代表了当系统因激发而发生对称破缺时，其试图恢复有序的动力学过程，戈德斯通粒子的影响会遍及整个系统，并且戈德斯通粒子的激发是不需要额外的能量的。

### （C）演生的拓扑激发

曾经有物理学家证明，在有限温度的情况下，一维和二维的体系中是不能发生连续对称性自发破缺的（Mermin-Wagner 定理）。这是因为在低维度的情况下，如果出现有序，戈德斯通粒子的能量会发散，并最终将导致有序的破坏。因此长期以来，物理学家并不认为二维的世界中会存在相变。不过，实验物理学家却观察到了反例，这一现象曾经让理论物理学家变得非常困惑。1973 年，美国物理学家科斯特利茨（Michael Kosterlitz）和索利斯（David J. Thouless）对二维材料中这种奇特的相变进行了研究。随着研究的深入，他们发现了这种相变的微观机制：在这些二维体系中存在着许多涡旋，这些涡旋的运动是分散着的，然而随着温度降低到相变温度以下，这些涡旋则进入了束缚态，一个顺时针旋转的涡旋将总是与一个逆时针旋转的涡旋束缚在一起运动。涡旋由自由态到束缚态的这一转变以科斯特利茨和索利斯两人的名字缩写命名，称为"KT 相变"。KT 相变解释了二维体系中超流的成因，超流体中的旋转方向相反的涡旋对的产生才是决定相变的主要因素，而这一转变的过程中没有发生对称性的破坏，朗道"对称破缺"的理论遇到了困难。

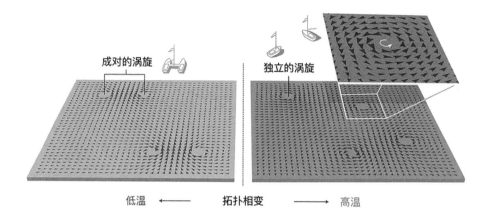

图 13- 二维系统中的"KT 相变"示意图（图片引自诺贝尔奖官网）

　　物理学家们认识到，将"序"的概念做一些推广，这可能是解决有关问题的关键。文小刚因此提出了"拓扑序"的概念（1989 年），这种"序"是一种崭新的组织形式，它不等同于"对称性"。以二维体系为例，这些系统中存在着一些新的"序"，它们的对称性相同，但拓扑完全不同，基于此，我们可以定义与之相关的一种新的序。在各种科普书上，我们见过许多关于"拓扑"（topology）的直观解释。拓扑研究的是空间内，在连续变化（如拉伸或弯曲，但不包括撕开或黏合）下维持不变的性质。简而言之，保持拓扑不变的连续变换其实就是保持邻居不变的一种变换。在网络上流传过一个有趣的说法——"打了一个耳洞，拓扑就发生改变"。的确，在这样一个变换之后，耳洞附近本来紧邻着的细胞突然间隔开了。在一个社交网络上，只要我们保持社交关系不变，那么这个网络的拓扑就没有改变，但如果我们改变了社交网络上的邻居（例如关注了新的朋友，拉黑了旧的朋友），这个网络的"拓扑"就发生了细微的变化，这些变化会导致我们的关注人数发生改变，也可能导致我们朋友圈中的朋友相互之间的熟悉程度发生改变，还可能导致我们到达其他非关注者的最短路径发生改变——这些性质看起来与"打耳洞"有所不同，但它们都是与拓扑紧密相关的性质。

拓扑相变是对朗道相变理论的进一步延伸，将对称破缺（序参量的改变）推广为对拓扑序的讨论，而 KT 相变则是第一个被发现的拓扑相变。2016 年诺贝尔物理学奖被颁给了索利斯、邓肯·霍尔丹（Duncan M. Haldane）与科斯特利茨，获奖的原因是"表彰他们关于物质的拓扑相与拓扑相变的理论工作"。此外，苏联科学家瓦迪姆·别列津斯基（Vadim Berezinskii）也几乎完全独立地提出了 KT 相变的理论，因此 KT 相变也被称为 BKT 相变，遗憾的是由于冷战的原因，他的发现被铁幕所阻隔，早在苏联解体以前（1980 年），他就已经因病去世，最终没能获得诺贝尔奖。

## 范式转变：
## 真空并非空无一物

粒子物理学家也并非不认同"演生"，例如我们在提到希格斯模式时，就提到"质量起源"的问题，既然谈所谓的"起源"，也就是说"质量"不是粒子某种内禀的属性，它也是"演生"的产物。粒子物理学家与凝聚态物理学家的重要区别就在于，一个是考虑在"真空"中的演生，而另一个是考虑在"固体"中的演生。而对凝聚态物理学而言，讨论"粒子"本身的意义变得不那么重要了，因为"粒子"是演生的，它们只是被引入用来描述"固体"中的集体行为，如果将类似的想法用来思考粒子物理问题中的"演生"，那么真正关键的问题就在于"真空"中的集体行为了。

我们可以把真空看成一种特殊的固体吗？这其实回到了一个非常古老的问题。古希腊物理学家、哲学家亚里士多德在他所设想的"五元素说"中，就将"以太"

（ether）这样一种介质列为基本的元素。十九世纪的物理学家普遍认为以太是一种真实存在的、电磁波的传播媒质，麦克斯韦的统一正是建立在"以太说"的基础之上，在麦克斯韦当时的语境下，他关于"光"与"电磁"的统一可以看成是"发光以太和电磁以太的统一"。如果以太这样一种物质存在的话，那么我们很容易把"真空"看成是一种特殊的"固体"，真空中激发的各种基本粒子应当与固体中的各种准粒子没有任何的区别。然而，后来的迈克尔逊－莫雷实验（Michelson-Morley Experiment）证明了以太并不存在，光速的确保持不变。这似乎又说明"真空"与"固体"有着本质的不同。但随着广义相对论和量子场论的发展，科学家对"真空"的理解有了许多的突破。狄拉克海的想法告诉我们：真空并非空无一物，在真空中仍然发生着虚粒子的产生和湮灭，真空是处在某种能量最低的"基态"，但这一基态又不是能量等于 0 的状态，真空中还可以发生各种对称破缺，例如前面提到的真空中存在着的希格斯场。在这样的意义下来看，尽管"以太说"已经被物理学家抛弃了，随着我们对"真空"的了解变得越来越丰富，我们已经没有必要把"凝聚态物理"和"粒子物理"对立起来。

当美国的殖民者来到原住民的土地，他们与原住民的酋长商讨割让土地的问题，殖民者对酋长说："我们签订一份合约，河流一侧的土地属于我们，河流另一侧的土地属于你们。"酋长听完非常不解："为什么是我们拥有土地？难道不是土地拥有我们吗？"殖民者与酋长相遇时，面对的冲击其实是相互的，因为原住民酋长提出的是一个深刻的问题。当殖民者面对这样的问题时，他会发现，他手中的那些有所谓"法律基础"的文件在原住民的三观中是没有意义的。"土地"不再是人的"不动产"，"人"才是土地的"动产"。

如果我们承认殖民者对土地的"所有权"，那么我们马上可以提出大量的问题："所有权"是否意味着"使用权"？这一所有权的有效期是多久？土地上的动物、植物属于谁？土地下的矿藏属于谁？流经多片土地的水源属于谁？土地上原有的建筑物属于谁？土地里的埋藏物和隐藏物属于谁？当这些权益受到侵害时，应该得到怎样的补偿？然而这些问题在原住民的视角下却并不存在，土地上的一切都是这片土地所拥有的，人生来就属于土地，直到我们死去，我们仍然回归土地，土地永远占有着我们——那你们为什么要为房屋产权的有效期、为土地的私有或国有制而争论呢？

物理学也像原住民酋长一样，常常刷新我们的三观。当伽利略·伽利雷（Galileo Galilei）在比萨斜塔抛下两个铁球时，物理学就不断朝着"违背直觉"的方向发展。物理学告诉我们许多不那么"自然而然"的事情：在不受力的作用下，物体可以做匀速直线运动；真空中的光速保持不变；不存在绝对的时间，时间是空间的一个特殊的维度；电子同时通过了两个狭缝，测量会导致系统的状态发生改变……这些崭新的理念一次又一次刷新了我们的三观，我们开始明白，我们提出的问题很可能就像是原住民眼中的那些殖民者所关心的一切，许多在旧有框架下的问题本身就是需要仔细斟酌的，有的问题甚至是没有意义的。例如在相对论以前，我们会说"飞机将于上午九点飞过北京的上空"，而在相对论的框架下，如果要把这个问题严格化，我们会问，这个"九点"指的是谁的时间？地球上的人的时间还是飞机上的时间？因为"绝对的时空观"已经被彻底改变了。

托马斯·塞缪尔·库恩（Thomas Samuel Kuhn）是二十世纪最著名的一位科学哲学家，他曾经提出了"科学革命"和"范式转变"的概念，这些概念影响了后来的诸多科学家与哲学家。库恩认为，科学革命也如同一场政治革命，当科学共同体中的部分人感觉到现有理论的局限时，科学家们只能借助于超出"范式"（paradigm）的手段来竞争（托马斯·库恩《科学革命的结构》）。在库恩看来，"科学家需要彻底依附一种传统，但要取得完全的成功又必须与之决裂。"不同范式代表的是不同的世界观，旧有的和最新的两种世界观之间常常没有任何相似性。两种范式之间的差别就像殖民者和原住民思想上的差异一样，他们提出的问题和看法都是完全不同的。这种思想上的差异最终将导致范式的转移。当更多的科学家接受并适应了新的研究范式，新理论才得以日渐完善，说服力也日渐强大，最终整个科学共同体加入这个新的范式。

从还原论到演生论就是这样一种范式转变。当我们了解到"演生论"之后，就像安德森所说的那样，我们发现"从常识得来的关于时间、空间和物质的性质不是其背后理论结构真正的性质"。当我们在了解到希格斯机制之前，我们会问："π 介子的质量是多少？"这个问题背后的逻辑是——"质量"是"π 介子"的一种属性。而当我们开始了解到"希格斯机制"，我们的问题更新了："π 介子的质量是通过怎样的机制产生的？"这是新范式下的新问题。我们还希望继续追问下去，在"演生论"的框架下，"质量"可以演生，粒子的其他基本性质（例如电荷）是不是也可以演生呢？那么进一步，"引力"是不是也可以演生呢？"时空"是不是也可以演生呢？这些东西是怎样演生的呢？这样的问题既有趣，又有挑战性。在这种框架下，我们所追寻的"上帝原理"[1]正是"演生"本身。

今天，有越来越多不同领域的科学家开始加入"演生论"的新范式。在生命科学领域，著名的微生物分类学家卡尔·沃斯（Carl Woese）正是这方面的代表人物，他曾经对生命系统有过一个动人的比喻："想象一个小孩在林中一条小溪边玩耍，他用一根棍子去戳水流中的漩涡，将其打散。漩涡很快又聚拢来。小孩又把它打散，它又聚拢来，这令人入迷的游戏百玩不厌。现在你明白了!生物体是湍流中的弹性模式——能量流中的模式……事态在变得越来越清晰，要以更深入的方式理解生物系统，我们必须不只是将它们唯物地看作机器，而应该看成稳定、复杂和动态的组织。"（戴森《一面多彩的镜子》）戴森高度评价了沃斯的这种观点，他曾提到愿意将沃斯笔下对未来生物学的美好愿景推广到整个科学领域："生物的

---

[1] 这里的"上帝原理"并非指"上帝"的"原理"，而指的是所谓"终极理论"。

这幅图景——作为组织模式而不是分子集合，不仅适用于蝴蝶和热带雨林，也适用于暴风雨和飓风。无生命的宇宙，与有生命的宇宙一样是多样的和动态的，它也受我们还不了解的组织模式主宰。二十世纪的还原主义物理学和还原主义分子生物学，在二十一世纪还是很重要，但不会占主导地位了。一些宏大的问题——整体的宇宙演化、生命的起源、人类意识的性质和地球气候的演变，都不能通过还原为基本粒子和分子来理解，我们将需要新的思维方式和新的大型数据库组织方式。"

# PART

# 02

早在原始人的时候，人类就已经会摩擦生热、
钻木取火，但把"摩擦"跟"热"真正联系起来，
却经过了这么长的时间。

---

# 物质与能量

The secrets of energy

● ● ● ●　　●

## 奥斯特瓦尔德：
## 能量统率一切的现象

在演生论的视角下，我们把"激发"看成是一种"准粒子"，这种观点其实是把"运动"和"物质"等同了起来。曾经，在人们的想象中，"热"通常被认为是一种"物质"，它像水一样流动；而"功"给我们的直观感觉是某种抽象的"运动"或者"能量"：把重物抬到高处，让马拉着车前进。要把看起来像"物质"的一种东西跟某种"运动"或者"能量"联系起来，实在是太困难了。著名的科普作家汤尼·罗斯曼（Tony Rothman）曾在他的书中这样强调"热"这一概念的复杂性和抽象性："你必须牢记一点，像原子一样，热是如此无法触及，以至于成为经典物理学需要弄清楚的最后几个概念之一。"

"热"的概念伴随着蒸汽机的广泛使用开始深入人心，可直到第二次工业革命的前夕，科学家们才搞清楚关于"热"的真相。科学家们开始发现，虽然热可以像水一样流动，但它并不是一种"物质"，反而是一种"能量"。随着热力学的大厦被建立起来，化学家威廉·奥斯特瓦尔德（Friedrich Wilhelm Ostwald）紧跟时代，从能量的角度出发，解释了许多催化反应的机理，并在化学平衡方面做出许多重要的工作，由于这些工作的成功，奥斯特瓦尔德产生了更宏大的理想，他建立了关于"能量学"（energetics）[1]的理论，试图将"物质"这一概念抛弃，转而

---

[1]　在国内的许多哲学类书籍上，将其翻译为"唯能论"，这个名词有一定程度的贬义，在本书中，我们避免使用这个名字。

将"能量"视为世界的本原。他认为"世界上的一切现象仅仅是由于处于空间和时间中的能量变化构成的",物质只是能量的一种表现形式。

我们今天回过头来看奥斯特瓦尔德的想法,会发现其中的闪光之处。在我们日常的语境下,"物质"和"能量"显然不是一码事。甚至"能量"常常会被我们用作某种与"物质"对立的概念,一个"物质主义"的人显然身上没有什么"正能量"。奥斯特瓦尔德勇敢地抛弃了那些直观的东西,而"抛弃直觉"常常代表着物理学思想的革命,因为重要的科学发现常常就是这样违背直觉但符合逻辑:当我们抛弃了"力是运动的原因"的直觉,经典力学的框架才被建立起来;当我们抛弃了太阳围着地球转的直觉,天体的运动才变得简化。奥斯特瓦尔德愿意在追求"统一"的道路上进行一些必要的尝试。今天,物理学家已经不太区分物质和能量的概念,正如我们在第一章中所说的那样,我们总可以将各种低能"激发"看成是某种粒子,只不过我们将凝聚态中的激发称为"准粒子",将真空中的激发称为"粒子"。既然"激发"就是一种"粒子",从这个意义上来看,能量与物质本来就没有什么区别。

然而,奥斯特瓦尔德的尝试最终还是失败了,现在回顾起来,奥斯特瓦尔德的思路本身其实并没有太大的问题,关键在于这样的想法太过于超前。即使在爱因斯坦提出了狭义相对论(1905年)之后,甚至在广岛和长崎的原子弹爆炸了(1945年)之后,面对横亘在"$E$"和"$mc^2$"之间的等号,我们仍然会觉得它所反映的其实是能量与物质之间的"转化",而非"等价"。除此以外,由于奥斯特瓦尔德对"能量"的执念犯了一个"致命"的错误。因为他坚信"能量"才是世界的本原,就强烈排斥"原子"的观点。"原子"的观点从古希腊时期就已经存在,而这一理论真正进入科学则到了十九世纪初。英国著名的科学家约翰·道尔顿(John Dalton)提出了其"原子论",他还利用当时公开的一些数据,计算出了部分原子的原子量。几乎同时,意大利化学家阿莫迪欧·阿伏伽德罗

（Amedeo Avogadro）在研究气体时，提出了今天以他的名字命名的定律，这一定律指出"在同温同压下，相同体积的气体含有相同数目的分子"。从那时起，原子和分子的概念就已经进入科学的世界。然而在奥斯特瓦尔德看来，这些理论其实只是帮助我们理解物质性质的一种辅助性的手段，真正统率一切物理现象的还是"能量"。

奥斯特瓦尔德的这种观点后来间接造成了一场可怕的悲剧。1900年，奥地利物理学家路德维希·玻尔兹曼（Ludwig Eduard Boltzmann）接受聘请，来到莱比锡（Leipzig）成为了奥斯特瓦尔德的同事。早在他来到莱比锡的二十年之前，玻尔兹曼就在分子运动论的基础上，揭示了微观世界中通往"无序"的时间箭头，而之所以选择去莱比锡，而不是留在维也纳（Vienna），这主要是因为他有一位论敌就在维也纳。这位论敌就是鼎鼎大名的恩斯特·马赫（Ernst Mach），马赫的许多思想对二十世纪的物理学有着深远的影响，爱因斯坦曾经在与马赫的通信中谦称自己为"敬仰您的学生"，也曾多次提到马赫是广义相对论的先驱[1]。马赫对玻尔兹曼的"原子论"观点有着极大的不满，主要是因为当时尚没有足够有说服力的实验直接证实原子的存在。在马赫看来，科学的理论不应该引入过多的假设，如果我们没有观察到原子，却偏偏要在理论中引入原子，那跟在物理学的理论中引入各种超自然的力量其实没有多大的区别，好的物理学理论应该要用最简洁的假设，对各种实验现象和各种复杂的数据做最好的解释。

而在玻尔兹曼看来，"如果对于气体理论一时不喜欢而把它埋没，对科学将是一个悲剧；例如，由于牛顿的权威波动理论受到的待遇就是一个教训。我意识到是

---

[1]　爱因斯坦后来对马赫的评价是"我认为，马赫的真正伟大，就在于他的坚不可摧的怀疑态度和独立性；在我年轻的时候，马赫的认识论观点对我也有很大的影响，但是，这种观点今天在我看来是根本站不住脚的"。

在以个体的微弱之力，抵御时代的潮流。但依我的能力仍能做出这样的贡献：当气体理论复活时，无须去重新发现太多的东西。"（卡罗·切尔奇纳尼《玻尔兹曼：笃信原子的人》）终于，他还是决定离开维也纳。当他来到莱比锡，学校对玻尔兹曼的期待非常高，希望玻尔兹曼成为"德国空前绝后、最重要的物理学家"，但这也给玻尔兹曼巨大的压力。玻尔兹曼或许觉得莱比锡的情况会比维也纳好一些，因为奥斯特瓦尔德是一位著名的化学家，他也是第一个使用"摩尔"（mole）这个单位的人，而"摩尔"这个词就是"分子"（molecule）的缩写，可万万没想到的是，比起分子来，奥斯特瓦尔德更相信"能量"。玻尔兹曼和奥斯特瓦尔德虽然成为了朋友，但奥斯特瓦尔德却并不同意玻尔兹曼关于"原子"的观点，玻尔兹曼此时发现自己的处境似乎比留在维也纳更糟了。（约安·詹姆斯《物理学巨匠》）终于，维也纳传来了马赫因中风而退休的消息，这虽然不是什么好消息，但对玻尔兹曼来说，这或许意味着更轻松的环境。但重回维也纳并不是一件容易的事情，由于玻尔兹曼离开维也纳时辞去了"院士"的身份，而如果要回去将意味着要重新进行选举，这再次给他巨大的压力。他终于回到了维也纳，但他的精神已经变得不太稳定了。1906 年 9 月，悲剧终于发生了。玻尔兹曼和自己的妻子、女儿来到杜伊诺（Duino）[1] 旅行，在他的妻子和女儿去游泳之后，他在旅馆窗户的横框上上吊自杀。

关于玻尔兹曼的生平及其工作，有一本非常出色的传记，叫作《玻尔兹曼：笃信原子的人》。今天，我们每个人都是"笃信原子的人"，对"原子"的认识甚至成为我们知识的部分来源。量子电动力学的奠基人、美国物理学家费曼在他的物理课上对"原子"的观点有过极高的评价："假如由于某种大灾难，所有的科学知识都丢失了，只有一句话传给下一代，那么怎样才能用最少的词汇来表达最

---

[1] 当时属奥地利，一战后属意大利。杜伊诺还以奥地利诗人里尔克（Rainer Maria Rilke）的《杜伊诺哀歌》而著名。

多的信息呢？我相信这句话是原子的假设（或者说原子的事实，无论你愿意怎样称呼都行）：所有的物体都是由原子构成的——这些原子是一些小小的粒子，它们一直不停地运动着。当彼此略微离开时相互吸引，当彼此过于挤紧时又互相排斥。只要稍微想一下，你就会发现，在这一句话中包含了大量的有关世界的信息。"

1908 年，佩兰关于布朗运动和胶体粒子的一系列实验无可辩驳地证明了原子的存在，并且佩兰还天才地根据其实验结果估计了原子的大小，这些实验证明了奥斯特瓦尔德理论的失败。奥斯特瓦尔德很快就从善如流，接受了原子论，并且在 1909 年，由其"在催化作用与化学平衡和反应方面的工作，以及由氨制硝酸的方法"获得了诺贝尔化学奖。一些科普读物，常常将奥斯特瓦尔德塑造成一个"逼死了玻尔兹曼"的人，这其实对奥斯特瓦尔德来说是极为不公平的，一方面，玻尔兹曼本人长期罹患精神疾病，且他精神状态的变化有着复杂的理由，他的自杀很难说成是遭受攻击或打压的结果；而另一方面，在当时，玻尔兹曼与奥斯特瓦尔德的争论很大程度上仍然是学术争论，至少这些讨论中没有政治的介入。而一旦政治的因素介入科学的讨论中，可怕的事情就发生了——在二十世纪，真正遭受批判和打压的反而是马赫和奥斯特瓦尔德的理论，一旦"原子论"在实验中被证实以后，奥斯特瓦尔德的尝试就被视作是彻头彻尾的错误，遭受到强烈的批判，这种批判不但持续到他去世，甚至在相对论和量子力学的体系被完全建立好以后，他的理论仍然因为"唯心主义"而遭受批判。

## 能量概念的统一之路

科学家们经过了很长时间的探索才发现"热"并不是一种物质，并且各种各样的热现象都可以用分子的运动来描述，然而这还只是某种理论，更重要的是对"热"和"功"之间相互转换的实验验证和定量计算。这些发现大多发生在十九世纪，也就是说，在第一次工业革命期间，虽然有了蒸汽机的广泛应用，但是对"热"和"功"之间相互转换的关系的认识还没有真正形成，反而是到了第二次工业革命时，科技界才突然有了这种认识上的飞跃。

"能量"概念的确立以及"能量守恒定律"的发现是一条"统一之路"。一方面，能量守恒定律统一了"做功"和"热量"，直观地说，有了能量守恒定律，人们在减肥时可以用同样的单位来描述自己的运动量和饮食量；另一方面，能量守恒定律是生物和非生命的物体都必须遵循的定律，生命世界和物理世界从此统一了起来，直观地说，人们在减肥时"燃烧"脂肪所释放的能量和把相应的脂肪真的割下来点火燃烧放出的能量也是一码事，并没有生物体所特有的"生命力"。

恩格斯曾经对能量守恒定律有一个极高的评价，在他看来，自从有了能量守恒定律，"对世界之外的造物主的最后记忆也消除了"。然而不管今天我们的信仰为何，当我们回过头来看上面提到的一些事实，其实都会觉得稀松平常：燃烧、运动、饮食等过程中所获取或消耗的能量都可以用卡路里数（或者焦耳数）来定量刻画，同样的物理单位所刻画的自然会是同一类的物理量。但要知道，其实对能量和功的度量并非从来就是如此"自然"。下面是一个不够恰当的比喻，想想看下面的一个描述："为了减肥，我今天只吃了相当于一度电那么多能量的食物。"是不是觉得有些奇怪了？这里的"一度电"对应的单位是"千瓦·时"，一度电的能量换算成"大卡"作为单位[1]，相当于 860 大卡。一度电的饮食真的能让人减肥吗？一个人在静息代谢情况下的能耗水平大致为 1kcal/（kg·h），这个单位的意思是，一个人每公斤体重每小时大致消耗一个大卡的热量，假设这个需要减肥的人重 70 公斤，那么他一天在静息状态消耗的能量大约为 1680 大卡的热量。也就是说，这个人一天吃的食物所能提供的能量大约仅为其静息状态下所消耗能量的一半左右，如果这个人半夜不再偷吃别的东西的话，确实有可能会瘦下来。当然，这个例子不是在教大家设计减肥方案，而是说，当我们看到"一度电"和"一大卡"的时候，我们并不能很直观地把这二者联系在一起，因为表面上看起来它们在描述不同的事物，这种状态非常接近于能量守恒定律被发现之前的人类。

　　因为能量的概念尚未被建立起来，更不必谈其守恒定律，历史上有无数人都曾试图制造永动机。一代又一代的科学家、工程师在永动机的设计上花费了大量的精力，然而这些尝试最终都失败了，不过这些尝试也留给我们一些遗产，例如力学中的"平行四边形法则"就是荷兰科学家西蒙·斯蒂文（Simon Stevin）在研究永动机的时候（1586 年）提出来的。而早在此之前，文艺复兴的巨匠列奥纳多·迪·皮耶罗·达·芬奇（Leonardo di ser Piero da Vinci）也对永动机进行了长期而深入的研究，他发现他的设计之所以不能成功是因为摩擦的缘故，因而研究了滑动和滚动摩擦的许多性质。在长期研究永动机失败后，他说了下面的话："哦，你们这些研究永动机的人啊，你们在这种研究中提出了多少轻率的想法啊！你们还是去当炼金术士吧！"（约翰·芬恩《热的简史》）有意思的是，达·芬奇已经意识到了摩擦在他所设计的机器中起到了阻碍的作用，但他却没有对摩擦中所产生的热进行更准确的测量。事实上，人类早就知道摩擦可以放热，可是如果没有对"热"有一个准确的定义，对

---

[1]　单位换算：1 大卡 =1 千卡 =1000 卡路里 =4186 焦耳 =4.186 千焦 =1.16 瓦·时。

"冷热的程度"缺乏一个具体的测量标准，即使是达·芬奇这样天才的人物也很难形成对"热"和"运动"的统一。

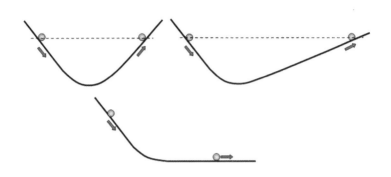

图 1- 伽利略斜面实验示意图

另一个蕴含了能量守恒早期思想的实验来自伽利略。我们在中学物理教科书中都曾经见识过他所想象的"斜面实验"。如图所示，假设 V 形导轨的所有接触面都是光滑的，当把一个小球从某一高度滚下时，它必能到达另一侧的同样高度处，如果我们把另一侧斜面的坡度放得更缓一些，小球仍然可以运动到相同的高度，如果把斜面变成水平面，那么小球的运动将可以在不受外力作用的情况下，持续进行下去。伽利略的这一结论是牛顿第一定律的前身，这就是一个最简单的证明机械能守恒的实验，在伽利略所设想的这一系统中，动能和势能相互转化。1673年，荷兰物理学家克里斯蒂安·惠更斯（Christiaan Huygens）在研究单摆的运动时得出了类似的结论：在重力作用下，物体绕水平轴转动时，其质心不会上升到它下落时的高度之上。惠更斯根据他对单摆等机械系统的研究，提出了用力学方法不可能制成永动机的结论，但他却仍然不够彻底，他认为利用磁铁等设备，大概还是能造出永动机来的。惠更斯这样的想法也并非孤例，而且如果惠更斯这样的大物理学家都无法想清楚这个问题，要让人们都彻底摆脱"永动机"的念头，就必须得在科学界对电磁现象有所了解之后才有些可能——难怪能量守恒要到第二次工业革命期间才被提出。能量守恒定律从复杂机械的原理中抽象出了"能量"

和"做功"等一系列概念，从此，马拉车、蒸汽机、电动机工作中的一条统一的规律被揭示了出来，而这又是物理学学科内部力学、热学与电磁学等分支的一次"统一"。

## 费曼：
## 丹尼斯的积木

当我们已经走上了这条"统一之路"，现在的我们很直观地就可以理解能量的守恒：一个物体所拥有的某一种能量可以转移到另一个物体上；不同形式的能量（如机械能、内能、电磁场的能量等）可以相互转化。在能量转移和转化的过程中，在一定量的某种形式的能量减少的同时，会伴随着出现等量的其他形式能量的增加，而能量的总量是不变（守恒）的。热力学第一定律是能量守恒定律的一种特殊形式，对一个与外界存在能量交换的系统，系统内能的增加等于其所吸收的热量和对该系统所做的功的总和；而对于一个与外界不存在物质和能量交换的孤立系统，其能量则永远守恒。能量守恒定律的一个最无情的表达如下：在自然界中不存在、也不可能制造出这样一种机器（第一类永动机），其循环运转的唯一结果就是不断重复地完成机械功。

费曼是美国最受欢迎、也最具个性的物理学家，他是量子电动力学的奠基人之一。费曼曾经在加州理工学院任教，教授的是最基本的普通物理，他曾在课堂上这样介绍能量守恒定律："它并不是一种对机制或者具体事物的描写，而只是一件奇怪的事实。开始我们可以计算某种数值，当我们看完了大自然耍弄的技巧表演后，再计算一次数值，其结果是相同的。有点类似于在红方格中的象（Bishop），移动了几步后——具体步骤并不清楚——它仍然在某个红方格里。我们这条定律就是这种类型的定律。在今天的物理学中，我们不知道能量究竟是什么。我们并不把能量想象成为以一定数量的颗粒物形式出现。它不是那样的。可是有一些公式可以用来计算某种数量，当我们把这些数量全部加在一起时，结果就总是同一个数目。这是一个抽象的对象，它一点也没告诉我们各个公式的机制或者理由是什么。"

丹尼斯的积木是费曼在课堂上讲解能量守恒时用到的另一个比喻。假设有一个叫丹尼斯的淘气的小朋友，他有 28 块积木，积木常常被扔得到处都是，到了晚上，他的母亲会来重新清点一下积木的个数。不管是丹尼斯把积木藏在了地毯下、玩具箱里、浴缸中，甚至扔到了院子里，积木的总个数总是不变的 28 块。"能量"的概念比丹尼斯的积木要更抽象些，但总的来看非常相似，除非丹尼斯的妈妈又买来了新的积木，否则丹尼斯的积木总数是不变的。虽然可能暂时找不到了，但要相信，积木总是会在某个地方的——虽然暂时我们无法找到某些积木，但某一天把床移开，说不定就会发现淘气的丹尼斯藏起来的另外两块积木。

"把床移开"是一件很辛苦的事情，丹尼斯的妈妈很可能没办法自己一个人做到这一点——想想各种各样的高能物理实验。这种时候，相信积木数不会变少就变成了某种"信仰"。如果丹尼斯的妈妈是一个实验物理学家，那么这时候她会要求建设新的实验设施——叫来丹尼斯的爸爸跟她一起把床移开。这时，原来难以探测的某些领域终于被观察到了，谢天谢地，"积木守恒定律"依然得到了维持。

那么现在问题来了，假如丹尼斯的妈妈没有想到"把床移开"这个方法，而是开始怀疑"积木守恒定律"，那么会出现怎样的情况？啊哈，新的理论诞生了，于是丹尼斯的妈妈搞了个大新闻，她提出了新理论："积木的数目不守恒，只有积

图 2– 丹尼斯的积木

木不断地被清点，才能保持不减少。"——这个理论看起来还有些量子力学的意味。不过有一天丹尼斯的爸爸不小心把刮胡刀掉到了床下，在找刮胡刀的时候把丹尼斯藏在床下的积木找到了。这对丹尼斯的妈妈是一个沉重的打击，因为她的定律似乎出现了问题，不过她马上改进了她的新理论——"在某些不能被测量的阴暗的角落，积木可能凭空产生。"

如果丹尼斯妈妈的新理论是正确的——或者更重要的，假如能量也可以像她的新理论那样凭空产生或者消失，最开心的当然是许许多多的民间科学家，因为能量守恒定律是摆在民间科学家面前的第一座大山。如果积木不守恒，那么只要修建一张巨大无比的床，就可以隔三岔五地从床下掏出积木来，与此类似，永动机也就可以被生产出来。假如能量不守恒，"官科"对此会有何评价？爱因斯坦的评论是："我宁愿去当一个修鞋匠，甚至赌场的雇员，也不愿做物理学家。"

## 玻尔的错误

著名的科学家有时也会像缺乏科学常识的民间科学家一样怀疑能量守恒的正确性。故事要从另一个大物理学家——尼尔斯·玻尔说起，玻尔是旧量子论的创始人，也是哥本哈根学派的创始人。玻尔的氢原子模型甚至成为象征"科学"的最重要的符号。玻尔对欧内斯特·卢瑟福（Ernest Rutherford）的"行星模型"提出了重要的修正，他指出："原子只能够稳定地存在于一系列的离散的能量状态中，因电子在两个离散的能量态之间发生跃迁，原子的能量发生改变。"玻尔的这一理论是非常革命性的，这一革命直接造成了旧量子论的诞生，或许正是因为这种革命性，玻尔才对"搞个大新闻"产生了"路径依赖"。

玻尔曾经两次试图放弃最基本的能量、动量守恒定律，一次是因为康普顿实验的解释，另一次是因为 β 衰变中的能量问题。当然，玻尔不至于想要推翻宏观世界的能量动量守恒定律，玻尔希望把守恒定律弱化为一个统计性的定律。这个想法恐怕受到了热力学第二定律的影响：在牛顿力学的框架下，所有的力学过程都是可逆的，然而统计地来看，却出现了不可逆的时间箭头。玻尔希望对热力学第一定律（能量守恒）也进行这样的推广，即在一个复杂的宏观反应过程中，总的来看，能量动量依然守恒，但反应中的每个实际粒子基本的碰撞步骤（基元反应）都有可能违背能量动量守恒定律。

要想了解为什么玻尔会犯这样的错误，首先需要简单介绍一下何为康普顿实验，何为 β 衰变。康普顿效应于 1923 年由康普顿首先观察到，随后由他的学生吴有训进一步通过全面的实验得以证实，这种效应指的是 X 射线或伽马射线与物质相互作用后波长变长的现象，更具体地说，是专指高能的电磁波与电子发生作用后的能量改变。今天我们已经知道，光具有粒子性，因此电磁波长的改变即光子能量动量的改变，光子与电子的相互作用与中学物理中两个小球碰撞后速度的改变非常相似——但回到当时，还有大量物理学家对"粒子说"充满了怀疑。如果不接受"粒子说"，就无法解释波长的改变[1]，这看起来就像是能量不再守恒了。玻尔的出发点也正是基于此，因为长期受经典物理学教育，他表示，康普顿实验的解释对像他这样"视波动理论为信条的人"来说是可怕的。为了挽回"波动说"的尊严，1923 年，玻尔与克莱默（Hans Kramers）和斯莱特（John C. Slater）二人合作提出了以他们三人名字首字母命名的 BKS 理论。然而好景不长，随着科

---

[1] 低能电磁波与粒子相互作用的散射为汤姆孙散射，在这种散射中，粒子因电磁波与其相互作用而加速，进而产生偶极辐射，但对入射的电磁波而言，并不会产生波长的改变。

学家们对康普顿效应的认识越来越深入，康普顿和吴有训等人的实验结果越来越精密，结果表明：在康普顿散射中，反冲电子与散射光的出现存在显著的同时性和角度相关性。而前面我们已经提到，玻尔希望把守恒定律弱化为一个统计性的定律，因此根据 BKS 理论，不应该有这样强的相关性，而散射光的发射在时间及方向上都应具有随机性。这些研究还直接证实了光子跟电子碰撞过程中的能量动量守恒，玻尔的尝试宣告失败，在严格的实验结果面前，玻尔也承认了自己的错误。

玻尔第二次试图放弃能量守恒定律是由于 β 衰变的发现，这种衰变指的是原子核自发地放射出 β 粒子（即电子）的过程。前面我们提到康普顿效应时，相关的研究对象是原子（主要是指原子核外电子），而此时的研究对象已经包含了原子核。康普顿效应是"原子物理"的研究范畴，而"β 衰变"则已经是"核物理"的研究领域了。我们前面已经提到，玻尔对"搞个大新闻"产生了"路径依赖"，而从"原子"到"原子核"的这种研究对象的改变在玻尔看来显然很可能蕴含着新的物理。提到 β 衰变相关的守恒问题，我们不得不提另一位著名的物理学家——沃尔夫冈·泡利（Wolfgang Pauli）。泡利是一个笃信守恒定律的人，也因此，在"宇称不守恒定律"[1] 的问题上，天才的泡利落后于物理学界的"中国革命"[2]，可以想象如果泡利也像丹尼斯的妈妈那样观察到了"积木不守恒"的现象，泡利会有怎样的态度——泡利这时肯定仍然会对守恒充满着信心，即使积木已经被藏到了某个观察不到的地方。在 β 衰变时，能量和动量遇到的困难就像丹尼斯的积木问题，而玻尔此时正在再次期待新物理的产生，他再次提出守恒定律可能被破坏的理论，希望解释 β 衰变中能量和动量（还包括自旋角动量）不守

---

[1]　宇称不守恒定律指的是，对称性反映不同物质形态在运动中的共性，而对称性的破坏才使它们显示出各自的特性。

[2]　主要是因为宇称不守恒定律的理论和实验工作都是由中国人（杨振宁、李政道和吴健雄）完成的。1957 年 1 月 16 日，《纽约时报》用"物理学中的基本概念在实验中被推翻"为标题，在头版报道了被其称为"中国革命"（Chinese Revolution）的吴健雄等人的实验。

恒。他把论文寄给泡利，泡利在回复中说："让这篇短文先休息一段长的时间，并让星星安静地照耀它吧。"在遇到 β 衰变的问题时，泡利引入了一种看不见的粒子——中微子（neutrino）[1] 来解释能量和动量的不守恒问题，现在我们知道，在 β 衰变中出现的中微子是反电子中微子。中微子最终在 1956 年被发现，中微子本身是一个非常有意思的物理学话题，2015 年，日本科学家梶田隆章（Takaaki Kajita）和加拿大科学家阿瑟·麦克唐纳（Arthur B. McDonald）因发现中微子振荡获得了诺贝尔物理学奖。玻尔在 1936 年彻底放弃了能量和动量不守恒的想法，因为费米的四费米子相互作用理论非常成功，并且也得到了实验支持，而在费米的四费米子相互作用理论中，中微子正是这四个费米子中不可缺少的一员。

图 3- 泡利（左）和玻尔（右）在玩陀螺

虽然玻尔是量子时代的开创者，但由于其深厚的物理背景，他对于光的波动理论的坚持使得他难以接受他自己开创的新时代。BKS 理论因为不符合实际，最后失败了，但如果没有这些失败，后来的人们可能会有更多的错误尝试，新范式的建立可能会需要更久。玻尔虽然犯了这样的错误，但他的形象依然伟

---

[1] 泡利当时将其称为"中子"，因这种粒子的电中性而命名。

大。这不只是因为他在物理学从经典过渡到量子的最初时代做过的那些重要贡献，还因为当他的理论被抛弃之后，他可以坦然接受。按照东方式的思维，玻尔作为哥本哈根的泰山北斗，典型的"反动学术权威"，只要不强迫把这一理论写进教科书，或者只要不打压持不同观点的科学家，我们就已经觉得"高风亮节"了。可作为一个真正的科学家，玻尔承认了自己的错误，更重要的是，玻尔本人也因此对能量动量守恒这一问题有了更清晰、更理性的看法。因此，当一位后辈也产生了抛弃能量动量守恒的想法时，他在信中告诉那位后辈，BKS 理论"已经完成了自己的使命"。这个差点也犯了错误的后辈是相对论量子力学的奠基人狄拉克。

当然，民间科学家们的尝试不能与玻尔、泡利或者狄拉克相提并论。玻尔、狄拉克这些物理学家的一些失败的尝试已经告诉我们，不管是对于宏观现象还是基元反应，能量动量守恒定律都严格成立，而不是大致成立。所以，对各类实际粒子而言，能量守恒定律是一座没有办法逾越的大山。不过有趣的是，几乎每天都有民科宣称自己翻越了这座大山，在这个意义上，每个民间科学家都是西西弗斯，"应当相信西西弗斯是幸福的"。(加缪《西西弗斯神话》)

## 名词之争

名词之争常常是人类各类冲突、战争的根源。胡适在他的作品（1935 年）中讲过这样一个故事：二十年前，美国《展望周报》(*The Outlook*) 总编辑阿博特（Lyman Abbott）发表了一部自传，其第一篇里记他的父亲的谈话，说："自古以来，凡哲学上和神学上的争论，十分之九都只是名词上的争论。"阿博特在这句话的后面加上了一句评论，他说："我父亲的话是不错的。但我年纪越大，越感觉到他老人家的算术还有点小错。其实剩下的那十分之一，也还只是名词上的争论。"（胡适《充分世界化与全盘西化》）我们认识世界时，"名词"起到了构建"直觉"的作用。一旦我们面对其他与我们的直觉相悖的构建方式，常常会表现出非理性的反感。举个例子，在中文里，我们把"heat"和"thermal"都称为"热"，这就早已"先入为主"地暗含了一层联系。人类的"直觉"当然会随着人类知识的发展不断进步，但也要考虑到人类的语言和许许多多的"名词之争"。前面我们提到富兰克林的风筝实验，今天我们把摩擦所产生的静电、发电站通过输电线路传输来的电和天空中的闪电都称为"电"，所以我们太自然地把这些看成一码事——然而，不妨想象一下清朝的知识分子在对"电报"有所了解之前，仅从这一名词来看，会产生怎样的理解。在当时的语境下，"電"是"雨"字头，因此"闪电"大概会是清朝的人们对电报的最初想象，因而清朝人对"电报"的"电"更多的理解是强调其传输速度"迅雷不及掩耳"，李鸿章跟慈禧太后介绍说"电报灵捷"时，其实更多的也是强调其快速。这种理解在我们现代人看来，某种程度上是理解偏了。因此，当我们在考虑一些与物理学史有关的问题时，深入当时特定的语境下思考会是非常有趣的。

一个有趣的例子是牛顿和戈特弗里德·威廉·莱布尼茨（Gottfried Wilhelm Leibniz）的冲突。我们现在知道牛顿第二定律本质上就是动量定理，事实上牛顿的原文是"动量的变化与冲量成同向正比"，也就是说，牛顿在叙述第二定律时侧重的是动量（$p = mv$）。"动量"及其守恒最早由笛卡尔提出（1644年）："物质的运动有一个固定的量，这个量是从来不增加也不减少的，虽然在物质的某些部分中有时候有所增减。就是这个缘故，当一部分物质以两倍于另一部分物质的速度运动，而另一部分物质却是这一部分物质的两倍时，我们应该认为这两部分的物质具有等量的运动，并且认为每当一部分的运动减少时，另一部分的运动就相应地增加。"玩过桌球的朋友很容易就能亲自感受动量守恒定律，因为动量是一个向量，所以我们很容易对球的速度（动量）及其各分量有直观的感受。大约因为莱布尼茨是牛顿的死对头，而牛顿发现了动量的重要意义，莱布尼茨则不断宣传动能的重要意义。宣传推广，自然要起个好名字，所以莱布尼茨在宣传的时候，把自己所发现的这个量称为"活力"（living force，其拉丁语为 *vis viva*），而牛顿的动量则被他称为"死力"（dead force），莱布尼茨宣称"活力是守恒的"。当然，今天我们知道，在弹性碰撞的情况下（例如桌球游戏），系统的"活力"和"死力"都是守恒的，但如果是非弹性碰撞（例如大家中学时期常见的滑块在木板上的运动），只有"死力"是守恒的。从这个意义上，我们不能把莱布尼茨看成是提出能量守恒定律的人。当然，与莱布尼茨同时代的人们对他的批评更多，例如工程师很轻易就能造出一些能无尽地产生出活力的机械来（例如上了发条的时钟），在这些机械中，总有其他形式的能量转变为"活力"，所以"活力"本身显然是不守恒的，但"活力"的思想后来成为当时德国"自然哲学"的一个重要观点。

1788 年，长期在普鲁士工作的法国籍意大利裔物理学家约瑟夫·拉格朗日出版了一本奇书，这本书的标题叫《分析力学》，书中建立起了一套与牛顿力学完全不同的体系。拉格朗日的这本力学书之所以是一本奇书，在于整本书中没有一幅图——也就是说，一本名叫《力学》的教材，竟然完全抛弃了"受力分析"，而是用一套更抽象的数学语言，用分析的方法，以变分法和微分方程为工具，完整地讨论了各种各样的静力学和动力学问题。拉格朗日在书中还证明了某种位置和速度的函数，在运动的过程中总是保持不变：这个函数是两部分之和，一部分表示运动的"动能"，另一部分表示"势能"——不过在当时还没有这两个准确的表达。我们现在知道，这其实就是机械能守恒定律。机械能守恒定律虽然此时已经被发现，但这一重要的思想却并没有很快地被投射到热学的世界。这是因为科学界直到很久以后才有对"热"的正确看法。在当时，

"热质说"（Caloric theory）是对热的描述的主流理论，能量守恒定律的确立伴随着对热质说的批判。


## "热"是一种物质吗


　　这里简单回顾一下热质说的历史。"热质"的概念在古希腊时期就已经孕育，当时的一些哲学家认为"热"是构成世界的一种基本元素。或许是因为"热气"的某种直观，"热质"长期被认为是一种无质量的气体，物体吸收热质后温度会升高。在十七世纪，"热质"这一概念的前身被科学家们称为 Phlogiston（燃素），从这个词的词源就可以看出来，这时"热质"概念与燃烧仍然有密切的联系，当时的人们把承载"热"的某种实体物质看成是与燃烧过程直接相关的。然而这一理论后来遭到了实验的挑战，因为英国的牧师兼化学家约瑟夫·普里斯特利（Joseph Priestley）在十八世纪后期找到了真正意义上的"燃素"——现在我们知道他所发现的其实就是氧气。[1]普里斯特利把点燃的蜡烛和一只小鼠分别放到密闭的玻璃罩里，蜡烛不久就熄灭了，小鼠不久之后也很快死亡，这暗示了"燃烧"跟"生命"之间有某种相似之处。而他还把薄荷苗和点燃的蜡烛放到密闭的玻璃罩里，植物能够正常生长，蜡烛也没有熄灭，与此类似，他还把薄荷苗和小鼠放到密闭玻璃罩里，发现植物和小鼠在一段时期内都能存活。普里斯特利的结论是，植物能恢复或更新空气，然而此后的实验并非总能很好地重复，他的实验结果仅仅暗示了植物的某种特殊作用（光合作用）的存在，他将植物生长不良归因于密闭的

-------

[1]　准确地说，Priestley 是把氧气称为"去燃素空气"，而把氮气称为"燃素化空气"的。因为在他的理论中，寻常的空气，由于经过动物呼吸、植物的燃烧和腐烂，已经吸收了不少燃素，所以助燃能力就差了。

环境，而并没有设计对照实验研究光照的重要作用。

普里斯特利在法国期间见到了法国著名的科学家安托万 - 洛朗·德·拉瓦锡（Antoine-Laurent de Lavoisier），拉瓦锡重复了他的实验，并最终正确地认识到"燃烧"是一种"氧化"的过程，并对"氧气"命名。拉瓦锡抛弃了燃素说，正确地用氧化理论代替了燃素说。普里斯特利虽然实际上是最早发现氧气的人，然而他始终坚持用燃素说解释各种热现象，并与拉瓦锡进行了长期的论战。沿着普里斯特利所指出的方向，拉瓦锡也开始关注生命科学中的相关问题，尤其是"燃烧"跟"生命"之间的等价性问题，他和拉普拉斯（Pierre-Simon Laplace）尝试定量研究"燃烧"和生命活动（主要是体温维持）的热之间的关系，他们的实验证明小鼠吃过食物之后所放出的热与等量的食物直接经燃烧所发的热接近相等。这一结论直接影响了此后热化学的研究以及此后提出能量守恒定律的迈尔（J. R. Mayer）。

与此同时，拉瓦锡提出了"热质"这一概念，他指出热质是热的实体物质，以流体的形式（caloric fluid）存在，我们今天仍然沿用的"卡路里"这一单位，实际上就是热质说的遗产。我们大家对拉瓦锡的形象都非常熟悉，他和他夫人的照片曾经出现在中国各种外国文学名著的封面。在拉瓦锡本人的著作中，他把"热"列为基本物质。虽然拉瓦锡在对氧化的认识方面超越了普里斯特利，但拉瓦锡也犯了一个错误，他把"氧气"命名为"Oxygen"，因为这个词在希腊语中有"形成酸"的意思，而普里斯特利则针锋相对，他以盐酸为例，证明了在盐酸（HCl）中不含氧元素。拉瓦锡和普里斯特利的争论因法国大革命戛然而止。他们对革命的看法或许依然迥异，然而革命无情吞噬它的儿女。普里斯特利因同情法国大革命而遭到了英国的保守派人士的反对，烧毁了他的住宅和教会，他最终逃离了英国，最后移居美国。1793 年 6 月，雅各宾派推翻吉伦特派的统治，取得政权，雅各宾派专政随后开始。"反封建"的国民公会决定对巴黎科学院和其他各种王室的科学院进行取缔，把拉瓦锡、拉普拉斯、库仑等直至今天我们仍然耳熟能详的著名院士清除出科学院，为了彻底镇压"国内外的反革命势力"，专政政府决定逮捕所有出生于敌国的人，拉瓦锡在自身难保的困境中，仍竭力陈情，最终说服国民公会把拉格朗日作为例外。同年，革命领袖——不久之后就在浴缸中被刺杀而死的——让 - 保尔·马拉（Jean-Paul Marat）写了一个小册子抨击原来的税务官，人民的革命热情再次被点燃。1794 年 5 月，也就是热月政变前两个月，雅各宾派还处在革命热情高涨的时期，曾任税务官的拉瓦锡被革命的法庭判处死刑。而此时已经回到了法国的拉格朗日为拉瓦锡上书，并召集"境外反动势力"——来自其他国家的科学家同行——为其求情，然而革命不是请客吃饭，革命的"法庭"的答复是："共和国不需要科学家，也不需要化学家，司法公正（course of justice）不能被推迟。（La Républiquen'a pas besoin de savants ni de chimistes；le cours de la justice ne peut ê tre suspendu.）"拉瓦锡被轰轰烈烈的大革命所吞噬，最终被送上断头台。拉格朗日在得知拉瓦锡的死讯后曾惋惜道："他们只用一瞬间就砍下了这颗脑袋，但再过一百年恐怕也无法得到同样杰出的脑袋了。（Il ne leur a fallu qu'un moment pour faire tomber cette tête，et cent années，peut-être，ne suffiront pas pour en reproduire une semblable.）"

　　拉瓦锡的"热质说"可以解释很多热力学现象。例如热水的冷却就可以用"热质"的流动来解释，因为周围空气中的热质较少，因此热水中的热质很自然地可以流动到空气中。约瑟夫·傅里叶（Joseph Fourier）的"热的解析理论"正是建立在这一基础上。如果热质是一种实实在在的物质，那么容易想到"热质"应该无法产生或消灭，在宇宙间保持总量守恒。在热质说的框架下，热的守恒就成了这种理论中的一个基本假设。今天我们回过头来看热质说，似乎会觉得这样的理论显然是错误的，但其实"热质说"可以解释很多很多的热力学现象。例如，我们可以解释气体的受热膨胀，这是因为气体中吸收了热质，因此发生了膨胀。"热质说"最成功的应用就在于其能够有效地解释热机的工作原理，例如当瓦特在1769 年为他的蒸汽机申请专利时，物理学家们就用"热质说"来解释蒸汽机的工作原理。在热机的工作原理方面，最杰出的工作要数萨迪·卡诺（Nicolas Léonard

Sadi Carnot）所提出的卡诺循环以及相关的定律，而卡诺的全部分析都是以"热质说"作为基础的。在"热质说"的框架下，热机就像水电站的水轮机，水电站堤坝两侧高度差对应于热机中的温差，热质的流动像水的流动那样带动了蒸汽机的运转，我们在描述冷热状态时的用词（高温、低温）实际上暗含了这种隐喻。

在拉普拉斯和西莫恩·德尼·泊松（Siméon Denis Poisson）的发展下，"热质说"有了更强大的应用。拉普拉斯用热质说纠正了牛顿的一个错误。今天我们知道，声音的传播是因为声波的传播，而声波的传播伴随着气体的压缩和膨胀，牛顿假设这一传播发生在等温的条件下，因为表面上看起来空气的温度并没有改变，牛顿的这一计算可以得到与实际声速值接近的结果，然而却比实际数值低了15%左右，牛顿以此为大气中存在固体灰尘颗粒（PM2.5"躺枪"了）和水蒸气引起的来解释这一差别。然而，拉普拉斯则假定气体的压缩和膨胀会伴随着温度改变——这在热质说的框架下是很容易解释的——气体的压缩伴随着热质浓度的提高，而膨胀则伴随着热质浓度的降低，这些都会导致局部温度的升高和降低。拉普拉斯的这一分析事实上正确地假定声波应当是绝热的，而不是等温的，因而最终得到了极为接近实验数值的声速。泊松对这一问题也做过研究，他导出了理想气体在可逆绝热过程中压强和体积的关系式，现在这一关系被称为"泊松绝热方程"。

热质说的又一个成功在于它可以成功地区分"温度"和"热量"。在热质说的早期，温度和热量的区分是非常模糊的，例如，将等质量的0℃的水跟80℃的水混合，会得到40℃的水，在这类分析中，平均的温度与平均的热质密度几乎是等价的。然而在1761年，英国科学家约瑟夫·布莱克（Joseph Black）把0℃的冰块与相等质量的80℃的水进行混合，有意思的是，这二者混合之后的温度并不是40℃，而仍然是0℃，也就是说冰块全部融化成了水，但在这一过程中，"温度"并没有发生变化。布莱克的这一发现揭示了隐藏在表观可测量的"温度"背后的"热"：冰在融化时，需要吸收大量的"热量"，但"温度"却仍然保持不变，因此，

图 4- "高温"和"低温"这种提法蕴含了对重力系统的隐喻

布莱克引入了"潜热"（latent heat）的概念：一定质量的冰在融化时吸收的热量即为潜热。布莱克还发现在各种物态变化（如熔化、汽化、凝华、升华等）时，都可能有这种效应。有了"热量"的概念，我们很自然地就可以开始考虑在各种热传递或者相变过程中热量的变化了，而正因为"温度"和"热量"是两个不同的概念，它们之间的相对关系就变得非常重要了，例如，我们可以考虑当温度发生微小改变时，热量相应的变化——这正是对"热容量"的计算，而一定质量（或一定物质的量）的物质的热容量则被称为"比热"。尽管今天物理学家已经抛弃了热质说，但热质说的遗产——"潜热""热容（比热容）"依然广为应用，说明热质说在形成物理直观方面仍然具有独特的作用。读者读到这里，不妨思考一下，怎样用热质理论解释各种自己熟悉的热现象。

## "热质说"的终结

热质说在被拉瓦锡提出十多年之后就遇到了一个挑战，不过当时的科学家们还并没有意识到这一点。1798 年，一位英国科学家本杰明·汤普森（Benjamin Thompson）在他自己的著作中描述了观察加农炮制作时所产生的热。这位汤普森也非常国际化，他出生在美国，在美国独立战争中加入了英军，美国独立后他到了英国，不久他就搬到了巴伐利亚去工作。他在神圣罗马帝国被授予了爵位，成为巴伐利亚的拉姆福德（Rumford）伯爵。他在慕尼黑的兵工厂工作时发现了一个有趣的现象：在给加农炮钻孔时，需要不断地对炮管进行冷却。他发现，只要不断钻孔，炮管在单位时间的发热量就不会下降——而如果热质说的理论是正确的，当热质从炮管中释出，相当于加农炮的热质的"高度"就在不断降低，加农炮相对于空气的热质梯度（高度差）就会下降。热质说对钻孔过程也可以有解释：一种解释是其中也存在潜热的释放，然而汤普森却发现，只要持续加工，加农炮就会持续地热，这显然是潜热所不能充分解释的；另一种解释则看到了在切开炮管的过程中出现的各种切屑，认为这些切屑就像"出血"一样带出了热量——这个解释现在看起来虽然荒谬，但也可以用现代的语言来描述：即其中可能涉及了核反应（结合能）或者化学键（或其他类型的键合）的断裂等。例如，生物由 ATP 供能，其中高能磷酸键的断裂在这个比喻下就是某种"出血"，掉下来的磷酸就像是某种"碎屑"。但这个解释依然可以批驳，尽管汤普森当时无法准确测量金属键的能量，更不要说对核反应有认识了，但他有自己的方法解决这一问题。他证明了，即使不产生任何碎屑，依然有可能产生热量——只要用非常钝的钻头就可以。更有说服力的是，他测量了切屑的比热容，如果切屑的比热容与炮管相同，那么就说明并没有"热质"在这一过程中像流血一样流失。他最终得出了正确的结论：热与运动相关。如果一定还要用热质说来解释这类现象的话，那么热质必然是一种不满足守恒定律的物质。

拉姆福德伯爵的讨论并没有彻底推翻热质理论，这是因为热质说的前提本身就问题重重——一个物质的总热量可能跟其热容量本身就是无关的——因此，热质说依然可以对此实验进行解释。尽管他测量了切屑的比热容，并且发现切屑的比热容与炮管相同，但如果认为总热量与热容量无关，那么拉姆福德伯爵就必须验证：如果把那些切屑"组装"回炮管，炮管的热量保持不变，并且整个过程可以不吸热——而这却是与我们的直觉相违背的，金属的熔接显然与高温相关。因此，热质说仍然可以解释拉姆福德伯爵的实验。

热质说遇到的困难越来越多。例如，在气体的自由膨胀中，温度保持不变[1]。而

---

[1] 更准确地说，对于理想气体，温度保持不变。这个实验由约瑟夫·路易·盖-吕萨克（Joseph Louis Gay-Lussac）在 1807 年和焦耳在 1843 年完成。

如果用热质说来解释，随着热质的被稀释，气体的温度应该随着膨胀而降低——当体积增大一倍，温度就应降低一半，但很快这就被证明是错误的，这一过程中变化的是压强而不是温度。除此以外，受到汤普森实验的影响，"无机化学之父"汉弗莱·戴维（Humphry Davy）爵士讨论了一个这样的实验，在一个绝热的容器中，让两块冰"摩擦摩擦"而变成水。前面我们已经提到，冰融化成水需要吸收潜热，水的热容比等质量的冰更大，这时，冰的融化会变得不可理解——冰变为水应该吸收、而不是释放热质。戴维爵士因此认为热质并不存在，这再次支持了汤普森的结论：热的确与运动相关。

了解到"热"与"运动"相关，这已经与能量守恒定律越来越近了。的确，当历史到达十八、十九世纪的世纪之交，能量守恒定律已经呼之欲出，然而万万没想到的是，真正严格的能量守恒定律还需要半个世纪才被提出。这似乎看起来并不难理解，我们今天对热现象的理解还需要建立在十九世纪初由约翰·道尔顿等人所开创的现代原子论的基础上，而最终提出能量守恒定律的詹姆斯·普雷斯科特·焦耳（James Prescott Joule）正是道尔顿的学生。道尔顿的原子论是非常精确的，并且有"倍比定律"[1]作为支撑，然而即使缺乏这些定量的化学概念，也已经有充满想象力的物理学家提出了分子动理论。早在前面我们提出的各种实验结果被发现之前半个多世纪，1738 年，丹尼尔·伯努利（Daniel Bernoulli）就在他的流体力学著作中提出了气体分子动理论的基本观念，他指出分子对容器壁的碰撞就是压强的成因，而热就是分子运动的动能。1744 年，俄国的全才型科学家，莫斯科大学的创办人，被誉为"俄国科学史上的彼得大帝"的米哈伊尔·瓦西里耶维奇·罗蒙诺索夫（Mikhail Vasilyerich Lomonosov）第一次明确提出热现象是分子无规则运动的表现，并把初步的机械能守恒的思想应用到了分子运动的热现象

---

[1] 两种元素化合时，如果能生成几种不同的化合物，则在这些化合物中，两种元素的质量必互成简单的整数比。

中，这种超前的观念令人惊愕！普希金曾评价他是一位思想远远走在时代前面的人。罗蒙诺索夫的确非常超前，他比拉瓦锡早了十八年发现化学反应前后物质的质量相等。而他对"守恒"的基本构想其实要比他的实验还要来得更早，1748 年，罗蒙诺索夫在给莱昂哈德·欧拉（Leonhard Euler）的信中就曾经写道："自然界所发生的一切变化，都是这样的：一种东西失去多少，另一种东西就获得多少。因此，如果某个物体增加了若干物质，另一物体必然有若干物质消失。我在梦中消耗了多少小时，那么我必然失眠多少小时，如此等等。因为这是一条具有普遍意义的规律，所以它也应推广适应运动的诸法则：一个物体如果靠本身的动力，引起另一物体产生运动，那么前者由于推动而失去的动量，必然等于后者受推动时获得的动量。"必须承认，这种观点是质量守恒定律、动量和能量守恒定律的基本轮廓。但也要看到，这毕竟只能算"雏形"，其中的荒谬之处无须赘述，"睡梦—失眠的守恒"显然跟现代网友开玩笑说的"人品守恒""人品—长相守恒"等都属于搞笑。

另一位俄国人也在能量守恒定律的历史上起到了重要的作用。赫斯（Germain Henri Hess）是著名的热化学专家，在 1840 年发表了他的著作。而在四年之前，他就在一次报告中提到："经过连续的研究，我确信，不管用什么方式完成化合，由此发出的热总是恒定的，这个原理是如此之明显，以至于如果我不认为已经被证明，也可以不假思索就认为它是一条公理。"（郭奕玲、沈慧君《物理学史》）今天我们来看这一结论的确觉得非常平常，因为如果有几种放热不等的方式合成一种物质，那么利用这一能量差，就有可能制作出永动机了。赫斯的发现是能量守恒定律的一个具体应用，而"反应热"是化学中的一个重要概念，它不但与化学平衡常数以及化学反应的自由能有关，并且与化工生产中的热量交换和具体反应路径的设计等问题密切相关。在化学反应中，感受到这种热效应非常简单，但得到精确的数据却非常难，要精确测量热量，需要设计密闭的量热器，而在量热器里进行测量时，如果有气体的逸出，则可能会改变气压，因此还需要考虑温度的标准问题。赫斯对此进行了大量测量，最终提出了普遍性的结论，即在合成化合物时，放出的热量不依赖于化合是直接进行还是经过多步反应间接进行。至此，能量守恒定律已经有了更成熟的观点。不过值得一提的是，我们从赫斯的讨论中可以看到，他仍然认为化学反应是朝着放热的方向进行的，这一时期，化学家们普遍认为放热量的多少表现了某种"亲和力"的大小。读者不妨思考用热质说怎样介绍这种理论。今天，我们知道，化学反应既可能是吸热反应，也可能是放热反应，化学反应的方向不应该简单地由热力学第一定律来判别，而应该建立在热力学第二定律的基础上，构造出一定反应条件下的自由能来进行判定。

　　另一位走出了"热质说"，走向能量守恒定律的物理学家是卡诺。我们前面已经提到，卡诺关于热机的全部分析都是以"热质说"作为基础的，但通过对热机的研究，卡诺却已经看到了热跟运动之间的联系。遗憾的是，1832 年，卡诺因罹患霍乱去世，当时他还只有 36 岁。霍乱是极强的传染性疾病，因此卡诺生前的大量手稿及个人物品被处理。这是一个卡夫卡式的故事，遗憾的是卡诺并不能像卡夫卡一样因为遗嘱被背叛而留下所有的手稿。对于卡夫卡的"被背叛的遗嘱"，米兰·昆德拉（Milan Kundera）曾经有一段著名的评价："依我看来，伟大的作品只能诞生于它们所属艺术的历史中，同时参与这个历史。只有在历史中，人们才能抓住什么是新的，什么是重复的，什么是发明，什么是模仿。换言之，只有在历史中，一部作品才能作为人们得以甄别并珍重的价值而存在。对于艺术来说，我认为没有什么比坠落在它的历史之外更可怕的了，因为它必定是坠落在再也发现不了美学价值的混沌之中。"科学的价值与艺术作品的价值相似。或许在那些被埋葬的卡诺的手稿中还有许多重要的发现最终坠落在了历史之外，又或许如果卡诺可以长寿些，他能独立地提出所有的热力学定律，然而这些都只是历史的假设了。不过稍稍值得庆幸的是，在 1878 年，卡诺的弟弟公布了少量幸免被毁的卡诺笔记，在这些笔记的残页中人们发现卡诺对热和运动的关系已经有了很准确的看法。卡诺的遗稿中提到："热不是别的什么东西，而是动力（能量），或者可以说，它是改变了形式的运动。它是（物体中粒子的）一种运动（的形式）。如果物体的粒子的动力被摧毁了，必定同时有力产生，其量正好准确地同摧毁的动力的量成正比。反过来说，如果热损失了，必定有动力产生。""动力（能量）是自然界的一个不变量，准确地说，它既不能产生，也不能消灭。实际上它只改变它的形式。这是说，它有时引起一种运动，有时引起另一运动，但它决不消失。"（郭奕玲、沈慧君《物理学史》）这几乎已经是非常准确的能量守恒定律的表达了，只可惜它的确坠落在了它的历史之外。

卡诺因为过早去世，其思想没有得到应有的传播，这是历史的遗憾。不过，伯努利和罗蒙诺索夫的尝试也并没有让"热质说"在当时被打倒，一方面是因为在当时的条件下，科学家们还没有想到一些直接验证分子运动论的实验方法，另一方面则是因为分子动理论挑战了当时人们的"直觉"，在对"分子"都还难以想象的时候，要想象分子与容器壁或者分子与分子的弹性碰撞更是难上加难，用热质说构建起来的热学名词在当时与分子动理论难以统一。

回过头来重新思考热质说，或许这一理论的另一个遗产是"焓"（enthalpy）。现代意义上的"焓"到了十九世纪才被提出，而在早期，"焓"被称为"含有的热量（heat content）"，相当于是对热质含量的一个度量，这个概念可以解释冰融化时所吸收的潜热。在热质说的解释下，冰融化时吸收的潜热即为其"含有的热量"的增加。既然讨论"含有的热量"，显然此时不考虑"实现这一热量的过程"，这就类似于当我们在讨论一个人的"含有的体重"的时候，对他如何发胖并不关心。一个人可以连续胡吃海塞达到一个体重，也可以长期不运动达到一个体重，当他站上体重秤，最终我们关心的只是他"含有的体重"的变化，这个变化与过程无关。在现在的物理学中，"焓"的变化正是这样的，它与过程无关。

现在的准确物理学语言中，只有发生了热传递，才能谈及"热量"，对热量要用"吸收"或"放出"这样的词语来表述，而不能用"具有"或"含有"这样的词来描述。在对"温度"和"热量"这两个概念做了区分之后，我们还需要对"热量"和"内能"进行区分。"内能"（Internal Energy）是一个状态量，用"具有"或"含有"这样的词来描述。有了分子运动论观点的我们可以对"内能"有一个更清楚的看法，内能是构成物质的分子无规则运动的动能与势能的总和，而在热传递的过程中，"内能的转移"是与过程有关的。现代意义下的"焓"和"内能"一样，仍然是一个状态量。"热质说"负负得正了——"热量"是一个与过程有关的物理量，并不能认为是一个状态量，但如果搞错了这一点，还把"内能"和"热量"的概念弄混淆了，我们就得到了"热量"状态化之后的一种表述。此时，我们可以说"水中有比冰更多的焓"，在恒压情况下，冰融化成水，这时候吸收的潜热就等于焓的增加。

## 声子：
## 热的"准粒子"

本节中我们介绍了历史上大量与"热质"有关的一些观念和讨论。在本节的最后，我们不妨重新来思考有关热质的问题。我们在前面的章节中讨论过与"演生"有关的诸多问题，其中就提到在固体中我们可以把"热"看成一种激发而产生的"准粒子"，这在某些问题的处理方面确实有其方便之处。

在固体中，"热"也跟运动有关。导电性能好的金属，其导热的性能通常也好——当我们吃火锅被金属制的勺子烫到的时候就很容易想到这一点，这暗示我们在金属中，"热"的流跟电流存在某种相关性。在金属中，不但导电与金属中的自由电子有关，导热的性能也跟电子相关。从这个意义上来看，"电子"可以看成是金属中与热传导最相关的一种"物质"，但这并不是"热质"，因为金属在发热之后并不会出现"热质"的损失。

对于金属以外的其他晶体材料，其热现象还是跟运动有关，这里的运动形式主要是固体晶格的振动——我们在中学时还学过，固体中的声音传播同样依赖于这种振动。由于晶格的振动形成格波，每个原子在平衡位置附近运动，而各个原子在运动时又"手牵着手"，此时，原子的振动在空间中的传播就像"波浪"。这种"波浪"是晶体中的一种"激发"。对于这种波，我们也可以根据其波长、频率定义出相应的能量、动量，将它们也看成是由固体热运动抽象出来的虚拟粒子，这种粒子即为我们在上一章中提到的"声子"，它描述的是晶体结构中的集体激发。

把声子看成一种"粒子"会有哪些好处呢？因为声子是对固体晶格振动的一种抽象，那么如果我们把一种固体的晶格与另一种有着不同质量密度或弹性系数的固体的晶格按照某种周期排列起来，排成某种"超晶格"（superlattice），会发生怎样的事情？在这种超晶格中的"格波"需要受到两种不同晶格排布的"约束"，所以并非所有频率的波都能在这样的晶格中传播，这样的超晶格可以看成是某种"滤波器"（filter）——换句话说，如果这样的超晶格排成一列，某些频率的声波（某些能量的"声子"）可能无法在其中传播，这样的超晶格结构被称为"声子晶体"（phononic crystal）[1]。利用声子晶体的这种性质，如果我们在声子晶体的一侧再耦合上某些对声波的频率进行改变的非线性媒质（可以看成是某

---

[1]　与此类似，不同折射率的材料交替排布可以形成"光子晶体（photonic crystal）"，相关讨论在此不再赘述。

种"变声器"），就有可能实现热（以及声音）的单向传播。在这些声子晶体所构成的"声子"的"电路"中——不对，应该是"声路"中——这种单向传递热声子的元件，就类似于电路中单向传递电流的二极管。通过这样一个例子，从理论的角度，我们知道了固体中"声子"作为一种虚拟的粒子的"存在感"和理论意义；然而更重要的是应用价值。在"声子电路"中，我们同样可以有二极管、三极管和各种逻辑门，因而热的传播也变成"可编程的"。通过对声子晶体进行设计，可以不利用电路设计出很多与热有关的有意思的新产品，例如：手放上去才发热的暖手宝、保温性能更好的保温杯、冷却系统更好的发动机，等等。不过遗憾的是，导热并不是"声子"一个人说了算的，导热与电子、声子、电声子相互作用、边界、杂质等都有关系——这些因素也限制了声子晶体元件的大型化以及应用。

我们费了很大的劲儿来说明"热"不是一种物质，然后又用了不少的篇幅绕了一个圈子，把固体中的热传递再次抽象成一种"激发"，我们从中感受到物理学思想的一次又一次进步。这正如法国谚语所说的："国王已死，国王万岁。"（The king is dead, long live the king.）旧有的"热质"观点已经死去了，而"准粒子"的想法却从固体中被激发了出来。

声子虽然只是一种"准粒子"，但它也有着各种真实粒子所拥有的属性，因而物理学家可以很严肃地讨论"电子–声子相互作用"等议题。在讨论固体的比热问题时，我们可以把固体看成装着"声子气体"的容器——这与热质说视角下的比热有几分相似，然而有一个最根本的不同：声子的数目显然是不守恒的。随着温度的升高，原子的振动加剧，更多的模式被激发，相应的声子数也将增多，这将对固体的比热产生重要的影响。1907 年，爱因斯坦用一个粗糙的简化模型计算了声子气体的比热，他假定所有的声子以相同的频率振动，具有相同的能量，这一模型第一次能够预言在实验中观察到的比热随温度变化的基本趋势。在 17 年之后，来自印度的物理学家玻色（SatyendraNath Bose）再次发现与声子的统计分布类似的分布，这一分布以玻色和爱因斯坦两人的名字命名。1912年，德拜（Peter Joseph Wilhelm Debye）改进了爱因斯坦的理论，在德拜模型中，原子不再以相同的频率振动，此外，德拜还假定了声子有一个截断频率（德拜频率），他的结果可以很好地解释低温下固体的比热满足温度三次方增长的规律（需要注意的是，这是在忽略电子对比热影响的情况下）。

## 迈尔：
## 重新发现"生命力"

我们常常假定人类对事物的认知是从简单到复杂。在各种各样的教科书中，从来都是提出基本概念，然后讨论其定量描述（或者测量），最后是研究其变化规律。但从前面介绍的故事中可以看到，对能量守恒的认识却完全不是如此：首先是有些超前的思想者早就产生了某种基本的守恒观念，接下来是长期的名词之争，最后才有人找到真正的守恒量，形成准确且被物理学界广为接受的描述，与此同时，伴随着守恒定律严格的实验验证。

回顾一下我们在基础教育中接触各类守恒定律的历史。我们在中学时期学到的第一个守恒定律其实是"机械能守恒定律"，而这需要建立在"动能"和"势能"概念的基础上，然后才是在热学中遇到的"热力学第一定律"，至此我们才知道了"做功"跟"热传递"，真正要走到能量守恒这一步，我们还需要认识到各种其他形式的能量，例如化学能、太阳能、电磁场的能量等等。其中，最困难的或许就是与生命有关的能量了，然而在能量守恒定律的奠基上却有好几个"医生"

做出了重要的工作——甚至我们可以认为首先是医生发现了人体内做功与热量的关系，然后才是物理学家们姗姗来迟。苏联的分子生物学家沃尔肯斯坦（Mikhail Vladimirovich Volkenshtein）曾经说："我们可以稍微夸张地说，如果物理学赠给生物学以显微镜，则生物学报答物理学以能量守恒定律。"这实在是太吊诡了，为何会绕一个这么大的圈子呢？

生命科学的研究者似乎对各种"守恒"有着天然的兴趣，尽管"热质说"风行一时并且在分析蒸汽机相关问题方面取得了巨大的成功，但生命科学的研究者很可能还并不熟悉这样一套语言——这是他们的幸运之处，或许正因为如此，医生们的关注重点并不会局限于测量在消化过程中从食物流入人体的"热质"，而可以更早地开始考虑宏观的能量收支平衡。各种各样的生命系统都是开放系统，生命的生长很自然地会依赖于流进和流出系统的物质（或能量）。因此早在能量守恒定律被发现之前，在十七世纪初，就已经有医生对这样的问题进行研究了。在现在意大利的帕多瓦（Padova）（当时属于威尼斯共和国统治），有一位名叫散克托留斯（Sanctorius）的医生。散克托留斯生活在十七世纪，但他却对定量实验有着超越时代的热衷。今天看来，这位医生需要的是一个智能体重计——他生活在一个秤盘上，通过这种方式坚持记录了自己体重的变化，这一坚持就是三十年。他不只记录了自己的饮食和体重的变化，他还记录了自己的排泄。他发现了一个重要的事实，一个人饮食总量中只有很少的一部分转变成了小便和大便。如果一个人一天进食八磅，他的小便和大便的总量可能只有三磅——看起来某种"不守恒"出现了。不过散克托留斯很正确地将消失的五磅归因于蒸发，这的确是一个主要原因，或许是因为散克托留斯察觉到了自己流出的汗和呼出的水汽。散克托留斯是一个相信守恒定律的人，只要人的体重没有发生变化，那么流进人体内的东西应该等于流出的东西。但问题依然存在，如果散克托留斯当时有更精密的仪器可以测量一个人因蒸发而脱去的水的总重量，他一定会试着来测测看的，如果测量一下的话，他肯定会再次发现不守恒，还有一部分水以外的东西也被蒸发掉了。

到了十九世纪，另一位医生对能量守恒定律的发现起到了重要的作用。尤利乌斯·罗伯特·迈尔（Julius Robert Mayer）是一位德国医生，他在1840年前后开始思考与能量守恒的有关问题，并最终取得了出色的结果。他的工作与焦耳、开尔文等人有着完全不同的风格，这与他的医生身份或许有关，但他表现出了比一般物理学家更敏锐的思考，他对能量守恒的阐述事实上要比同时期的其他科学家更准确和完整。迈尔曾经是一位随船医生，他开始思考能量守恒的有关问题是在去爪哇岛的航行中。在当时，"放血疗法"依然是中世纪以来重要的临床手段，而医生们用于放血的刀片就叫"柳叶刀"（Lancet）——这个名词现在成为世界上最著名的医学杂志的名字。医生迈尔的重要工作之一就是对船员们进行放血。在历史上，医生、僧侣和理发师都曾经从事过放血的工作，但这样的工作对外行人来说依然非常危险。最可能出现的问题就是错切了动脉血管，因为心脏正在源源不断地将血液泵向动脉，一旦切到动脉，可能导致人体失血过多，严重的可能导致死亡。迈尔是一位医生，很显然他知道这个道理，也正因为如此，当他在热带给水手放血时，被狠狠地吓了一跳——他看到流出了鲜红的血液，这看起来很像是含氧量较高的动脉血，难道是切到了动脉？随后他发现自己没有弄错，这的确是静脉血。他随后开始认真思考起这个问题来，因为迈尔了解过拉瓦锡的燃烧理论，知道物质在氧气中燃烧的放热与作为饮食所提供的能量相等，因此他找到了一个解释：之所以当船航行到热带时水手们的血液比较红，是因为在热带时，人体的体温维持变得不再困难，水手们不需要消耗那么多的氧。

想到这一点，还只是科学发现道路上的第一环。接下来，迈尔表现出了更大的智慧。迈尔首先看到的是热和运动的等价。他认为马拉车时车与地面摩擦产生的热量，以及车轮旋转时车轴因摩擦产生的热量，都是由马的运动及其做功产生的。他在1841年的通信中就已经提到了热功当量的有关问题，他在信中提到，为了给他的理论一个准确的解释，当务之急是解决以下问题："某一重物必须举到地面上多高的地方，才能使得与这一高度相应的运动量和将该重物放下来所获得的运动量正好等于将一磅0℃的冰转化为0℃的水所必要的热量。"这里其实包含了他所考虑的一个实验设计。迈尔回到德国之后，到处宣传自己的理论。有一次，在海德堡，迈尔跟同时代的另一位物理学家菲利普·冯·约利（Philipp von Jolly）相遇。约利对当时的物理学体系更乐观些，他曾经劝年轻的马克斯·卡尔·恩斯特·路德维希·普朗克（德文：Max Karl Ernst Ludwig Planck）不要学习物理，他认为："这门科学中的一切都已经被研究了，只有一些不重要的空白需要被填补。"（德语原文：In dieser Wissenschaft schon fast alles erforscht sei, und es gelte, nur noch einige unbedeutende Lücken zu schließen.）而此时的约利与迈尔有着完全不同的观点，他对迈尔说，如果迈尔的理论是正确的话，水就能够被晃动而加热。迈尔听到约利的批评，很快就离开了，不过几个星期以后，他跑到约利的住处对约利喊道："正是那样！正是那样！"1842年，迈尔用一匹马拉着机械装置去搅拌锅中的纸浆，比较了马所做的功与纸浆的温升，给出了热功当量的数值。同年，迈尔在他的论文中这样描述这一数值：重物从大约365米高处下落所做的功，相当于把同重量的水从0℃升到1℃所需的热量。尽管实验的精度并不高，但迈尔是最早进行热功当量实验的学者之一。

在认识到热和功之间的联系之后，迈尔开始讨论各种形式的能量跟运动之间的转化问题。当然，那时候他同样也还没有对"能量"的正确表达，他也像焦耳等人一样将其称为"力"（德语：Kraft）。他指出，力的转化与守恒定律是支配宇宙的普遍规律，而既然讨论到"转化"问题，他具体地讨论了几种不同形式的"力"。迈尔讨论的全面性也是我们现在难以想象的，他把"力"一共分为：运动力（动能），落体力（重力势能），热，磁和电、化学力（某些物质的化合与分解）五类，在一个5×5的表格内描绘了能量相互转化的各类情况，迈尔的表格彻底否认了热质的存在，这是远在物理学家们的研究之前的。迈尔还在物理学家之前找到了定容和定压比热之间的定量关系，这个关系现在被称为迈尔公式，然而迈尔还没有就此停止，作为一个生命科学背景的物理学家，正如牛顿追寻宇宙间的"第一推动"一样，迈尔开始思考能量的来源问题。在 1845 年自费出版的《论有机运动和新陈代谢》（*The Organic Movement in Connection with the Metabolism*）中，迈尔正确地指出，太阳是地球上能量的来源，植物吸收了太阳能，把它转化为化学能，动物摄取植物，在物质代谢中把化学能转化为热和机械能。因此，迈尔更重要的成就是统一了有机界和无机界，他正确地把能量转化应用到了生命科学上。也正因为如此，我们可以说，物质科学跟生命科学的研究从这个时期真正意义上开始交叉。迈尔这样描述肌肉的活动：运动神经如同轮船中的舵手，起着控制的作用；新陈代谢提供了能量，如同轮船中煤的燃烧——这样的描述或许与他做随船医生的经历有关——难以置信的是，迈尔的各种描述除了个别名词与当代的语言不同之外，各种思想都非常超前。1848 年，迈尔又进一步推广了他的理论，他出版了《天体力学》（*Contributions to Celestial Dynamics*），开始将他的理论运用到天体的运动和宇宙中的能量问题上，例如他正确地解释了陨石发光是由于它们在大气中损失了动能，并运用能量守恒定律解释了潮水的涨落。

美国物理学家戴维·古德斯坦（David Goodstein）在他的著作《物质的状态》（*States of Matter*）中用这样一句话开篇："玻尔兹曼，毕生研究统计物理，1906 年选择了自杀；保罗·埃伦费斯特（Paul Ehrenfest）继续着他的工作。1933 年时，他选择了相似的方式结束了自己的生命。现在轮到我们来学习统计物理了。恐怕我们在接触它的时候要小心些。"（Ludwig Boltzmann, who spent much of his life studying statistical mechanics, died in 1906, by his own hand. Paul Ehrenfest, carrying on the work, died similarly in 1933. Now it is our turn to study statistical mechanics. Perhaps it will be wise to approach the subject cautiously.）其实，在热力学统计物理领域尝试自杀的先驱者是迈尔。1848 年也是革命的一年，在革命的年代，他的生活遭受了变故，受到了许多刺激，更重要的是他在科学方面的成功没有得到应有的承认，1849 年他尝试跳楼自杀，幸好未遂，但最终造成了双腿的伤残。他一直希望科学界能够承认热功当量概念的首创属于他，但却长期没有得到回应，大家反而觉得他疯了。从 1851 年开始，他长期在哥廷根的精神病院中接受治疗，与世隔绝。当物理学的世界再次发现他的理论时，大家甚至以为他早在十年前就已经去世了。一个人的命运自己没有办法预料，当迈尔成功地"飞越疯人院"，他马上被瑞士巴塞尔自然科学院授为荣誉博士，此后各种荣誉纷至沓来，他还在巴伐利亚和都灵取得了院士的荣誉。他去世于 1878 年，因为英国、德国和法国许多科学家的大力宣传和推广，他最后终于取得了迟来的承认。但今天我们回过头来看迈尔的研究成果，我们会觉得这些承认其实还是不够的，迈尔真正的历史贡献比发现能量守恒定律还要更大：他重新发现了"生命力"，找到了这种生命力的根源。与此同时，不同于同一时期的其他全才型的学者，迈尔同样有广博的知识（拉瓦锡燃烧的理论、放血疗法、对物理学的基本认识等等），但他不是像那些全才型学者一样在各个领域都分别做出精深的研究成果，他的研究重点集中在同一处，但他利用学科的交叉将这一处的影响推广到最大，重新为所有他有所了解的学科划定了新的边界。正是因为有了迈尔极具创造力的思考，能量守恒定律的想法终于成形了。

## 亥姆霍兹：
## 把一切自然现象都化成简单的力

有意思的是，将能量守恒的想法发扬光大的仍然是一位医生，他的名字叫赫尔曼·冯·亥姆霍兹（Hermann von Helmholtz），他的名字出现在电磁学（亥姆霍兹方程、亥姆霍兹线圈等等）、热力学（亥姆霍兹自由能）、光学等物理学领域，作为一个医生，他在生理学方面也有重要的成果，亥姆霍兹对神经传导速率的测量暗示了某种"无意识"的存在，他是一位与迈尔有些不同的"全才型学者"。

亥姆霍兹年轻时学医，1843 年起在波茨坦担任军医，这很符合普鲁士当时的时代特征的。不过很快，1848 年，在亚历山大·冯·洪堡（Alexander von Humboldt）的推荐下，他提前结束兵役，开始从医生变成了老师，当然，他教的是解剖学和生理学等医学课程。这位洪堡正是创立柏林洪堡大学的威廉·冯·洪堡（Wilhelm von Humboldt）的弟弟。亥姆霍兹从 1871 年开始在洪堡大学教授物理学，终于从一个医学老师转型成为物理学教授。不过他的课程可能非常无聊，普朗克曾经这样回忆过亥姆霍兹："他上课前从来不好好准备，讲课时断时续，经常出现计算错误，让学生觉得上课很无聊。"而这样一个教学可能并不好的学者之所以吸引了洪堡等大学者的注意，主要是因为他出版了一本极为重要的著作《论力的守恒》（Erhaltung der Kraft）。亥姆霍兹像达·芬奇等人一样，也是从"永动机"问题开始思考与能量有关的问题的。因为各种永动机尝试的失败，当时的人们已经越来越能接受"永恒的运动在真实的情况下是不可能的"这一事实，因此，亥姆霍兹从这里起步，开始思考自然界中的各种力之间所存在的关系。

尽管亥姆霍兹和迈尔一样，也是医生，但他这本书的影响要比迈尔（以及其他物理学家，例如焦耳）的更大。为什么会这样呢？首先，虽然亥姆霍兹的讨论同样被杂志编辑以缺乏实验事实而拒稿，但亥姆霍兹找到了一家较有影响力的出版社出版了自己的作品，这是一个不能被否认的客观条件；其次，亥姆霍兹切入的视角是极端的"机械观"，在他看来，"一旦把一切自然现象都化成简单的力，而且证明出自然现象只能这样来简化，那么科学的任务便算完成了"（爱因斯坦《物理学的进化》），现在的我们知道亥姆霍兹这样的观点不能被认同，但这种机械观恰好适应了时代的潮流；并且，亥姆霍兹思考的视角更加理论，也更加物理，因此他的讨论更能直接吸引同时代的物理学家们的注意。在他的叙述框架下，各类自然现象都应该被归结为力学，而这些许许多多不同的现象总可以用相互作用的质点的运动来解释，而他对这样的质点系进行了研究，最终证明了活力（动能）与张力（势能）之和守恒的结论。而这并不是什么新鲜的结论，我们前面已经提到，拉格朗日已经发现了这一结论——不过，亥姆霍兹的重新阐述依然是重要的，在他看来，拉格朗日所构造的这些力（能量）的形式可以转化和传递并保持守恒，这是因为牛顿力学和拉格朗日力学在数学上是等价的，因此拉格朗日的方法中所蕴含的这种转化和传递同样具有普遍性——这种普遍性是对整个物理学科都适用的："物理科学的任务，在我们看来，归根结底在于把物理现象都归结为不变的引力或斥力，而这些力的强度只跟距离有关，要完全了解自然，就得解决这个问题。"亥姆霍兹同样讨论了将这种"力的守恒"运用到生命机体中去的可能性。至此，能量守恒定律终于开始渐渐被更多的人接受。

## 从焦耳到开尔文：
## 科学与工程的共同发展

接下来要介绍的两个人，很可能是热力学发展历史上"最重要"的人物，除了因为他们奠基性的工作真的很重要以外，他们的名字已经被深深植入了热力学，一个人的名字成了功或者热量的单位（焦耳，Joule，做单位时简记作 J），另一个人的名字成了温度的单位（开尔文，Kelvin，做单位时简记作 K）。在用他们的名字重新描述了热力学之后，从前热质说影响下的混乱局面终于被完全消除了。

我们无从知晓，一个人的命运没有办法预料。焦耳在大学毕业之后继承了家里的啤酒厂，他在啤酒的酿造和啤酒厂的经营方面都曾经非常活跃。一个酿啤酒的，怎么就做起科研来了呢？开尔文的一生同样有些奇怪，他并不是一直就叫

"开尔文"的，他的名字叫威廉·汤姆森（William Thomson），他从小就是一个天才儿童，对自然科学的不同领域都有着浓厚的兴趣，并且取得了很多重要的成果，然而他被授予"开尔文"这样一个男爵（1st Baron Kelvin）爵位，却是因为他在铺设横跨大西洋的海底电缆时做出的重要贡献，不但海底电缆的铺设给汤姆森带来了爵位，他还因这一贡献而当选为大西洋电报公司的董事会成员。汤姆森一个做科研的，怎么就搞起工程来了呢？

在我们的印象里，科学家似乎对工程是鄙视和不屑的，但这种科学和技术严格意义上的分野其实是科学发展到很晚时才有的事情。焦耳和开尔文的这种从工程到科学（焦耳）和从科学到工程（开尔文）的跨度，在他们生活的时代并非特例。在他们的创造力最旺盛的时期，适逢第二次工业革命，在焦耳经营啤酒厂的时代，用电还是人们不能想象的事情。而当开尔文被授予爵位时，不但他家里早就领先潮流地装上了电灯，而且从欧洲直接连接美洲大陆的海底电缆都已经铺设成功。比人的命运更难预料的其实是技术的进步——在面临一场科技革命的时候，将技术问题抽象为科学问题；或者，对一些科学问题找到其在技术方面的应用都有可能在获得重要的科研成果的同时推动技术进步，这种技术层面的进步将会是一项非常激动人心的工作。这些工程的进步还可能是一种浪漫：1873 年，开尔文参与检修电缆时在隶属葡萄牙的"大西洋明珠"——马德拉逗留了 16 天，在此期间，怪叔叔开尔文与布兰迪（Charles R. Blandy）（还有他的女儿们）成为好朋友，不过这只是一次短暂的停留，很快他就不得不离开。一年之后，开尔文的船再次经过了马德拉，当他在靠近港口时，他马上就借公务之便向 Blandy 家发出了电报，电报的内容是："Will you marry me?（你愿意嫁给我吗？）"而 Blandy 的女儿范妮（Fanny）马上就回复了"Yes."一个多月之后，开尔文就跟比他小 13 岁的范妮结婚了。这个故事作为一个无可辩驳的证据，告诉我们工程的进步的的确确改变了人们——或者至少是开尔文——的生活，今天回想起来，求婚前先发一封电报的确是大大避免了惨遭发

"好人卡"时的尴尬，倘若收到了"No"的回复，那就完全可以不再上岛，留下一个"好人"默默的背影。

从科技与技术的关系而言，我们对能量守恒定律也会有新的看法。今天我们常常会把它看成是一个科学的发现，而忽略了其背后的技术面向。当卡诺思考热机的效率问题时，他思考的起点是一个纯粹的技术问题，而这个技术问题背后却蕴含着热力学的第一和第二定律的限制，思考技术的"极致"时，我们遇到的那些约束，常常都与基本的科学问题有关。焦耳的思考也是从这儿开始的。作为一个家里有啤酒厂的男人，焦耳考虑的是用新发明的电动机来替换他家里啤酒厂的蒸汽机。他观察到电动机和各种电路中的发热现象，他想到这和蒸汽机运转中的摩擦现象一样。而谈到这种"替换"的问题，作为科学家，当然不会在意各种成本，而如果脱离了成本谈所谓的"效率"显然在经营上陷入失败。焦耳在思考类似的问题时显然避免了这种错误，因为他还从经济学的视角审视——到底利用怎样的能源可以帮助节省开支？在思考这样的问题时，他选用了统一的标准来对各种不同的能源进行比较。焦耳发现蒸汽机中燃烧一磅煤跟一种早期的原电池中消耗一磅的锌放出的热量是完全不同的，前者可以放出后者五倍的热——从这个意义上来看，蒸汽机似乎要比电动机更经济。为了更准确地度量这种"经济"，就不能仅仅只对"放热"进行简单的估计，因为光放热不干活可是不行的，应该对不同类型的能源在某种统一的"经济责任"（Economical Duty）下进行比较。这种责任（duty）就像他在经营啤酒厂时，根据收入按照统一的标准所缴纳的税务一样。这些机器的职责就是去"运转"，焦耳把这种"经济责任"定义为将 1 磅[1] 的重量举高 1 英尺[2] 的能力，我们现在很明显能看出来，这就是在重力场做功的一个具体的实例。

---

[1] 磅：以英重量（质量）单位，1 磅 =453.6 克。
[2] 英尺：英制度量单位，1 英尺 =2.54 厘米。

　　焦耳对各种与电相关的设备的痴迷是从小开始的，他从小就经常跟他的哥哥互相电对方玩。而当他真正开始研究电路的时候，他发现电阻的发热是"凭空"产生的，这里并没有涉及热的传递，并且这种热的出现是可以定量重复的，如果是热质的流出，那么电阻应该会产生某种热质的损耗。这对热质说是一个直接的挑战，产生这样的想法对焦耳来说很自然，但也非常不容易，说它自然是因为焦耳的各种实验很自然地就可以导出这样的结果；说不容易是因为这里蕴含着某种新的概念，热质说毕竟已经流行了近百年，焦耳因为家里有钱，小时候有机会被送到曼彻斯特跟道尔顿学习，而道尔顿的基本原子中包括了热质。虽然焦耳的这个实验结果对热质说是一个挑战，但如果强行用热质说来解释的话，我们可以用电池中所发生的不可逆的变化来解释——热质可以看成是从电池中被输出的。要推翻热质说，还需要有更直接的证据。

　　最直接的证据当然就是我们都很熟悉的因为摩擦而产生热。在能量守恒被提出的历史上，一个难以理解的问题是——早在原始人的时候，人类就已经会摩擦生热、钻木取火，但把"摩擦"跟"热"真正联系起来，却经过了这么长的时间。焦耳的成功或许是因为他在酿酒技术方面的成熟，好的酿酒师总能有办法把反应器的温度控制在非常精确的范围内，焦耳在他的年代宣称自己可以把温度测量的误差精确到难以置信的程度（3mK[1]），焦耳对温度的精确测量引起了很多人的批评。然而，如果要验证像摩擦生热这样的过程中的能量守恒，对温度的精确测量是必不可少的。焦耳的确亲自做了摩擦生热的实验，除此之外，他还做了好几种不同的实验来研究热跟功之间的转化。其中最著名的一种就是通过重物下落来带动一个放置于隔热容器中的带转桨的转轮，随着重物的下落，转轮也被带动，最终导致隔热容器中的水温升高，他的这一实验可以得到与现代值非常接近的热功当量数值，随着他不断提高实验的精度，他最终测得"热"和"功"之间的转换

---

[1]　mK：毫开，温度单位。1mK 也就是 10 的 −3 次方开，0.001K。

系数对水而言是，772.692 英尺·磅（力）（英制热单位），这个值转化为国际单位制与卡路里之间的换算关系，即为 4.159J/cal，这个数值实在是令人惊叹地精确。自此，"热"和"功"被统一了起来，现在我们用"焦耳"的名字统一命名了热和功的单位，至此，不再有所谓的热和功的换算问题。

令人惊叹的是，焦耳不止用一种方式测量了热功当量的数值。焦耳的第二种实验方式是测量液体在流动时由黏滞阻力所带来的升温（这正是液体的摩擦生热）；第三种是测量了稀释和压缩空气时温度的变化——这曾经是"热质说"能很好解释的现象，拉普拉斯在解释声速问题时就用热质的压缩和浓度升高来解释温度的变化，只要选择不同的做功路径，得到相同体积的终态，尽管最后得到的是同样"热质浓度"的气体，但温度仍然可以不同。更可怕的是，焦耳的自由膨胀实验还证明：在自由膨胀中，气体的温度不变。焦耳的结果受到了热质说支持者的广泛批评，最终他的文章被皇家学会拒绝。焦耳最终把他的论文投稿到了《哲学杂志》（*Philosophical Magazine*）。

焦耳的第四种实验与电相关。因为要尝试着从蒸汽机改为用电动机，他做了很多与电有关的实验，例如直接把通电的金属丝放在水中对水进行加热，通过水温的升高他计算出了热量与电流之间的关系，就是以他的名字命名的"焦耳定律"，他还对电解质溶液验证了这一定律的正确性。因为焦耳所生活的时代正好是电流磁效应和电磁感应现象等电磁学现象刚刚被发现的时代，当时的电动机也可以反过来转变成发电机，对于发电机发出来的电，焦耳还验证了焦耳定律的成立。而在此基础上，他又把他的转轮 – 重物实验改成了"电子版"，他所测量的是电动机内部热的生成，即抬升的重物变成了电动机，而电动机的线圈又浸泡在水里，进而从水温的变化算出热量的变化。焦耳的这些实验采用了原理不同的许多不同方法，建立在精确测量的基础之上，非常有说服力地说明了能量的守恒和转化，尤其是他把十九世纪物理学研究的另一个中心（电磁学问题）也纳入能量守恒的框架中，至此，焦耳围绕能量守恒的观念统一了力学、热学和电磁学。这不得不说是非常惊人的成就。焦耳在电磁学方面的成功也带来了一个遗留问题，怎样解释电磁的热效应？在焦耳的时代，当他认识到热跟力学的运动之间的关系之后，很自然地，会想到电磁学的这种热效应，应当也暗示了电磁效应是一种运动，这种运动应该在某种介质中进行，因此，焦耳也成为以太学说的支持者。

焦耳的实验结果让同时代的其他物理学家有些不知所措。1847 年，当焦耳在牛津讲完他的报告之后，剑桥大学的卢卡斯教授、流体力学家斯托克斯（George Gabriel Stokes）觉得自己已经"开始往焦耳主义者倾斜了"；电磁学的奠基人迈克尔·法拉第也觉得自己受到了"极大的震撼"；此时的汤姆森刚刚当上格拉斯哥大学的教授，他听到焦耳的报告之后非常着迷，不过他仍然对此有些怀疑。汤姆森曾经认为"热（或热质）转换成机械作用的过程，至今未被发现，很可能是不可能的"，然而在听过焦耳的报告之后，他也开始对自己曾经的信念有了一些怀疑，他在自己的这句话的注释中提到了焦耳的实验以及对热质说的怀疑，不过他并没有把论文寄给焦耳本人。焦耳还是很快就读到了汤姆森的这篇引用了自己理论的论文，焦耳马上写信告诉汤姆森说他本人正在计划进行一些更深入的实验（上文已经介绍了焦耳的各种实验了），就目前已有的实验结果来看，已经能充分证明热可以转化为机械功了。当汤姆森收到焦耳的回复后，他开始仔细思考调和热质说和焦耳的学说的问题，这些思考后来导致了热力学第二定律的诞生。汤姆森与焦耳两个人的合作也就此开始，从 1852 年到 1856 年，两人通过书信展开了深入的讨论和合作，这样的合作显然有着非常出色的成果——汤姆森有严密的逻辑和理论思考，而焦耳又有让同时代其他物理学家瞠目结舌的实验技术。他们合作的一个重要的成果就是焦耳－汤姆森效应[1]。

---

[1] 焦耳－汤姆森效应：室温常压下的多数气体，经节流膨胀后温度下降，产生制冷效应，而氢、氦等少数气体经节流膨胀后温度升高，产生致热效应。

前面已经提到，焦耳尝试过测量稀释和压缩空气时所造成的温度变化，焦耳 – 汤姆森效应是对这一工作的某种延续，但是却比之前的实验更加清晰。焦耳原始的气体自由膨胀实验相对比较粗糙，虽然还是用到他最擅长的测温度，不过为了对热量也进行测量，他不得不测量水温的升高（卡路里的定义），而气体的比热远小于液体、固体的比热，因此焦耳在实验的过程中测不到水温的改变是很自然的事情。这也是为什么焦耳的实验不能马上说服热质说支持者的原因。而在跟汤姆森的合作中，他们设计了一种更聪明的方法对热量进行测量。

有了焦耳的一系列工作，能量守恒就变成了很自然的事情。不过在最终给出能量守恒定律的准确表达前，我们仍然想说一说还未结束的"名词之争"，因对名词的"发明"和对具体物理规律的"发明"同样重要。只有确定了 energy（能量）、power（动力，功率）、heat（热）、force（力）和 living force（活力）等词具体的定义以及相关概念的内涵和外延，能量守恒定律才能算真正被建立。早在十九世纪初，托马斯·杨（Thomax Young）就已经开始使用能量（energy）这个词；而在焦耳之前，法国工程师彭赛列（Jean-Victor Poncelet）又提出了"功"（work）的概念。1850 年，在焦耳和汤姆森展开密切合作之前，德国的鲁道夫·尤利乌斯·埃马努埃尔·克劳修斯（Rudolf Julius Emanuel Clausius）提出了能量守恒的数学形式，除了没有提到"能量"这个词以外，克劳修斯所表述的形式已经非常接近现在教科书上我们所见到的表达了。克劳修斯考虑的是"无限小的过程"，他指出："气体在一个温度 $T$ 和体积 $V$ 所发生的变化中所取得的热量 $Q$，可以划分为两部分，其中之一为 $U$……$U$ 的性质和总热量一样，是 $V$ 和 $T$ 的一个函数值，因而根据其间发生变化的气体初态和终态就已经完全确定；另一部分则包括做外功所消耗的热，它除了和那两个极限状态有关外，还依赖于中间变化的全过程。"（郭奕玲、沈慧君《物理学史》）克劳修斯的表达写成数学的形式即为：$\delta Q = dU + A\delta W$。这里的 $\delta Q$ 代表总的热量的改变，$\delta W$ 表示的是体系的做功情况，参数 $A$ 表示的是热功当量，克劳修斯表述中的 $U$ 即为气体的"内能"。另外需要注意这里的微分表达，这里用 δ 表示一种特殊的与路径有关的微分，而用 d 表示克劳修斯所说的根据初态和终态就可以完全确定的全微分。在热和功的等价性被完全确定之后，热力学第一定律则可以表示为：$dU = \delta Q - \delta W$。

开尔文曾经在演讲中提到："学习自然科学中的任何科目，第一个基本步骤就是找到一些与该科目相关的物理量、探索对这些物理量进行数值估计和实验测量的基本原则。我常说，当你能测量你所说的事物、并能用数字表达它时，说明你对此事物的确有了些了解，但如果你无法测量它、无法以数字表达它时，这就说明你的所知仍然是贫乏和难以满意的：它可能是知识的开端，但你几乎没有从思想上将其上升到科学的层次，无论这个事物是什么。"开尔文站在了所有其他巨人的肩膀上，最终用"能量"这一名词表述了能量守恒定律。开尔文还用"势能"代替了"弹力"（1853 年），用"动能"代替了"活力"（1867 年），并且，开尔文还引入了"温度"的准确定义，在此基础上，开尔文温标被建立了起来——至此，"能量守恒"不再是某种知识的开端，而已经成为知识。

## 能量守恒定律的延伸

（A）对热力学函数的准确理解。

在对能量守恒定律有了一个基本认识之后，我们会希望推广我们的这种认识。在力学里，"功"被定义为力矢量和位移矢量的标量积（内积）。在热学问题里，一个经典的做功问题就是气体对活塞做功，例如在一定的压强下膨胀一定的体积，这时仍然可以把"压强"和"体积"放到力学的框架下来看——只是此时的"力"变成了"压强","位移"变成了"体积变化"。如果我们讨论电介质中的热现象，那么可能会涉及电容器充电所做的功，此时，一个直观的理解是"压强"对应于"电压"，而"体积变化"对应于电容"电荷量的改变"。注意对"做功"的方向约定，我们约定外力对物体所做的功总是正的，而物体对外界做的功总是负的。另一种特别的情形就是开放系统，这时的系统不但跟外界系统可以有做功和能量交换，还可能有物质的交换。例如在化学平衡中，如果我们希望增加产物的量，除了考虑增加压强外，还常常可能会增加反应物的量。此时，物质的量的改变显然也会改变系统的能量。与"压强"或者"电压"类似，我们可以定义某种"化学势"，它也可以被看成是某种"广义力"，而粒子数目的改变也可以被看成是某种"广义位移"。在这个例子中，"压强""电压""化学势"等强度量可以被看成是"广义力"，而"体积的改变""电荷的改变""粒子数的改变"等广延量可以被看成是"广义位移"[1]。

在通常的热力学中还有一个隐藏的"假定"，即"内能"是可加的。这看起来是很容易理解的，把一罐非理想气体用一块隔板分成两个子系统，那么这罐气体的总内能等于隔板两侧两个子系统的内能之和，这难道还有什么奇怪的吗？不过仔细考虑起来，将气体分成两部分之后，我们计算的两个子系统的内能之和忽略了分别处于两个子系统中的粒子之间的相互作用能量。假设气体一共只有两个分子，系统的总内能除了分子的动能之外应该还包括两个分子之间相互作用的能量，可如果这两个分子分别处于隔板两侧，在计算子系统的能量时，两个分子之间相互作用的能量就惨遭忽略了。这看起来似乎是一个严重的问题，因为在实际的例子中看起来我们似乎少计算了阿伏伽德罗常量（Avogadro constant）的平方次的相互作用。然而我们依然不为此担心，这是因为通常的热力学研究的是仅有短程相

---

[1] 凡性质与物质的量无关的称为"强度量"（intensive quantity），如温度，强度量不可以累加，例如物体 A 温度为 30℃，物体 B 温度为 40℃，我们不能将两个物体的温度加起来。与之相对的是"广延量"（extensive quantity），广延量通常与系统的质量、体积等量有关，广延量具有可加性，物体的质量和体积都是可以累加的。

互作用的体系，此时，被忽略掉的相互作用是非常有限的——更具体地说，在短程力的情况下，我们忽略的相互作用会与隔板的面积成正比，反之被我们记入子系统的相互作用则会与子系统的体积成正比。因为二者完全在不同的阶上，因此内能仍然是一个相当严格的广延量。

因为"功"被定义为力矢量和位移矢量的点乘，而"位移"只与初末位置有关，对"做功"的一种常见的误解就是认为做功只与初末状态有关。事实上，正如克劳修斯所说，做功是与具体的做功路径直接相关的，想象一下平时在科技新闻中常常提到的"手机挡子弹"，子弹的起点相同，终点也可能很接近，但子弹穿过手机这样一条"路径"却让子弹做了更多的功，最终剩余了更少的动能。当只有保守力（例如重力）做功时，功会仅依赖于初末状态，例如伽利略的 V 形导轨和惠更斯的单摆。然而有意思的是，系统的"内能"却是一个与路径无关的表达，也就是说，热力学第一定律可以有一个很有意思的推论：系统在绝热状态时（即吸收或者放出的能量等于 0），那么功将只取决于系统初始状态和结束状态的内能，而与过程无关。在这里，我们提到了大量"与路径有关／无关"的说法，在介绍克劳修斯的表达时我们强调了与之相应的"微分"的提法，这些都暗示了热力学本身不但是一个有着深厚物理学背景的学科，背后还隐藏着非常重要的几何形式。在有了热力学第二定律的基础之后，我们可以更好地讨论这些几何形式。

（B）伯努利原理与楞次定律。

能量守恒定律有很多重要的推论。我们的生活中有些现象看起来与能量守恒相违背，但仔细分析起来，就可以发现其中的破绽。例如一个来源于开尔文的经典的例子。看起来水在结冰的时候不但在放热，而且在对外界做功（因为体积膨胀），这似乎说明水的结冰可以作为一个永动机来使用。然而这种情况不可能发生，这就可以导出冰的熔点必定随压力增加而下降。开尔文对能量守恒定律的应用已入化境，例如他还用能量守恒定律分析了各种热电效应中系数之间的关系，并且提出了以他的名字命名的一种新的热电效应，这种效应被称为汤姆森效应（Thomson effect）。

我们此前提到，1738 年，丹尼尔·伯努利在他的流体力学著作中正确提出了对气体压强的理解，也正是在他的书中，提出了著名的伯努利原理。伯努利原理其实就是能量守恒定律的直接推论。当不可压缩的无黏性流体发生定常流动时，如果流体的速度增加（例如因为水管的截面积减小），即动能增加，则流体的压力与势能总和将减少。这个原理非常重要，因为这是飞机飞行的重要原理之一，飞机在飞行时，机翼上方的气流流速较大，因而机翼上方压力较小；其下方的流速较小，因而压力较大，这样，在机翼上产生了向上的升力。

另一个能量守恒定律的重要推论是楞次定律（Lenz law）。1834 年海因里希·楞次（Heinrich Friedrich Lenz）发现了这一定律，这个楞次的名字非常"德国"，但其实他是波罗的海德意志人，所以实际上要算是俄国人。这位俄国的楞次还在 1842 年独立于焦耳确定了电流与其所产生的热量的关系，因此焦耳定律也被称作"焦耳－楞次定律"。当然，说到这位俄国的楞次，最著名的工作就是对感生电动势方向的总结了，中学的时候，我们常常伸出右手，念念有词："感应电流具有这样的方向，即感应电流的磁场总要阻碍引起感应电流的磁通量的变化。"这一定律后来被德国的物理学家亥姆霍兹证明实际上就是电磁现象的能量守恒定律。

试想一下，如果感应电流产生的效果不是反抗引起感应电流的原因，那会出现怎样的效果？当往一个线圈里塞磁铁时，会发现越往深处变得越轻松——产生的感应电流对磁铁做功了，并且，与此同时，电流还在回路中产生了焦耳热。永动机也可以产生了，并且还是既能做功又能放热的双用永动机。显然这是不合理的，即使只是在插入磁铁时不感受到阻碍（不需要做功），也可以实现一个单用的永动机。在实验中，很明显可以测到电路中产生的焦耳热，这部分能量就是由机械力做功所造成的，在将磁铁插入（或拔出）线圈时，都必须克服斥力（或者引力）做功，正是这一部分的机械功转化为了电路里的焦耳热，楞次定律正是能量守恒定律的最佳实例。

我们在中学学到楞次定律时，还会很自然地想到惯性定律（牛顿第一定律）和勒夏特列原理（Le Chatelier's principle）。这些定律都给人某种印象——系统总有某种"懒得发生改变"的性质。仔细分析这些定律，则会发现一些不同：惯性定律是用于定义惯性系的一个基本定律，当然，这一定律与能量守恒定律毫不矛盾，不受任何外力的物体显然动能（和动量）是守恒的，当然会保持运动状态不变。勒夏特列原理是说：在化学平衡中，如果改变影响平衡的一个因素，平衡就向能够减弱这种改变的方向移动，以抗衡该改变。与之类似，可以考虑如果平衡不去减弱这种改变，会发生怎样的情况，例如在一个化学平衡中增大压强，那么反应还有可能会朝着增大压强的方向继续进行，这其实已经非常接近永动机了。当然，化学平衡如果要"不减弱"外来的这种改变，其实除了"增强"之外还可以是"不变"，而对于"不变"的这种情况，我们不能明确地说这已经违背了能量守恒定律。再来看一个例子：如果在一个化学平衡中，两种反应物可以跟一种产物相互转化，那么增加反应物，理论上反应会往有利于合成的方向移动，但如果勒夏特列原理被违背了：一种情况，反应朝着"增加反应物"的方向进行，这实在太奇怪了，越是增加反应物，得到的产物就会越少——要是这样，"顺势疗法"就特别科学了（顺势疗法是一种相信"药物"浓度越低越能发挥药效的伪科学）；另一种情况，反应不朝着增加反应物的方向进行，但也不朝着减少反应物的方向进行，即不管怎么增加反应物，反应物的量始终不变，此时的确有越来越多的生成物正在产生，即不管往这个体系里新加入了多少反应物，它们总能百分百地全部变成产物。凭借能量守恒定律给我们的直觉，恐怕很难马上反驳这样一种情况，虽然会觉得这有些不合理。这说明仅仅有能量守恒定律恐怕还不太够。能量守恒给出了世界运作中的某种基本限制，但绝对不是全部的限制。化学反应除了能量给出的限制之外，还存在着反应的"限度"。这或许会有些难以想象，在我们的直观中，当我们朝着天空扔一个小球，小球在运动轨迹的最高点时，所有的动能"全部"都转换为了势能。但从勒夏特列原理的例子，我们可以看到，某些转换不是能"全部"转换的。在本节的最后，我们希望强调这一点：能量守恒定律指出能量的各种形式可以互相转换，但这并不代表这种转换总是可以无条件、无限度地进行，这种能量转换或者化学反应的"限度"问题暗示着热力学第二定律的重要性。

## 诺特定理：
## 对称性与守恒定律

能量守恒定律到了二十世纪又有了新的面貌。一位女士彻底改变了我们对能量守恒定律的粗浅理解，她是艾米·诺特（Emmy Noether），一位伟大的数学家。由她提出的诺特定理加深了我们对各种各样的守恒定律的理解。诺特于 1907 年取得博士学位，1915 年，戴维·希尔伯特（David Hilbert）和菲立克斯·克莱因（Felix Klein）邀请诺特访问哥廷根大学。他们希望把诺特留下来从事教学和研究工作，然而在二十世纪初那样的年代，希尔伯特的强力推荐也并没有什么用，人们对女性的歧视仍然是根深蒂固的。希尔伯特因此在学术评议会上抨击反对者："我看不出候选人的性别会对她申请讲师职位有何影响，说到底，大学又不是澡堂。（I do not see that the sex of the candidate is an argument against her admission as privatdozent. After all，we are a university，not a bath house.）"当然，希尔伯特是有变通的方法的——我们都知道"希尔伯特旅馆"的故事，希尔伯特用"旅馆"的故事来解释自然数和有理数的可列性，只要每个用自然数编号的房客都搬到其编号下一个的房间，那么新来的旅客就有了空房间——因此希尔伯特很容易想到了变通的方法，他通常用自己的名义开课，然后叫诺特去代课。

　　诺特在哥廷根期间（1915 年）证明了伟大的诺特定理，这一定理在 1918 年发表。此后一年，诺特终于获得了哥廷根大学的职位。一方面因为她这一伟大的工作，更重要的一方面是第一次世界大战之后德国的十一月革命，此时，德意志帝国威廉二世政权被推翻，魏玛共和国是德国历史上第一次走向共和的尝试，在《魏玛宪法》中，第十七条指出："各邦须有自由邦之宪法，其人民代表应以有德国国籍之人民，不分男女，依照比例选举之原则，用普遍、平等、直接、秘密选举方法选出之。各邦政府应得人民代表之信任。人民代表之选举章程得适用于地方团体选举。但各邦法律得以居住本地方一年以上为条件，以限制选举权。"这里已经明确提出了男女平等的选举制度，女性地位相应也得到了提高。然而遗憾的是，魏玛共和国好景不长，1933 年，希特勒的纳粹党政府就已经彻底破坏了魏玛共和国的民主制度。而诺特的处境更加危险，她是一个犹太人，最终被迫在 1933 年逃离纳粹德国，在美国继续从事研究直至去世（1935 年）。诺特去世之后，爱因斯坦在《纽约时报》上发表了悼念诺特的文章，文中说："诺特女士是自妇女开始受到高等教育以来有过的最杰出的富有创造性的数学天才。在最有天赋的数学家辛勤研究了几个世纪的代数学领域中，她发现了一套方法，当前一代年轻数学家的成长已经证明了这套方法的巨大意义。通过这种方法，纯粹数学成为逻辑思想的诗篇，人们寻找最一般的运算概念，它将给涉及形式关系的尽可能广泛的领域以一种简单的、逻辑的、统一的形式。在努力达到这种逻辑美的过程中，你会发现精神的法则对于更深入地了解自然规律是必须的。"

　　诺特定理揭示了"对称性"和"守恒律"之间的对应关系。例如我们可以考虑"时间平移"这样一种"对称操作"，如果系统在时间平移后保持不变，那么就说明在这样一个系统中，物理规律不因时间的改变发生变化。诺特定理告诉我们，在分析力学的框架下，"时间平移不变性"对应于"能量守恒"，也即，只要物理规律可以不随时间改变，那么这样的体系中会有守恒的能量。怎样直观理解这种对应？[1]假如重力的强度会随时间发生改变，那么我们就可以选择在重力弱的时候抽水储存能量，然后选择重力强的时刻开闸放水发电——这看起来是一个有金融行业套利（arbitrage）经验的水电站——因为重力在我们发电的时候更强，因此发出的电能要比我们抽水时所做的功更多，这样就得到了比我们开始输入的能量更多的能量，永动机也就可以实现了——显然这是不可能的事情。

诺特定理用较为抽象的数学形式揭示了深刻而普适的物理本质，它可以指导物理学家在看似复杂的各种实际问题中找到一些守恒定律。正如爱因斯坦所说，这种始于诺特的"精神的法则"对后来的物理学发展有着重要的意义。诺特定理有很多重要的推论：除了前面提到的由时间平移不变性而可以导出的能量（准确地说是哈密顿量）守恒，对物理系统对于空间平移的不变性，诺特定理可以给出动量守恒定律；而对于转动的不变性，诺特定理可以给出角动量守恒定律。诺特定理还可以告诉我们能量何时将不再守恒，以宇宙为例，宇宙处在不断的膨胀中，显然不具有时间平移对称性，因而，对宇宙而言，不能恰当地定义出总能量这个概念。

那么问题来了，诺特定理能够导出各种守恒定律，是否说明诺特定理应该是更基本的某种定理呢？更具体的，是否我们可以把"能量守恒定律"改称为"能量守恒定理"呢？把能量守恒看成某种定理，这与亥姆霍兹式的机械论观点非常一致，在这种机械论的视角下，所有的物理学现象都用力学的方式来描述[2]，在平直的时空下，封闭系统的能量守恒确实是可以"证明"的。但我们想说的是，完整意义上的"能量守恒定律"仍然不能用"定理"来替代。因为"能量守恒"

---

[1]　关于这一问题，还可以参考知乎上"能量守恒定律可以用数学证明吗？可以的话如何证明？"等讨论。

[2]　机械论（mechanism）跟力学（mechanics）两个词本来就是有联系的。

图 5– 物理规律一旦随时间改变，能量将变得不再守恒

比用力学方式描述运动更简单，当迈尔在考虑人体体温维持的问题时，他并不知道新陈代谢的生物化学；面对各种各样的复杂系统，仅仅对其动力学进行"观测"，很难准确分析出系统中的非线性相互作用，更难以对系统与环境的信息和能量交换进行估计；当我们制备了一种新的材料时，写出哈密顿量和验证各类对称性都非常困难——但在这些具体的问题中，"能量守恒"作为一个"定律"依然可以应用。也就是说，在面对具体的问题时，即使不把各种自然现象都简化为力，即使我们对粒子间的相互作用所知甚少，即使两个系统之间有复杂的能量、信息和物质交换，我们会依然相信能量守恒成立，而能量守恒也非常给我们面子，在各个时间和空间尺度下，我们也总能验证其成立。

所谓的"验证"主要指的是实验验证，因为假如我们对系统演化的基本规律仍然所知甚少，我们将很难对其进行计算模拟，与之相对，当我们对系统已经有了一些知识（虽然未必完整），我们可以尝试对系统进行模拟，在模拟中我们关注的重点并不是"验证能量守恒"，而是在计算中把能量守恒作为前提性的假定，进而讨论系统演化中的其他问题。假如我们用牛顿力学来对系统进行模拟，我们在每个模拟中的时刻需要计算粒子所受的力，然后根据力计算出速度和相应的位移，而在计算中，总是难以避免地产生各种误差。这些误差在模拟的轨迹中可能会不断累积，最终造成巨大的错误，尽管我们可以不断提高模拟的精度并尝试采用更高阶的迭代方法，这种模拟依然会有问题。因为从本质上来说，这种模拟破坏了系统能量守恒的特征。二十世纪八十年代末，中国的数学家冯康发现，只有哈密顿力学体系（这是拉格朗日力学、牛顿力学之外的另一种分析力学体系）才是能够在计算中恰当保持能量守恒的最适当的力学体系，因为"辛几何（symplectic geometry）"是哈密顿体系的数学基础。因此，冯康提出并发展了求解哈密顿型方程的辛几何算法，这一方法在现在的模拟中非常重要，因为它可以在长时间的模拟中依然保持能量守恒的性质。换句话说，假如我们希望在计算机中用程序重新建构一个世界，那么这个程序也必须遵守"基本法"——哈密顿力学，相应地，其所采用的算法也必须保持哈密顿系统辛结构才行。

　　诺特定理指出了对称性跟守恒律之间的关系。我们现在来看一个例子，假如粒子在空间中出现平移对称性，例如粒子出现在空间中 $a$、$2a$、$3a$……等格点上，这时我们会说这些粒子构成了"晶体"。我们在中学教科书中也见过 NaCl（面心立方）、CsCl（体心立方）、金刚石（金刚石格子）等晶体的结构示意，这些晶体中原子（或离子）的排布就是周期性的，并且这些晶体可以在空间中稳定存在。然而通过诺特定理，我们还知道了时间的平移对称性——与此类似，我们会产生某种联想，如果某些事件重复发生，我们应该可以构造出某种"时间晶体"。在宏观世界里，我们也见过"时间晶体"，钟表的指针、每天准时的班车、生物体内的生物钟等等，但这些时间晶体有一个问题，它们并不能在空间中稳定存在，因为不管是钟表的运转、汽车的运动还是生物的代谢都是需要消耗能量的，如果没有这些从外界输入系统的能量，这些所谓的"时间晶体"并不能稳定存在——就像我们在海滩上用沙子做了一个精美的雕塑，这个沙雕是高度有序的，但如果没有人力长期维持这一沙雕，它就不能稳定存在。那么问题来了，是否有可能构造出某种稳定存在的"时间晶体"呢？

　　有的读者马上会想到"永动机"，但根据能量守恒定律，永动机并不可能存在，可这并不能排除存在时间晶体的可能性。假如有一个系统，当它周期运动时的能量比静止时还要低——即存在一个运动的"基态"，那么这种情形下稳定存在的"时间晶体"就有可能存在了。这看起来有些奇怪，运动的物体怎么会比静止的物体能量更低呢？一个简单的理解是，考虑量子力学的坐标-动量不确定关系（测不准关系），静止的物体具有最小的坐标不确定度，此时动量的不确定度最大，相应粒子的能量就可能会很大。当然，"时间晶体"所要求的要更困难些，因为要求在时间维度上重复出现，因此不是简单"运动"就可以的，必须构造出某种周期性的运动，这种运动意味着某种方向选择，因而是一种对称性的破缺，即我们需要一个对称破缺的基态。诺贝尔物理学奖获得者弗兰克·维尔切克在 2012 年首先提出了时间晶体这样的概念。他最初的构想中，在一个超导体中流动的电子流就可以被视为这种时间晶体，这并不违背能量守恒定律：超导体的电阻为零，没有能量损耗。"时间晶体"的概念自提出就备受争议，对此也有很多批评意见。近年来，科学家们提出了新的实验构想，如果这些构想真的实现，那么就有可能真的实现"时间晶体"：在极低温（1μK）的情况下，将钙离子用离子阱限制在一个环内，让这些离子排成周期边界的晶体，给这个晶体加一个磁场，离子将会在离子阱内不断旋转，这样就可以得到一个时间晶体。或者更准确地说，这是一个时空晶体（space-time crystal），因为离子的自旋不仅在时间上具有周期性，在空间上也早已经排成了晶体。

## 奇迹年的爱因斯坦

二十世纪物理学的两个最重要的成就就是相对论和量子力学的提出。这两个理论彻底改变了物理学的基本面貌，也改变了人类认识世界的视角。在这些新的视角下，重新检视人类的日常经验，反思各种已经被当作是常识的物理学定律是非常有益的。本章的最后两节将主要从相对论和量子力学的视角重新思考能量守恒的有关问题。

关于爱因斯坦的生平，不必再做更多的介绍。1905 年，他向苏黎世大学提交论文《分子大小的新测定法》，取得博士学位。这一年，除了其博士论文外，26 岁的爱因斯坦有四篇文章发表在当时国际物理学界声望最高的《物理学年鉴》（*Annalen der Physik*）上。这一年后来被称为科学史上的"奇迹年"，倒不是因为一年在顶级期刊上发表四篇文章是一件多牛 × 的事情，而是因为爱因斯坦并不是大水人——同年发表的这四篇文章几乎都开创了各自的新方向，在这些方向上，爱因斯坦的工作都对此后的研究产生了深远的影响。爱因斯坦在"奇迹年"发表的四篇论文分别是：

1. 《关于光的产生和转化的一个探索性观点》（*On a Heuristic Viewpoint Concerning the Production and Transformation of Light*）：6 月 9 日发表，这篇文章讨论了光电效应（Photoelectric Effect），爱因斯坦指出能量的交换是仅能为离散的数值，这些离散的数值也就是后来量子理论的前身，爱因斯坦后来因为光电效应的有关研究获得了 1921 年诺贝尔物理学奖；

2. 《关于热的分子运动论所要求的静止液体中悬浮微粒的运动》（*On the Motion of Small Particles Suspended in a Stationary Liquid，as Required by the Molecular Kinetic Theory of Heat*）：7 月 18 日发表，这是统计物理学的一个重要的应用，而在当时，它更重要的意义在于证明了原子的存在性；

3. 《论运动物体的电动力学》（*On the Electrodynamics of Moving Bodies*）：9 月 26 日发表，这是在麦克斯韦方程组的基础上提出了一种新的时空观，光速在任何的参考系中保持不变，爱因斯坦提出的这一理论即为"狭义相对论"，狭义相对论彻底否定了"以太"的存在；

4. 《物体的惯性与其所含能量有关吗？》（*Does the Inertia of a Body Depend Upon Its Energy Content?*）：11 月 21 日发表，这建立在狭义相对论基础上，表明质量和能量可以相互转换，是后来人类利用核能的理论基础，文中有一个或许是史上最著名的物理学方程式：$E=mc^2$。

爱因斯坦的这几篇文章各自有其独特而深入的思考，这里，我们仅从本章所讨论的核心主题"能量守恒"这一角度，重新审视爱因斯坦的这些工作。

（A）光电效应——做功还是热传递？

"光电效应"是指光照射在金属表面时导致金属发射出电子的一种物理现象。

这种现象很难用经典的电磁学理论来进行预测，因为在经典的框架下，电子必须吸收累积足够多的来自于入射光的能量才能逃逸金属表面。因此，当入射光的强度减弱时，电子的发射很可能会需要更长的时间。但是，实际的实验结果却表明：电子的发射只需要经过非常微小的时间间隔，在当时的测量精度下，几乎可以认为是"瞬时"的发射。此外，实验中还观察到，不论入射光的强度怎样，只有当光的频率超过某一截止频率时才会发生电子的发射，而根据经典的电磁理论，不应该存在这样一个"极限频率"。

在爱因斯坦的工作之后，我们终于可以非常清楚地理解光电效应。被入射光照射到的电子可以吸收"光子"的能量（光子的能量跟光的频率成正比）。这里的"光子"更像粒子，而不是电磁波。爱因斯坦的这种观点后来被路易·维克多·德布罗意发展为"波粒二象性"，这一概念的提出为后来量子力学的发展奠定了基础。

爱因斯坦对光电效应的解释中还蕴含了一个能量守恒的关系：金属中的电子对光子的吸收是一种"全或无"式的吸收，如果电子所吸收的能量足够克服"逸出功"，那么电子就有可能逃逸金属表面，如果在克服逸出功之后电子还有剩余的能量，则这部分剩余能量会成为发射电子的动能。

光的入射对传统的能量守恒定律是一个不大不小的挑战。一个有意思的问题就是：在光电效应等类似的物理学现象中，光的入射对电子而言到底是在进行"做功"还是进行"热传递"。电子获得了动能，显然是被"加热"了。我们已经提到，热的传递有三种方式：热传导、热对流和热辐射。在光电效应的过程中，"光"是一种电磁波，而电子最后被加热，这很容易让我们想到，这应该是一种"热辐射"，例如冬天我们常用的红外线暖炉就是通过辐射来传热的。但似乎又有些奇怪，假如我们非常省电地不打开暖炉，通常人体的温度会高于暖炉的温度，此时我们人体自己也会发射出红外线（想想非典时期在公共场所测量体温的红外线测温仪），很显然地，在热辐射的框架下，只要人的温度高于暖炉，人是可以把自己的热通过热辐射传导到电暖炉的。然而在光电效应的情况下却不是如此，光电效应的发生与温差毫无关系，只与入射光的能量（频率）和金属材料的特性有关，因此光的吸收不能被看作是一种热辐射，看成一种特殊的"做功"要更合适些。更有意思的生活实例是微波炉的工作原理，读者可以思考微波炉加热物体是在"做功"还是"热传递"。（彭笑刚《物理化学讲义》）

（B）布朗运动——从"生命力"到分子运动论的定量实验

爱因斯坦的第二篇文章讨论的是布朗运动的问题。我们首先对布朗运动的问题作一个简单的回顾。罗伯特·布朗（Robert Brown）是一位英国植物学家，除了以他名字命名的这种运动之外，他还发现了植物细胞的细胞核，并且第一个为"细胞核"命名。1827 年，布朗发表了关于布朗运动的文章。布朗这样描述这种无规则运动："它们的运动，不但是在液体中的位置发生变化，明显地改变了相互间的相对位置，而且经常改变粒子的形状。反复地观察这些运动后可以说，产生运动的原因不是液体的流动，也不是缓慢的蒸发，而是粒子本身。"作为一个植物学家，布朗还用了枯萎植物、植物标本的花粉，甚至是一百多年前的花粉继续做实验，结果都看到了同样的运动。然而在布朗的年代，他显然很难准确认识到"热运动"，他将这一切归功于有机体本身的活力，于是惊呼："植物死后这些分子保留生命力之长出乎意料。"然而，布朗的实验却大有可疑之处。因为用通常的花粉几乎无法观测到布朗运动。通常花粉的直径大约在几十微米，而水分子的直径则约为 0.3 纳米，两者相差了十万倍，这种巨大的大小差异大致相当于比 PM10 粒子稍大的粉尘颗粒撞击人类。日本国立教育研究所物理研究室长板仓圣宣在 1970 年参与制作教学片时，实际拍摄了漂浮在水中的花粉，发现花粉完全没有布朗运动。事实上，在布朗的原稿中，他描述的并非是"花粉"，而是 "Tiny particles from the pollen grains of flowers."即从花粉中迸出的微小粒子。

　　需要强调的是，爱因斯坦对布朗运动的研究并非是重新发现了一个几十年前的老问题，而是建立在大量其他人的实验观察基础上的。在爱因斯坦的工作之前，大气物理、地球物理学家埃克斯纳（Felix Maria von Exner-Ewarten）长期关注河流中的沉积物，他用很多种悬浊液在不同温度下进行了实验，证实了微粒的速度随粒度增大而降低，随温度升高而增加。而在物理学界，也早已经有人指出布朗运动是液体分子撞击微粒的结果，这些讨论说明科学界此时已经普遍对布朗本人对花粉"生命力"的解释感到不满意了。爱因斯坦工作的意义在于提出更加切实有力的证据，证明原子、分子的真实存在，并借用布朗运动这一工具，对更微观的世界展开了更深一步的探测。因此，爱因斯坦指出，只要能实际观测到这种运动和预期的规律性——并且他已经提供了相关测量所必要的理论基础——精确测定原子的大小就成为可能了。法国科学家让·巴蒂斯特·佩兰（法语：Jean Baptiste Perrin）沿着爱因斯坦所指明的方向做了一系列实验，证实了爱因斯坦的预测，他本人因此实验和他在物质的不连续结构方面的工作获得了 1926 年的诺贝尔奖。

## （C）狭义相对论——从能量到四维动量

　　接触狭义相对论的初学者常常真正感觉困难的点是爱因斯坦切入问题的角度，爱因斯坦从小时候起就常常想象当运动的速度接近光速时，人的眼前会看到怎样的一切——这个问题在我们的想象中还有些难度，未受过训练时，我们的直观难以想象超越常识的情景。这里，我们给出另一个引出狭义相对论的角度。我们在中学的时候都学过电磁场和电磁波的有关知识，知道运动的电场会产生磁场，而运动的磁场也会产生电场。当然，我们更熟悉的是静电场和静磁场，当电场磁场是"静"的时，我们不妨自己动起来观察这一电磁场。当我们静止时，此时在一个磁场中有一个速度为 $v$ 的粒子正受到洛伦兹力在做半径为 $r$ 的圆周运动，这时我们思考这样一个问题——当我们以速度 $u$ 运动的时候，会观察到该粒子怎样的运动呢？当 $v$ 跟 $u$ 的大小相同的时候，在牛顿的时空观下，似乎我们可以找到跟该粒子相对静止的情形，难道此时就无法观察到粒子的运动了吗？显然不是的，在运动的观察者眼中，此时的磁场就不再是"静"的了，而是动的，因此他观察到的粒子运动应该既包括在电场中的运动，也包括在磁场中的运动。这个例子说明电磁场在运动中同样需要经过某些变换，因为电磁波的传播速度是光速，因此我们不得不考虑光速在运动的坐标系下到底会发生些什么。

1904 年，洛伦兹（也就是发现了洛伦兹力的洛伦兹）在爱因斯坦之前提出了洛伦兹变换，使得描述电磁场的麦克斯韦方程组从一个惯性系变换到另一个惯性系时能够保持不变。洛伦兹在 1902 年就因为塞曼效应的研究获得了诺贝尔奖，是爱因斯坦的前辈了，在他提出这一变换之后，数学家亨利·庞加莱（Jules Henri Poincaré）猜测洛伦兹变换和时空性质有关。庞加莱对纯数学各领域都有极其深入的研究，也能敏锐地发现物理问题，他在《科学与假设》（1902 年）中提到没有绝对的时间和空间："不仅我们对两个持续时间段相等没有直接的直觉，我们甚至对发生在不同地点的两个事件的同时性也没有直接的直觉。"

根据狭义相对论，尽管存在着一个不变的时空间隔，但时间和空间这二者本身已经不再是绝对的。相对论的另一个推论就是，物体的质量会随着物体运动速度的增大而增加。不过问题也就来了，如果物体的质量不是绝对不变的，是随着物体的运动而发生变化，那么能量怎么办？难道能量就变成不守恒的了吗？事实上，我们上一节中介绍的诺特定理依然成立，只是在狭义相对论的框架下，原先牛顿时空观下时间独立于空间存在的局面已经不存在了。在狭义相对论中，动量和能量被推广为"四维动量"，或者叫"能量 – 动量四维矢量"。在狭义相对论中，时间作为空间的一个特殊维度，而能量又作为动量的一个特殊维度，这样一个"四维动量"是一个洛伦兹不变量。在洛伦兹变换下，四维动量的范数（norm）即为物体的静止质量，它是一个洛伦兹标量。因此，在狭义相对论中，不是能量守恒和动量守恒被推翻了，而是得到了更高性质的统一。传统意义上的三维动量本身依然是守恒的，其次，总能量依然是守恒的。

（D）E=mc² ——能量与物质概念的统一

我们在第一章讨论质量的起源问题时，就已经见到过爱因斯坦所提出的这个最著名的物理公式：$E=mc^2$。构成原子核的核子（质子和中子）在结合形成原子核时会出现在化学反应中从来不会出现的"质量不守恒"的情况：总的原子核的质量要比组成原子核的质子和中子的质量之和略小一些。当出现了这种质量的亏损时，不难意识到，这一过程可能释放出巨大的能量。这一能量被定义为原子核的结合能。如果考虑与此相反的过程，把稳定的原子核拆成核子，则需要从外界吸收巨大能量才行。核子的平均结合能的大小可以作为刻画原子核的稳定性参数。至此，各种各样的核反应中的能量变化（结合能）也就可以得到合理的解释了。不管是重核的裂变（fission）还是轻核的聚变（fusion），核反应中释放的能量总是等于质量的亏损。这时候我们再回想本章开头时提到的达·芬奇的那句话，研究永动机，的确不如去研究炼金术，能量守恒依然被保持了，反而是化学元素的改变（炼金术）通过核反应的发生而在理论上变得可行了。

在爱因斯坦给出质能关系的同时，当时的世界正处在剧烈的变动之中，$E=mc^2$ 这样一个公式影响了人类在二十世纪后半叶的历史。第二次世界大战前夕，爱因斯坦写信给罗斯福，提到纳粹德国研发原子弹的可能威胁，事实上也的确如此，德国科学家奥托·哈恩（Otto Hahn）等人最早发现了核裂变（1938年），这一发现揭示了利用核能和制造核武器的可能性。在收到了爱因斯坦的来信后，美国因此开启了后来的曼哈顿计划，而后来发生在广岛和长崎的故事是我们所熟知的。著名的物理学家沃纳·卡尔·海森堡（德文：Werner Karl

Heisenberg）曾是纳粹德国的核武器领导人。然而，纳粹德国在海森堡的领导下却一直没有制造出核武器，这与资金投入等物质条件方面的准备有关，另一方面也与德国战争期间巨大的人才流失有关。海森堡本人在战后曾称这是他与纳粹德国的体制抵抗的结果，但这种说法通常不被历史学家所采信。1941年，海森堡前往哥本哈根与玻尔会面，他们之间聊了什么我们不得而知（这种"不确定性"启发了弗莱恩（Michael Frayn）写作著名的《哥本哈根》），但此后两人关系决裂。尽管海森堡本人对纳粹的态度暧昧不清，但在战争结束之后，海森堡对核武器的反思却是深刻的。海森堡本人在《科学的责任》中提到："如果我们能考虑到发生在集中营中的一切[1]，我认为我们谁都不会真的去反对它。毫不怀疑，在欧洲战争结束之后，许多美国的物理学家曾经劝告人们不要去使用这种可怕的武器。但是那时，他们拥有决定性的发言权的时间并不长。在这方面，我们也不必认真地去批评他们，因为我们中有哪一位能为了上述原因阻止我们的政府去犯罪呢？我们不知道这些罪行的详尽程度，并不构成求得谅解的理由，因为我们本来就应该尽最大的努力去揭发它……我不知道'谴责'这个词用在这一意义上是否适当。我仅仅感到在这一特殊方面我们碰巧比大西洋那边的我们的朋友更幸运些。"

核武器是人类有史以来所发明的威力最强大的武器，自其诞生后，"全面核战争"的阴影就笼罩在地球上。爱因斯坦（1947年）曾经有一句名言："我不知道第三次世界大战将要使用什么武器，但是第四次世界大战将会用木棍和石头开战。"爱因斯坦在去世前与英国哲学家罗素共同签署了《罗素－爱因斯坦宣言》，强调核武器的危险性，呼吁各国通过和平方式解决冲突。不过有趣的是，战后博弈论迅

---

[1]　根据阎京生的《通往原子弹之路——人类历史上第一批原子弹的故事》的考证："在战时另外一次去荷兰莱顿大学的访问中，海森堡还向荷兰物理学家卡西米尔说他知道集中营的情况，也知道德国对占领地区的掠夺，但他'还是希望德国能够统治下去'，因为'民主制度不能发挥足够的能量来管理欧洲，因此只有两种可能：德国和苏联'。"

速发展，美国和苏联都意识到了这一数学理论在战略方面的价值，冷战时期，托马斯·谢林（我们在第一章中介绍过他提出的种族隔离的谢林模型）向艾森豪威尔政府指出，核武器仅可作为威慑性武器。由于核大国都拥有核武器，并不断进行军备竞赛，这反而形成了"恐怖平衡"，维持着世界的和平。

## 反物质：
## 时间中的逆行者

相对论在跟量子力学结合之后，会产生出更有意思的"能量问题"。狄拉克是一位极具想象力的物理学家，他曾经给出了薛定谔方程的相对论版本，并让这个方程满足了概率方面的一些要求，不过，在这一修改之后，粒子的能量竟然可以取到负值。狄拉克对"负能量"进行了这样的解释：真空中并非是真的空无一物，而是充满了无限多的具有负能量的粒子，这些粒子是负能量的海洋——我们现在称之为"狄拉克海"（Dirac sea）。假设现在向真空中发射能量，当能量足够强时，就有可能把狄拉克海中的粒子激发到正能量的状态。这样，在负能量的海洋里就出现了一个"空穴"，这样的空穴就已经不再具有负能量，而是具有正能量了——这种在狄拉克海中的空穴就是传说中的"反物质"（antimatter）（需要指出的是，狄拉克对反物质的解释是有局限性的）。反物质带有"正能量"就意味着当其跟物质相遇而湮灭时，会放出双倍于物质质量的能量。反物质粒子与其所对应的物质粒子的质量、寿命、自旋相等，然而其电荷却恰好相反。因此有意思的是，"正电子"（Positron）因为带正电，所以是反物质粒子。1932 年，卡尔·戴维·安德森（Carl David Anderson）在宇宙射线中发现了正电子，验证了狄拉克的猜测。

　　狄拉克的负能海理论中，能量守恒依然是保持的，理论上来说，激发一个能量为 $E$ 的反粒子的产生需要 $2E$ 的能量，而在该反粒子和粒子湮灭之后，会释放出 $2E$ 的能量。一切看起来都很和谐，不过还有一个致命的问题，对于电子这样的费米子，因为泡利不相容原理，无尽的负能海确实有可能充满着粒子，然而对玻色子而言，它们不存在泡利不相容原理，因此会自动地往最低能量状态上去填充，因此负能海是不能解释玻色子的反物质的。今天，物理学家从另外的角度来理解反物质，因为对狄拉克方程来说，如果我们在将时间的方向进行逆转的同时，还进行电荷共轭操作（即将电子的蒂电荷由负电荷改为正电荷），方程依然可以成立，费曼最先意识到了这一点，因此，沿着时间轴顺着走的电子，等同于一个沿着时间轴倒着走的反电子，这其实也反映出某种"对称性"[1]。在现代的量子场论中，不管是正物质粒子还是反物质粒子都被看成是实际存在的粒子，只是把时间的方向反过来，例如在费曼图上，我们用与时间方向相同的箭头代表正费米子，与时间方向相反的箭头表示反费米子。

　　这种"沿着时间倒着走"的性质或许会让读者想到"时间的倒流"。一旦时间倒流，可能会发生很可怕的事情。我们将看到因果律（causality）的破坏，即先看到事情发生的结果，然后才能看到事情发生的原因。但反物质的"时光倒流"并不会违背因果律——有趣的是，反而一旦缺少了反物质，洛仑兹对称性会被打破，相对论和因果律都会被破坏。费曼本人因而提出了一个浪漫而著名的说法（这个想法源自费曼的导师惠勒），提供另一种理解宇宙的有趣思路。在费曼的这种"单电子宇宙"的假说中，整个宇宙本来就只有一个电子，我们所见到的物质（也包括反物质）世界不过都是这个电子，它从大爆炸开始，沿着时间轴正向前进，而直到宇宙末日，又沿着时间轴逆转回去，作为反物质在时间里逆行直至宇宙诞生

---

[1] 这种对称性被称为"CPT 对称"。它是指，对于任意的物理规律，在电荷（C，Charge）、宇称（P，Parity）和时间（T，time）一起反号时，物理规律在变换后保持不变。

之初，这样一个电子永远无休止地循环运动下去，达到了时间和空间的每一个角落，因此在我们看来有了世间万物。

今天，在实验室中，物理学家不但可以制备"正电子"，还可以得到反氢原子等反物质原子。虽然从理论上来说，激发一个反粒子只需要其本身两倍的能量，但并没有这么简单省力的激发方法——如果反物质粒子真的太容易被激发，我们现在的世界也不会存在了。在实验室中，通常用巨大的加速器将质子加速轰击目标，从而得到许多亚原子"残骸"，再通过磁场将其中产生的反物质小心地分离出来，由于反物质会与正物质发生湮灭，因此需要被封闭在磁场中，防止其触碰容器壁。这样一个轰击过程需要比反物质的质量本身大得多的能量，因此即使是一点点的反物质，其制备也需要耗费巨大的能量，因此反物质也是世界上最为昂贵的物质。总之，爱因斯坦的质能关系揭示了能量和质量之间相互转化的关系，这一关系既暗示了隐藏在物质中的巨大能量，也暗示了通过能量可以激发出物质的事实，统一了"能量"和"物质"这样两种直观上看起来完全不同的描述。

## 暗物质：
## 看不见的物质

"暗物质"（dark matter）是一种看不见的物质。当物体之间存在电磁相互作用时，我们总可以通过电磁波来探测这种相互作用，例如我们的"观察"就是通过"光"这样一种特殊的电磁波来进行的。如果存在着某种物质，它们之间不存在电磁相互作用，我们就不能用电磁波来探测这样的物质，通俗一点来说，就是我们"看不到"这样的物质。这种看不见的物质即为暗物质。

　　暗物质并不是一种"黑暗"的物质，如果因为颜色漆黑，物体会不断吸收外界的辐射，我们也有用电磁波探测它的方法。所以准确地说，暗物质是一种看不见的物质，它更像是物质世界的"小透明"。可这种看不见的小透明，为什么物理学家知道它们还在那儿呢？这是因为引力的作用。天文学家薇拉·鲁宾（Vera Rubin）最早观察到了暗物质存在的证据。值得一提的是，她曾经因为女性的身份而被普林斯顿大学的研究生院拒绝入学，后来在乔治城大学获得博士学位并留校工作。二十世纪六十年代时，薇拉和她的团队对仙女座中的恒星们绕着星系中心的运行速度（线速度）进行了测量，测量的结果却匪夷所思。理论上来说，根据能量守恒定律，越是靠近星系的中心，重力势能转化为动能，恒星的运行速度应该越快（更准确的估算应该按照空间物质密度分布情况来进行），可薇拉等人的实验结果却表明，对星系中的恒星而言，随着距星系中心的距离增加，其线速度几乎不变。薇拉等人后来还观测了大量其他星系中恒星的运动，结果都非常类似。这种奇怪的结果说明要不是引力出现了问题，要不就是在空间中还存在大量具有质量但"看不见"的暗物质。

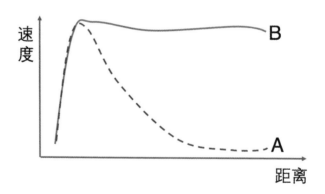

图 6– 星系的自转曲线示意图
（A）曲线为没有暗物质存在情况下的自转曲线，理论上距离星系中心越远，旋转速度越慢
（B）实际观测曲线，暗物质的存在可以解释为何恒星在旋转中，随着距星系中心的距离增加，其旋转速度几乎不变

我们在第一章中就介绍了引力透镜的概念。根据爱因斯坦的广义相对论，光线在引力场中会发生弯曲，这告诉我们，虽然我们无法用光来直接探测这样的"暗物质"，但"暗物质"在光上留下了"犯罪"的证据，它可以让光发生弯曲。引力透镜可以让我们有机会测量星系中所有物质的质量，我们再去掉那些我们能看见的物质的质量，就可以知道宇宙中的暗物质分布了。事实上，对大部分星系来说，虽然在星系的中心聚集着大量可见的恒星，但引力透镜实际的效果却几乎都是暗物质的功劳。

物理学家目前仍然不清楚暗物质到底是由怎样的粒子所构成的。一种观点认为，暗物质就是那些晕族大质量致密天体（MACHOs: MAssive Compact Halo Objects），这些致密的天体跟我们熟悉的物质世界没有什么组成成分上的差别，MACHOs 可能是黑洞、中子星、褐矮星甚至大质量的孤立行星等，但更多的观测表明这样的解释是非常不充分的，这类物质不足以解释多余的质量。因此，物理学家们转而开始关注与我们常见的普通物质的构成不同的那些物质。理论上预言存在着这样一种大质量弱相互作用粒子（WIMP: Weakly Interacting Massive Particle），顾名思义，WIMP 的质量较大，不但可能有引力的相互作用，还具有弱相互作用。很多物理学家认为，WIMP 就存在于我们周围，只是从来没有被我们探测到过。

如果暗物质就在我们周围，它会对我们的世界产生怎样的影响？哈佛大学的丽沙·兰德尔（Lisa Randall）在她的《暗物质与恐龙》（*Dark Matter and the Dinosaurs: The Astounding Interconnectedness of the Universe*）一文中对此提出了一个神奇而具有争议性的观点。她提出了"暗物质圆盘理论"，当太阳系在绕着银河系的中心旋转时，会周期性地经过银河系的暗物质圆盘，这一周期大约为 3000 万年。受到暗物质的扰动影响，由暗物质所导致的引力将严重地扰乱太阳系内各行星和彗星的运行轨道，这正是地球在大约每 3000 万年到 3500 万年之间就会发生一次生命大灭绝的主要原因。受到这种扰动的影响，6500 万年前，陨石撞击了地球，导致了恐龙惨遭灭绝。尽管这一理论暂时还只是停留在假说阶段，但兰道尔的解释扩充了我们对宇宙和生命间关系的理解。

## 暗能量：
## 驱动宇宙的膨胀

1929 年，美国著名天文学家爱德文·鲍威尔·哈勃（Edwin Powell Hubble）在观测银河系外的其他星系的运动时（银河系外星系的存在性也是由哈勃最先发现的），发现遥远的星系向我们远离的速率与其跟我们的距离成正比。哈勃的这一发现揭示了宇宙膨胀的事实，并最终导致了"大爆炸理论"（Big Bang Theory）的诞生。但这一理论却让爱因斯坦非常不安。爱因斯坦曾经在 1917 年在论文中提出过他自己的"宇宙观"（论文题目：*Cosmological Considerations in the General Theory of Relativity*，"广义相对论中的宇宙学考虑"），爱因斯坦所相信的是一个"静态宇宙"，宇宙的空间不会扩张或缩小。为了强行让宇宙处在平衡中，爱因斯坦在他的方程中增加了一项，他将其称为"宇宙学常数"。然而，随着哈勃定律的发表，动态宇宙的事实被广为接受。只需要把这种膨胀的效果看成是起始时的一个初速度，爱因斯坦强行维持宇宙稳恒性质的常数就显得有些多余了，这个尝试被爱因斯坦认为是他一生中最大的错误。

随着大爆炸理论的建立，静态宇宙的观点已经被科学家们完全抛弃了，可是爱因斯坦的这个"错误"却一直生动地活在宇宙学中。我们可以直观地来理解"宇宙学常数"。因为引力产生向内拉的力，这会导致宇宙中所有的物质聚在一起，为了维持一个稳定的宇宙，爱因斯坦的宇宙学常数就是在强行引入一种斥力。然而，在 1998 年和 1999 年，两组天文学家通过对超新星（supernova）的观测显示宇宙在加速膨胀，这两个观测组的领导者分别是布莱恩·保罗·施密特（Brian Paul Schmidt）和亚当·盖伊·里斯（Adam Guy Riess），他们在 2011 年分享了诺贝尔物理学奖。如果说宇宙的"膨胀"尚可用大爆炸来解释的话，"加速膨胀"的事实就有些让人不安了，"宇宙学常数"的想法不得不复活了（在宇宙加速膨胀被发现以前，宇宙学常数的想法就已经复活了）。今天，物理学家们将这种推动宇宙加速膨胀的力称为"暗能量"（dark energy），暗能量像一种均匀的背景存在于宇宙中，它在宇宙中起到了斥力的作用。

1964 年，美国贝尔实验室的两位工程师阿诺·彭齐亚斯（Arno Penzias）和罗伯特·威尔逊（Robert Wilson）为卫星通信设计天线，他们在调试天线时发现了一个头疼的问题，不管天线朝向哪个方向，都会有一个一模一样的背景噪声，起初他们以为是天线上的鸟粪所引起的，但在仔细清理了鸟粪之后发现这种噪声仍然存在。他们将这个结果发表在天文学的期刊上，这一发现随后引起了天文学和宇宙学界的震动，因为这些噪声正是对大爆炸宇宙学的强有力支持。彭齐亚斯和威尔逊所发现的这种噪声来源于宇宙诞生之初，随着宇宙的膨胀，这种来源于宇宙最早期的光越来越被稀释，最终成为两位工程师所探测到的"噪声"，这种噪声的特征与 2.7K 的黑体辐射相同，频率属于微波范围，因此被称为"宇宙微波背景辐射"（CMB，cosmic microwave background）。彭齐亚斯和威尔逊在 1978 年获得了诺贝尔物理学奖。

彭齐亚斯和威尔逊在实验中发现了一个神奇的现象：背景噪声与天线的朝向无关，这暗示了宇宙在大尺度上是均匀的。而在稍小一些的尺度上，宇宙也是均匀的吗？天文学家对此进行了更为精细的测量。这些更精细的测量不是对此前理论简单的修正和提高，更重要的是，这些精细的测量能告诉我们宇宙中物质的分布情况。当宇宙诞生之初的这些辐射穿越星系空间传递到我们的观测卫星时，宇宙中物质不均匀的分布会导致这些辐射的频率发生改变。通过测量辐射频率的微小变动，我们对于宇宙中物质的分布也有了更为深刻的了解。乔治·斯穆特（George Fitzgerald Smoot III）和约翰·马瑟（John C.Mather）两位物理学家因为他们所领导的 COBE（Cosmic Background Explorer，宇宙背景探测）项目发现了宇宙微波背景辐射中的各向异性结构分享了 2006 年诺贝尔物理学奖。诺贝尔奖委员会指出，对宇宙微波背景辐射的测量可以视为宇宙学发展为精密科学的起点。近年来，WMAP（威尔金森微波各向异性探测器）对宇宙微波背景辐射进行了更为精细的测量，让我们对宇宙的起源和结构有了更深刻、更定量的了解。

图 7-WMAP 所观测到的宇宙微波背景辐射，图中显示出这种辐射的微弱的各向异性

　　尽管本章的主题是"物质"与"能量"之间的转换关系，但目前仍然没有任何证据证明"暗物质"与"暗能量"之间有任何关系。暗物质与暗能量的存在拓展了物理学家对物质的想象，也为新世纪的物理学带来了新的问题。不过这两种不同的物质对于物理学家是完全不同的挑战，对暗物质来说，物理学家提出了许多模型来解释其可能的构成，例如物理学家提出了"超对称"（supersymmetry）理

论，将我们已知的各种标准粒子模型进行进一步拓展，使得几乎所有已知基本粒子都有了其超对称的对应粒子，从而拓展了潜在未知粒子的数目，用这些粒子很可能可以解释暗物质的组成问题。然而，暗能量的问题却是一个难以解决的问题，暗能量在宇宙中大量存在，但我们却非常不了解其性质。尽管目前有大量探测器在对暗能量进行精细的测量，也有宇宙学家将这些精细的测量纳入宇宙模型的描述中，但仍然非常缺乏能够解释暗能量基本结构和组成的物理理论。对暗能量的进一步研究很可能意味着新的物理学（例如新的相互作用、新的基本粒子、新的物理规律）的诞生。

## 量子力学视角下的能量

在量子力学的视角下，各种各样的不确定关系（旧译"测不准关系"）随着对易关系而涌现，例如坐标 – 动量不确定关系。此外，还有另一种不确定关系存在，它并不像坐标 – 动量不确定关系那样是对易关系的直接推论，这就是我们在中学时就已经学过的"能量 – 时间不确定关系"：

$$\Delta E \Delta t \geqslant \frac{\hbar}{2}$$

能量 – 时间不确定关系是埃伦费斯特定理（Ehrenfest theorem）的推论。有了这样一个不等式，能量守恒马上就变得很可疑，因为这个不等式讨论了一个"测不准"的能量。对于一个测不准的能量，怎么谈能量守恒呢？

在量子力学中，"测量"会对系统的能量产生改变，这种改变会使人产生一种能量不守恒的错觉。关于测量改变系统状态的最著名例子就是薛定谔的猫（Schrödinger's cat）了，因为测量会改变系统的状态，因此本来在量子态叠加原理意义上"半死不活"的猫经过测量后就可能坍缩到"死"或"活"两种状态选一。这种从混合态到本征态的坍缩在能量上也可以有所表现，例如，系统本来可以有两个能级，能量分别为 ±1，假定系统处在这两个能级的概率都等于 1/2，那么系统平均的能量就等于 0。然而一次测量就可以让系统能量的这种不确定性被消除，即在测量中，我们所能测到的能量只能等于 +1 或者 -1，不会有其他的情况。测量过程并没有破坏能量的守恒，因为如果进行多次的测量，那么最终会发现，测得 +1 和 -1 能量的概率都分别等于 1/2 。因此能量守恒并没有被破坏，只是系统本身的"能量"，跟实验者所测得的"能量"是不同的两种概念。在量子力学中，如果哈密顿量不随时间改变，那么此时会有"能量守恒"，这里的能量守恒指的是"能量的期望值不随时间变化"，而不是能量的每次测量值不发生改变。

能量 - 时间不确定关系曾经是玻尔和爱因斯坦论战的一个焦点，爱因斯坦曾经构造出"爱因斯坦光盒"（Einstein's Box of Light）（1930 年）来挑战这一不确定关系，对这一不确定关系的讨论后来还导致了爱因斯坦对量子力学完备性的批评。"爱因斯坦光盒"可以在一定的快门时间里放出光子，从而改变盒子的质量，它表面上看起来违背了能量 - 时间测不准原理，而量子论的创始人玻尔只用了一个晚上就找出了解决这个问题的方法，他反过来，利用爱因斯坦广义相对论的红移效应，反而用爱因斯坦自己构造的光盒推出了不确定性原理。

我们应该怎样直观理解能量 - 时间不确定关系呢？朗道曾经开玩笑说："违反能量 - 时间不确定关系很容易，我只需很精确地测量能量，然后紧盯着我的手表就行了！"朗道的玩笑是针对公众对这一不确定关系的一种普遍误解，需要指出的是，这里的 $\Delta t$ 并不是测量所需要花费的时间，不由测量者所决定，而是由系统本身的属性所决定的。在量子力学中，坐标、动量、哈密顿量等都是"可测量量"，然而时间并不是一个可测量量，它是量子力学方程中的一个参数。不过，粒子的"寿命"可以看成是一个可以被测量的量，而从各种谱线的展宽中，我们可以对这种能量的不确定性进行测量。如果从粒子寿命的角度来看，这个不确定关系就更容易理解了：当粒子处在高能激发态时，高能激发态的能量数值并不是一个标准而精确的数值，而是可能有一定的涨落，这种能量的涨落即会表现为光谱上的展宽，根据能量 – 时间不确定关系，这样的展宽跟粒子处于高能激发态的寿命是有关的。当衰变得很快时，这种展宽会更加明显。能量 – 时间不确定关系还告诉了我们面对高能粒子质量时存在的一个困难，当某种高能粒子的衰变寿命很短的时候，我们对其质量的测量就会更加地不确定。与此类似，这一不确定关系还曾经帮助日本的物理学家汤川秀树分析强相互作用力的有关问题，我们现在都已经知道强相互作用的力远大于电磁相互作用，这也就暗示了传递强相互作用的介子的寿命应该非常短。

## 虚粒子：真空中的复杂结构

### （A）卡西米尔效应

在量子场论中，能量的守恒就变得更加可疑了。首先是真空就表现得非常可疑，最著名的一个物理效应就是卡西米尔效应（Casimir effect）。泡利是亨德里克·卡西米尔（Hendrik Casimir）的博士后导师，不过泡利本人非常不喜欢实验，传说中他出现在哪里，哪里的实验室仪器就会有故障，而泡利称呼卡西米尔为"总工先生"，这是因为他的学生表现出跟他完全不同的对实验和技术的态度。卡西米尔在大学获得教职后跳槽去了飞利浦公司，真正成为"总工先生"，而他对卡西米尔效应的思考，正是来自于他对石英粉末悬浮液中范德瓦耳斯力的研究。卡西米尔效应刻画了在真空中两片平行的金属板（即中学时我们见过的平行板电容器）之间的吸引力，这种吸引力看起来就是某种"无中生有"的效应。这种吸引力真实存在，平板之间的卡西米尔力正比于面积，反比于距离的 4 次方，在 10 纳米左右的间隙上，卡西米尔效应能产生 1 个大气压的压力。

卡西米尔效应等现象表明，尽管狄拉克的负能海图像未必完全合理，但真空的确具有复杂的结构。虽然量子效应通常只涉及微观世界的相互作用，但仍然有许多宏观的体系可以表现出可观测的量子效应，卡西米尔效应即为一例。卡西米尔效应的结果告诉我们："真空"并不是真的一无所有，而是仍有一定能量（零点能）存在，这些能量对系统可以造成扰动，甚至可以产生宏观的效应，更值得注意的是，这种能量还是发散的——为了解决这种发散，需要用到重正化的方法。如果用"传递光子"这样的视角来理解卡西米尔效应，其解释应该是：一块金属板中的原子所发射的"虚光子"，在其寿命内抵达了另一块金属板，因而产生了两块板之间（瞬时）的相互作用。

"虚光子"是一种"虚粒子"（virtual particle），是在量子场论微扰计算中引入的一种概念，正如其名字所揭示的那样，是虚构的某种粒子，这样的粒子在通常情况下无法被观测到，可以看成是一种诠释性的物理图像。"虚粒子"不是一种反物质粒子，因为反物质粒子是可以明确观测到的，然而虚粒子不能被直接观测到，只是它们对可测量的事件概率可以产生真实的影响。虚粒子同样具有各种不确定关系。对"虚粒子"而言，可以有负的能量（质量），在一个局部破坏能量和动量守恒的确就是有可能的了。这让我们想起了"玻尔的错误"，难道玻尔其实没有犯错，只是先知先觉？我们始终强调虚粒子跟实粒子的不同，即在各种可观测的效应中，例如玻尔所关注的衰变和散射问题中，只要观测的是实际存在的粒子，例如中微子、光子等，都不会出现虚粒子所特有的这种能量不守恒情况，因此 BKS 理论依然是一个错误。狄拉克在面对真空能量发散的困难时曾经也有过类似的想法，现在看起来也应该算是犯了错误。只是如果把"虚粒子"也算在内的话，那么能量守恒的确变成某种统计性的——然而我们依然不能观察到宏观的不守恒，因为在真实粒子参与发生的过程中，所有的这些虚拟粒子参与发生的过程都发生在可以正负抵消的组合中，最终，我们仍然得到了能量守恒。

### （B）EM Drive 是可能的吗

EM Drive 是一种传说中可以违背能量守恒、动量守恒和牛顿第三定律的推进装置，这一装置的有关实验曾经在学术期刊中发表，并曾经多次引起过媒体的广泛关注。它产生推动力的部件就只是一个真空的腔体，科学家们至今没有完全清楚这类装置的工作原理，但很明确的是，这个装置违背了现在我们已知的物理定律。用基本的物理学原理来进行分析将会发现，由于 EM Drive 的腔体是密闭的，所以腔体内的电磁波（不管其来源如何）带来的力永远只会是系统的内力，而内力是无法驱动这一装置朝前运动的，这就好像我们无法拽着自己的头发将自己拽离地面。然而，许多实验室中都测到了似乎存在的微弱推进力，因此许多科学家希望将这一相互作用归功于"虚粒子"，希望可以通过类似于卡西米尔效应的作用，从真空涨落中获得推进力，但这仍是难以想象的，我们已经提到，通常，虚拟粒子参与发生的过程都发生在可以正负抵消的组合中，就算考虑了真空涨落，能量守恒仍然不应该被违背。或许正如有的科学家所指出的那样，体系所产生的推动力很可能只是设备中某部分的热辐射所导致的一种热效应。

不过需要说明的是，虽然看起来都很不靠谱，但 EM Drive 与霍金在微博上曾经高调宣传的"突破摄星计划（Breakthrough Starshot）"是完全不同的。在霍金的计划中，他希望实现的是一种非常微小的飞船以及激光推进的技术，他希望可以通过光束把这种微型的飞船推动到极高的速度（1/5 倍光速），专家们针对这个问题的批评主要在于激光推进装置的设计困难以及微型飞船与地球间的通信困难，但本身这个想法不违背能量守恒定律，因为将激光束聚焦在光帆上，光子所传递的能量和动量可以直接传递到超微型飞船。

　　那么作为公众或科学家，我们应该怎样看待这些研究呢？我想，对于公众而言，当看到"违背物理定律"的许多美好设想时，保持理性和冷静的态度总是重要的，尤其当与这些美好设想相关的项目正在进行集资或众筹时，更需要保持警惕，可以有针对性地来阅读一些国内外科技媒体的批评意见。科学家们很明显地会对这些"新鲜"玩意儿保持警惕，但在我看来，科学家反而可以用一个更开放的态度来对待这些研究。"更开放的态度"并非是说我们要支持"民间科学家"的空想，而是我们应该把民科们的"理论构建"与工程师们缺乏物理背景的奇思妙想分开。民科们的理论常常会一无是处，我们也只能对此无可奈何，而工程师们在具体的发明创造或仪器设计等方面常常有一些有趣的想法，当他们缺乏理论背景，或者无法给出正确的解释时，科学家们是有可能与他们合作的。"合作"并非意味着要去为这些研究"站台"，更不是说要去参与这些研究——提出批评也是一种合作的态度。如果科学家与工程师能以一种充满信任的批判态度互动，这将会是让整个社会都受益的事情。例如科学家提出 EM Drive 的散热器可能存在热辐射，那么工程师就应该尝试去排除这种可能性，这样，即使最后关于 EM Drive 的设计失败了，我们至少还可以得到一种高精度测量温度或者辐射的方法和一种设计得更好的散热器。而一旦双方缺乏信任，相互敌视，科学家们对那些老问题也不能形成新的见解，工程师也会自满于一些粗糙的技术从而故步自封，甚至成为民间科学家。这样的悲剧在历史上并不少见，如托马斯·爱迪生（Thomas Edison）与尼古拉·特斯拉（Nikola Tesla）的争论就让他们分别陷入了对直流电和交流电的偏执之中，希望这样的悲剧在未来会更少一些。

　　在本章中，我们围绕能量守恒定律，简单回顾了"能量"和"物质"的概念，并介绍了其统一。这不是一个标准的历史学的回顾，而是尝试沿着若干条主线，从某一点出发，随机漫游到更远处。我们相信这种延伸还会在未来的科学研究中不断被延续。正如我们在"丹尼斯的积木"一节中介绍到的费曼的说法：能量守恒没有告诉我们"机制"或者"理由"。我们讨论不同时空尺度下的能量问题，思考其守恒性，正是希望通过"能量"这样一个切入点，加深我们对各类复杂物理体系的认识，从而揭示物理现象背后隐藏的机制。从这个意义上来说，我们对物质和能量基本规律的探索还远没有结束。

# PART
# 03

生命这种有序结构的"意义"
就在于尽可能地去消耗甚至浪
费资源。

---

# 生命与信息

The origin of life

● ● ● ●　　●

## 生命是什么

　　"生命力论"是一个长期以来非常具有生命力的理论。在世界各地的文明中"灵魂"或者"精神"似乎都是某种毫无争议的存在。在古埃及的壁画中，就有与这一问题有关的"定量实验"。古埃及人用心脏代表人的灵魂，在金字塔墓室的壁画中，就有狼头人身的阿努比斯神（Anubis）用天平来比较刚刚去世的人的灵魂与羽毛的重量（莱恩·费希尔《称量灵魂》）。"灵魂"的形态和重量长期以来都是一个极为重要的问题，直到今天，"灵魂的重量是 21 克"的说法仍然流传甚广，这一说法甚至进入了流行文化。不过遗憾的是，这种研究的思路处在尴尬的境地中：严肃的科学家完全不会在意这种精度和可重复性堪忧的实验，但严肃的宗教人士觉得这是在将某些神圣的东西进行物化。

　　严肃的科学家不会放弃对生命现象的探索。在 1780 年，意大利科学家伽伐尼（Luigi Aloisio Galvani）在实验中很偶然地用一根带电荷的金属解剖刀接触了死去的青蛙的坐骨神经。这时，神奇的事情发生了，他观察到青蛙的肌肉发生了收缩，青蛙的腿仍然像活着一样踢了一下。从这个实验中，伽伐尼成为第一个认识到电与生物的运动之间存在联系的人，此后有越来越多的人，在越来越多的动物（或者动物的尸体）上开始重复他的这一发现，一时成为风尚。当时的人们觉得，"电"可能成为联系生死的一种桥梁。在伽伐尼的实验三十六年后，一位杰出的女性作家玛丽·雪莱（Mary Shelley）[1]在日内瓦时读到了伽伐尼的论文。玛

---

[1]　玛丽的丈夫是浪漫主义诗人雪莱（Percy Bysshe Shelley）。

丽本打算在日内瓦度过一个愉快的夏天，然而当年的夏天却遭遇了连日的阴雨。伴随着阴沉的天气和漫长的降雨，玛丽和她的朋友们开始了一场"鬼故事"大赛，她当时讲了一个"死而复活"的故事。受到朋友们的鼓励，玛丽写出了小说《弗兰肯斯坦》，这成了我们现代科幻小说的起源。仔细查看《弗兰肯斯坦》的故事设定，就可以明确感受到它与伽伐尼实验的联系：弗兰肯斯坦是一个科学怪人，他将许多不同人体的器官和组织拼接在一起，组成一个人体，并利用雷电使这个人体拥有了生命。玛丽及其同一时期的人们都相信或许我们距离"死而复生"或者让瘫痪者的四肢恢复运动等已经近在咫尺——然而现在我们知道，这些看似很有前途的尝试都失败了。直到今天，我们也没有办法让弗兰肯斯坦的怪物从死亡中复生。

在伽伐尼实验后，科学家们仍然在探索、发现生命的秘密。十九世纪初，瑞典化学家、分析化学之父永斯·雅各布·贝采利乌斯（Jöns Jakob Berzelius）提出了现代意义下的"生命力论"。贝采利乌斯在当时的科学界非常有地位，他的化学教科书被翻译为多种语言，具有广泛的影响力。在贝采利乌斯看来，生命与非生命的差别在于：生物可以从无机物合成有机物，而这是不能以当时已知的物理及化学方式来加以解释的。贝采利乌斯因而为"有机化学"（organic chemistry）命名，在当时的语境下，有机化学研究的对象是"源自生物的物质"。1825 年，贝采利乌斯手下的一个博士后弗里德里希·维勒（Friedrich Wöhler）告别了瑞典的实验室，到柏林的一个大学教化学，之后，他终于证明自己此前合成的一种白色晶体其实就是尿素，他马上给自己以前的老板汇报了这一发现，但贝采利乌斯起初并不相信这一结论，他在回信里还问维勒能不能在实验室里"制造出一个小孩来"。此后，在"生命力论"继续负隅反抗的二十年间，无数有机物被合成了出来，看来"有机物"的角度又是一条走不通的路径。

我们在之前提到，莱布尼茨所提出的"活力"的思想后来成为当时德国"自然哲学"的一个重要观点。"活力"这个概念事实上建构了科学家们对"能量"这一概念的最初想象。"活力"这一概念看起来就与"生命"非常相关，而恒温动物体温的维持让"热量"与生命又多了一层联系，这种联系有两个方面：第一个方面是在寒冷环境下维持体温所需消耗的能量——对这一物理量的研究导致了能量守恒定律的发现；第二个方面是在炎热环境下（例如桑拿房）保持低温的能力——在桑拿房里的一块牛肉可以被蒸熟，而桑拿房里的人却只是红光满面，生命似乎可以不受"热传递"的基本规律限制，而"逆天"地通过排汗等过程降温，这就引发了科学家的许多思考。

关于"热传递"与"生命"，我们还可以举一个有趣的小例子。恩利克·费米（意大利文：Enrico Fermi）是一位理论和实验都非常卓越的物理学大师，他不但有着深厚的理论物理背景，还在芝加哥大学主持建设了人类历史上第一个核反应堆。在本书中，早已多次提起以"费米"的名字命名的"费米子"。而估算更是费米的强项，他在参与曼哈顿计划时，曾经根据从笔记本上撕下来的碎纸片飘落的距离估计爆炸原子弹的当量。费米根据他阅读侦探小说的经验，得知尸体冷却到室温需要半天的时间，据此，他计算了一个人每天需要摄入的食物量。这一估算只需用到能量守恒定律与牛顿冷却定律，读者不妨自己尝试这一估算，并与人类静息状态下的代谢率进行比较。[1] 我们今天将这类乍看起来摸不着头脑的定性半定量估算问题称为"费米问题"（Fermi problem）。

费米关于尸体冷却时间的这一估算并不困难，但这一估算的背后还有一个关于"生命"的更深刻的道理：当一个人不幸去世，那么他所失去的就是维持体温的

---

[1]　将人看成比热与水相同的物质，在环境温度比人体温度低 10℃ 的情况下，如果一具尸体（设其质量为 60kg）冷却需要经过半天的话，根据牛顿冷却定律，可以计算得出全天大约需要补充 2000 千卡的热量。（参考赵凯华的《定性与半定量物理学》）

能力。这里其实暗含着另外一条热力学定律，这一定律我们今天称其为热力学第二定律（Second law of thermodynamics），它与能量守恒定律几乎同时被发现。开尔文爵士对热力学第二定律有过一个准确的描述（1851 年）："靠无生命物质的作用，不可能把某一物体冷却到它周围最冷物体的温度之下，以产生机械功。"注意到他描述中提到的"靠无生命物质的作用"，这说明开尔文敏锐地看到了生命与非生命之间的某种区别，尽管这样的区分是没有必要的。

开尔文的这一描述非常符合我们的生活经验，它让我们眼前浮现起一个夏日的午后：闷热的天气已经达到了四十多度，闷热的天气让我们感觉非常不爽，我们注意到，一方面，作为人类（生命的物质），我们可以自己勉强维持在一个恒定的比环境更冷的温度，而另一方面，我们如果开空调让房间的温度降下来，伴随着这样一个过程，需要交比平时更多的电费。开空调要交电费这样一个过程在我们现在看起来似乎天经地义，但这实在太不公平了，冬天开空调加热房间要交电费倒还可以理解，可为什么夏天开空调让房间降温也要交电费，难道这样一个逆过程不能用来发电（即开尔文所说的"产生机械功"）吗？根据开尔文的描述，似乎有些能量在这一过程中被浪费了。

站在全人类的角度来思考，如果开尔文的表述是错的，那么这个世界会怎样？如果我们可以将物体冷却到它周围最冷物体的温度之下，以产生机械功，那么发电厂可以不断收集空气中的热，将它们源源不断转换为电能，这样我们既解决了能源问题，还顺便解决了全球变暖的问题，这样一个过程并不违背能量守恒定律。在设计处理器时，我们也有了一个"更好"的设计，通过不断吸收处理器发出的热量，我们可以将这些热能全部重新利用，这样，我们就可以设计出不会发热、续航能力又很强的各种智能设备了。不幸的是，这些设想都是无法实现的，我们将这类被热力学第二定律击碎的梦想称为"第二类永动机"。

## 热力学：
## 一切皆有可能……但有些事情例外

英国科学家和小说家查尔斯·珀西·斯诺（Charles Percy Snow）因其提出的著名的"两种文化"的观点而著名，他指出，西方社会知识分子的生活被名义上分成两种文化，即"科学"和"人文"，这两种文化之间存在着巨大的鸿沟，这对解决世界上的问题是一个重大的障碍。众所周知，许多科学家的人文素养和社会科学方面的知识非常欠缺，而与此同时，一些文科的教授对科学的了解很可能是零。斯诺本人有着非常跨界的身份，他一直尝试填补"科学"与"人文"之间的鸿沟。在斯诺看来，科学领域中的"热力学第二定律"应该像人文领域中的莎士比亚一样基本。不过斯诺可能太悲观了些，事实上，作为"自然界的至尊定律"，许多文学家、哲学家以及社会科学界都受到这一定律的影响。在文艺作品中，热力学第二定律也无处不在，伍迪·艾伦（Woody Allen）曾经在电影《丈夫、太太与情人》（*Husbands and Wives*）中这样描述热力学第二定律："迟早有一天，一切都将变成狗屎。这是我的措辞，不是《大英百科全书》的。"我在查阅各类资料时，发现一个有趣的现象，即使是对科学持反对态度的人，也往往不反对热力学第二定律。大量反进化论的人士（包括持"智能设计论"观点的学者）都以热力学第二定律作为其论据；而一些信仰"成、住、坏、空"的宗教更是坚定地站在热力学第二定律一边。从这个意义上来说，"热力学第二定律"主要的困扰并不是自己不够出名——它的苦恼在于自己常常被人拿出来刷存在感，却没有人真正了解它。

斯诺曾经介绍过一种关于热力学三定律的记忆方法：

第一定律，你不可能赢。

第二定律，你不可能打成平手。

第三定律，你不可能退出比赛。

斯诺的这一概括给我们一个重要的启示：热力学定律是在告诉我们"什么是不可能实现的"。斯诺的这一总结将热力学定律看成是我们与"热"现象之间的一场比赛。其中，第一定律即为我们在上一章中所介绍的能量守恒定律。由于能量守恒，我们不能找出某种"套利"的机会凭空创造出能量来。而根据我们前面提到的热力学第二定律的开尔文描述和关于"空调"的例子，我们发现，有些能量在"加热－降温"这样一个过程中被浪费了，大自然中蕴含着某种不可逆性，没有办法让一个系统"吃了我的给我吐出来"（没有办法让"热"全部转化成"功"而不损失任何的能量），所以说我们没有办法打成平手。在经典的图像下，绝对零度是一个分子的热运动都停止了的世界，所有的事物都处在最低能量状态，这就好像我们已经退出了比赛一样，但热力学第三定律告诉我们，我们无法达到绝对零度，我们没有办法退出这样一场我们必然会失败的比赛。不过，值得注意的是，如果考虑量子的情形，我们会发现，即使可以达到绝对零度，我们仍然无法退出比赛，这是因为量子力学的基态并非意味着能量就等于 0，即使在绝对零度的情况下，当"热"导致的涨落不存在时，仍然会有量子力学导致的涨落，在零温的情况下，甚至还可以发生量子相变。

除了热力学第一、第二和第三定律以外，还有一条"热力学第零定律"。之所以称为"第零定律"，这是因为这一定律比其他的定律都要更基本一些，但由于它太自然、太基本，反而长期以来都被物理学家们所忽视。热力学第零定律说的是：两个人来到一家咖啡店，叫了一杯热咖啡和一杯冰咖啡，但两人聊得太开心，都忘了喝咖啡，这两杯咖啡都会与环境最终达到"平衡"，经过了很长很长的时间，这两个人喝的咖啡其实是没有区别的。用学术的语言来说就是："如果两个热力学系统（两杯咖啡）都与第三个系统（环境）处于热平衡状态，那么这两个系统也必互相处于热平衡。"直到 1939 年，这一定律才由拉尔夫·福勒（Ralph Fowler）准确地表述。热力学第零定律表明："热平衡"是热力学系统之间的一种"等价关系"。可如果系统还没有达到"热平衡"，那么我们没有办法判别"等价关系"，可我们有没有办法比较两个体系的温度呢？这时候，热力学第二定律就登场了，我们可以通过判定热传递方向来判定两个物体的温度。因为"不可能把某一物体冷却到它周围最冷物体的温度之下"，所以在没有外力做功的情况下，热没法从低温物体传到高温物体，根据热传导的方向，我们可以比较不同系统的温度大小。

有的朋友会想到，对两个温度不同的系统，热力学第二定律可以通过它们之间的接触判断出哪个是高温物体，哪个是低温物体，那么，是否"温度相等"只是第二定律的某种特例呢？是否有可能根据热力学第二定律推导出第零定律呢？类似的问题也出现在牛顿定律的体系中，善于思考的高中生常常会发问：牛顿第一定律（惯性定律）是否就是牛顿第二定律中"$F=0$"的特例呢？如果已知了牛顿第二定律，那么在没有外力的情况下，加速度等于 0，物体自然会匀速直线运动或者静止了。事实上，之所以牛顿第一定律是一条独立的定律，重点在于其给出了"惯性系"的定义，只有建立在惯性系的基础上，才能谈后续的牛顿第二定律；而热力学第零定律给出了"温度"的定义，它帮助我们构造出一个温度函数，使得温度的测量成为可能，而只有有了"温度"的概念，我们才能谈热力学第二定律的"高温物体"与"低温物体"。

在生活中，我们常常见到许多不同的平衡态和非平衡态体系。例如在冬天时，外界环境的温度非常低，此时，当我们打开暖气，暖气朝着我们放射出热量，我们感受到来自于暖气的热流，这是一个典型的非平衡过程；当我们把暖气关掉，这时，房间会逐渐与外界环境达到热平衡，当房间内的温度与外界环境的温度相等时，热平衡也就达到了。需要注意的是，一个"温度恒定"的体系并不一定是平衡态体系，例如一壶水已经沸腾，当我们继续对其加热时，水的温度并不再升高，但水蒸气正在不断排到空气中，并且，水壶中还形成了热对流，这些都告诉我们，这样一个系统并没有达到平衡。一个非平衡态系统还可以产生很稳定的流，不妨联想一下小学数学中的经典案例，一个水池，不但被打开了进水口，还被打开了出水口，只要通过出水口流出的水与通过进水口流入的水相等，那么水池中就可能达到一个不随时间改变的"定态"（steady state），这样一个定态中虽然水面的高度看起来保持不变，但仍然存在着一个不随时间改变的宏观的"流"。如果我们关闭水池的进水口和出水口，这也可以让水池中的水位保持不变，但这时的水中没有稳定的流存在，即使有一些局部的流，也是正向和反向流动的概率相等的，这样的体系可以看成是平衡状态。

## 克劳修斯：
## "熵"的命名者

我们在介绍热力学第一定律的定量描述时，提到克劳修斯给出的表达式，而热力学第二定律的表达式同样也是由克劳修斯最先给出的。克劳修斯是一位非常纯粹的理论物理学家，他一生没有发表过任何实验方面的文章，但他广泛地了解各类关于热机的实验，从中汲取了有关的知识，并将这些知识发展成定量的数学表达式，全面地推动了热力学体系的建立。

与开尔文同时期，克劳修斯给出了热力学第二定律的另一种等价描述，他早期的一个表述是"热不能自发地从一个低温物体传递到一个高温物体"，他没有停留于此，而是考虑怎样将这一描述用具体的数学公式表示出来。克劳修斯仔细研究了卡诺的论文。我们已经提到，卡诺用"热质说"研究热机，并取得了巨大的成功，卡诺将温度的高低类比为水轮机做功时水位差的高低，因而得到了结论：在高温热源和低温热源之间做功的热机效率的极限由两个热源的温度来确定。卡诺去世之后，法国物理学家、工程师埃米里·克拉珀龙（Benoît Paul Émile Clapeyron）进一步发展了卡诺的理论，他开始用图解法来解释卡诺循环（Carnot cycle），让卡诺复杂的表达变得简洁易懂。克拉珀龙最早给出了卡诺定理的微分表达式，这为热力学第二定律的提出奠定了基础。

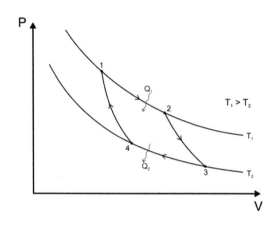

图 1– 卡诺循环示意图

全过程包括 1 → 2 的等温膨胀过程，2 → 3 的绝热膨胀过程，3 → 4 的等温压缩过程、4 → 1 的绝热压缩过程。所有的这四个过程都是可逆过程。克拉珀龙最早用这样的图解来描述卡诺循环，并指出上图中四个顶点所围成的面积等于热机所做的功

　　卡诺定理给出了热机效率的极限，事实上，卡诺所设想的这种热机是一种理想热机，而要达到这样的最高效率，必须要让做功的整个过程都是"可逆过程"。所谓的"可逆过程"通常是一种非常缓慢的转变过程[1]，但可逆过程并不代表事

---

[1]　这种缓慢的转变过程常常被称为"准静态过程"，但准静态过程不一定是可逆的，只有在无耗散（摩擦）的情况下才成立。

情发生了又马上倒回去，他所强调的是：系统在发生变化之后想要再原路返回去的话是可以的，并且，在系统地恢复原状的同时，环境的热力学状态也回复了原状，但环境没有发生能量的耗散。克劳修斯从"卡诺循环"出发开始了思考，根据卡诺的理论，热机做功的最高效率为：

$$\eta^* = 1 - \frac{T_2}{T_1}$$

而这一过程中，实际的热机效率（热量的传递）等于：

$$\eta = 1 - \frac{Q_2}{Q_1}$$

由于实际的热机效率总是低于（或等于）效率的极限情况，即有：$\eta \leq \eta^*$。整理后即可得到这样的不等式：

$$\frac{Q_1}{T_1} + \frac{Q_2}{T_2} \leq 0$$

值得注意的是，这里出现了热量与温度比值的形式。如果我们关注这样一种商的形式，我们会发现，如果发生的是一个卡诺循环，那么在这一过程中，热机的效率达到最大值，上述推导中的各处不等号变为等号，即这个商的值是等于 0 的。

　　卡诺循环可以被推广到更复杂的"循环"，对于任意的一个可逆的循环，事实上，我们都可以构造出一系列类似的"商"的求和（或者积分），并且该求和恒等于 0。这种绕了一大圈之后保持不变的性质暗示了"路径无关"的性质，一个小车在没有摩擦的过山车般的气垫导轨上绕了一大圈，最后回到了出发点，因为其所在的高度没有发生变化，那么重力势能也没有变化，这也是"路径无关"的表现。路径无关不是一个自然而然的性质，例如，我们拿了一千块人民币，将它换成美元，然后又将它换成港币、日元、欧元、越南盾、津巴布韦元……最后再换成人民币，我们会奇迹般地发现最后到手其实已经没有剩多少钱了，这是因为汇率存在买入汇率和卖出汇率的区别，再加上各种手续费，就导致这样的一个循环过程，一个存在"耗散"的"不可逆循环"。而克劳修斯发现了热量与温度的商具有某种路径无关的性质，这就提示他定义了这个商的数值作为描述系统状态的一个路径无关的参量，这个参量就像是重力场中的"高度"一样。

1865 年，克劳修斯将他所构造的这个热量与温度的商命名为"熵"（entropy），根据其希腊语词源表示"变动"和"演化"的意思，也有"混乱"和"羞耻"的意思。那么一个可逆循环即为一个熵保持不变的循环。而对于那些不可逆的过程，仍然可以根据初末状态的熵而定义"熵的变化"，而此时这一变化显然会跟路径有关，而当系统沿着一条不可逆的循环回到出发点时，就像钱经过一大圈的外币兑换最终变少了一样，克劳修斯证明，经历了这样的不可逆循环，系统的熵增加了。克劳修斯因而得到了一个重要的结论：一个绝热系统的熵不会自动减少。这就是热力学第二定律的定量描述。

克劳修斯将熵这一物理量用符号"$S$"表示，以向萨迪·卡诺致敬，因为克劳修斯花了整整十五年研究卡诺天才的论文。克劳修斯在他的论文中这样介绍他的命名理由："我将'$S$'这个物理量命名为 entropy，这是希腊词汇 τροπη（trope）的一个变形。我慎重地选择了一个与'能量'（energy）尽可能接近的词：这两个物理量在物理学的重要性是如此接近，以至于用接近的拼法来为它们命名是准确的。"今天，我们回过头来看克劳修斯的这一论断，会发现他的说法极具远见——与"能量"这一概念比起来，"熵"这一概念丝毫不逊色，甚至更为重要。1938 年，一位物理学家埃姆登 R. Emden 在《自然》杂志回顾能量与熵的概念时，这样评价"能量"和"熵"的定位："我当学生时，读过沃尔德（F. Wald）写的名为《宇宙的女主人和她的影子》的小册子。'女主人'和'影子'是指能和熵。在知识不断增进的过程中，二者似乎交换了地位。在自然过程的庞大工厂里，熵原理起着

图 2- 女主人（能量）和影子（熵）在知识不断增进的过程中，似乎
交换了地位

经理的作用，因为它规定整个企业的经营方式和方法，而能量原理仅仅充当簿记，平衡贷方和借方。"

熵这一概念的重要之处在于它指明了物理过程发生的"方向"，例如，当一个与外界隔绝的系统发生了自发的变化时，我们甚至还不知道怎么描述这个系统，在这样的情况下，我们仍然可以知道，这个系统的熵是不会自动减少的。熵还可以作为过程是否可逆的一个判据，当系统从一个平衡态经历某一过程到达了另一平衡态，如果该过程可逆，则系统的熵保持不变；但如果过程不可逆，则系统的熵增加。

在中国，熵的命名之父是胡刚复博士。胡刚复是 1909 年首批庚子赔款的留学生，他 1918 年返回中国，在南京高等师范学校（今天南京大学、东南大学的前身）创建了中国第一个物理实验室，把近代物理学研究引入中国。1923 年陪同德国科学家普朗克在中国讲学，普朗克的演讲标题为"热力学第二定律及熵之观念"。在演讲时，普朗克提到了克劳修斯关于熵的定义，即我们在前面提到的"热量与温度之商"，胡刚复翻译时在"商"旁边加上表示热的"火"字旁，创造了"熵"字。这是"熵"在中国得名的由来。

## 玻尔兹曼：
## "熵"的定义者

在焦耳、开尔文、克劳修斯等人的伟大工作指引下，热力学第一、第二定律被很好地建立起来。热力学的理论看起来非常严格而精确，这就让物理学家们有了更强大的野心，试图在"能量"和"熵"这样的概念上像几何学一样建立起物理学的整个体系。一个不成功的尝试即为我们在上一章中介绍到的奥斯特瓦尔德的"能量学"。除此以外，也有许多物理学家开始尝试用其他的方式来表述热力学第二定律，在这方面，希腊裔数学家康斯坦丁·卡拉西奥多里（Constantin Carathéodory）的尝试是最具革命性的。卡拉西奥多里将热力学第二定律表述为："在一个热力学系统任意平衡态的相邻状态中，存在着经由可逆绝热过程无法达到的状态。"这一描述的神奇之处在于，它没有提到温度、热量，或者熵这些概念，而"绝热过程"这一概念所涉及的并不包含热的传递（热量），只包含了"能量"的概念，而能量的概念是热力学第一定律就已经处理过的问题。如果一个热力学系统平衡态的全部相邻状态都可以通过可逆绝热过程而达到，那么所有的热都将可以被利用于做功不发生任何变化。卡拉西奥多里用了数学家式的语言对此进行了表述，这让热力学的体系变得更加迷人。

正如拉格朗日创立了没有"力"的概念的力学一样，卡拉西奥多里建立了一套没有"热机"的热学（1909 年），但这两套理论的命运却有所不同，今天在大学的课堂上，物理系的学生学完了牛顿的力学，接下来就要学拉格朗日没有"力"的力学，学完了开尔文–克劳修斯的热力学，却并不学习卡拉西奥多里的热学，与之对应的却是"统计物理"。这表明，随着力学的发展，"力"这一概念某种程度上是可以被淘汰的，与之相应的是"能量"的概念[1]被重视了起来；而随着热力学的发展，"熵"这一概念却没有被淘汰，反而成为更基本的东西，这再次证明了克劳修斯的预言是准确的，"熵"这一概念与"能量"应当有着同样的地位，而让"熵"这一概念走上物理学舞台中心的人，正是那位自己结束了自己生命的玻尔兹曼。

---

[1]　包括拉格朗日量（Lagrangian）和哈密顿量（Hamiltonian）等。

图 3- 玻尔兹曼的墓碑

在玻尔兹曼的墓碑上，刻着一个伟大的公式：$S=k \cdot \log W$，这个公式将宏观的热力学中的熵 $S$ 与微观世界的状态数 $W$ 联系在一起。我们今天把公式前面的系数 $k$ 称为玻尔兹曼常数。怎样理解玻尔兹曼公式呢？如卡拉西奥多里所说的，虽然一个热力学状态的临近状态不一定可以通过可逆的绝热过程达到，但总还有那么一系列的状态（共计 $W$ 个）可以通过可逆的绝热过程而达到。很明显，因为是"绝热"的，所以这 $W$ 个可达到的状态的能量是相等的。如果我们对这一系列状态一无所知，在系统能量固定的情况下，最简单的假设莫过于把这些状态视为"等概率"的。"等概率假设"是平衡态统计物理的唯一基本假设（李政道《统计力学》第一章第一节）。在这一假设的基础上，所有的 $W$ 个状态都是等权重的，系统处于其中任意一个状态的概率都等于 $1/W$。可状态数又是怎么与"熵"联系起来的呢？在克劳修斯的计算过程中常常需要计算熵的求和或积分，如果我们从状态数中构造出一个熵的表达式，它就必须是一个可以做加法的物理量，而"状态数"却不能做加法，例如：掷一个骰子可以得到 6 个不同的状态，但掷两个骰子能得到的状态就不止是 12 个了，而是 6×6=36 个——正确的做法是用"乘法法则"，而对数运算正是可以将"乘法"变成"加法"的一种运算［例如这样：log(AB)=log(A)+log(B)］。通过上面的讨论，我们就完全可以理解玻尔兹曼墓碑上的公式了。

玻尔兹曼公式还有一个简单的推广。假如系统并不处在能量固定的状态，而是处在一系列能量状态，那么在这种情况下，系统的熵应该等于系统在各个不同能量情况下熵的期望值，即：

$$S = k \sum_i p_i \log W_i = -k \sum_i p_i \log p_i$$

注意到上述方程中出现的 $-p \cdot \log(p)$ 形式。在绝大多数情况下，一个抽象的复杂系统的"熵"可以由这种形式来定义。

尽管我们对玻尔兹曼公式进行了一些说明，但需要指出的是，这些说明只是帮助理解的，这不是玻尔兹曼本人进行演算的思路。玻尔兹曼本人是以气体分子为例，根据分子运动论计算得到了上述熵的表达式，这个表达式更适合看成是一个"定义"，而非是一个"证明"。由于玻尔兹曼是一个"笃信原子的人"，他总愿意从微观出发进行各种推导。在分子运动论方面，他沿用了麦克斯韦的思路，也将理想气体分子想象成盒子中不断碰撞的"台球"，而随着碰撞的不断发生，这些"台球"分子的速度分布会变得越来越随机，越来越无序，最终让系统的熵趋于最大值，这时，系统也达到了其"平衡态"。

玻尔兹曼公式建立了熵与微观世界中的"无序"之间的联系。正是玻尔兹曼的公式给了"熵增加"一个直观的微观图景：封闭的系统正在朝着越来越混乱的方向演化。我们用一个简单的模型帮助理解这样的趋势。考虑一个抛硬币的问题，如果我们抛两次硬币，那么得到两次正面（或反面）的概率等于 1/4，而一正一反的概率是 1/2，"一正一反"这种"无序"状态出现的可能性大了一倍。与此类似，假如抛了 100 次硬币，仍然可以猜测得到正面和反面的次数大致相等，因为出现这种"无序"情况的概率比出现 100 次正面（或反面）这种"有序"情况的概率大 $10^{29}$ 倍。这正是所谓"有序的状态都是相同的，无序的状态各有各的无序[1]"——与低熵的有序状态相比，高熵的无序状态恰好对应于状态数较多的状态，随着时间的推移，这些状态被取到的概率也大大增加。

## 统计物理学的诞生与发展

### （A）分子运动论

玻尔兹曼是一位"笃信原子的人"，他特别关心从微观的角度出发来理解宏观热现象的研究范式。他的研究基于"分子运动论[2]"。分子运动论的最早提出者是丹尼尔·伯努利，我们在上一章中已经提到过以他名字命名的"伯努利原理"。1738 年，伯努利在他的《流体力学》中已经形成了对分子运动论的完整看法：气体是由大量向各个方向运动的分子组成的，分子对表面的碰撞就是气压的成因，热就是分子运动的动能。不过这个想法实在是太超前了。要等到一百年以后，科学家们才开始严肃地对待分子运动论。1856 年，奥古斯特·克罗尼格（August Krönig）提出了一个简单的分子运动论模型，模型中只考虑了气体分子的平动。一

---

[1] 改编自托尔斯泰的《安娜·卡列尼娜》，"幸福的家庭都是相似的，不幸的家庭各有各的不幸。"

[2] 另一种更学术的翻译是"分子动理论"，kinetics（运动学）一词在统计物理相关领域又被译作"动理学"。

年以后，克劳修斯提出一个更复杂的模型，除了平动以外，还考虑了分子的转动和振动。至此，气体分子运动论的完整体系已经被建立起来了。

　　为什么伯努利最初的理论很难被人接受呢？大家接受这一理论的主要困难在于，我们都没有见过气体分子，因此我们只能用自己直观中见过的例子来想象气体分子的运动，例如我们可能会用桌球来想象气体分子，当我们给桌球台上的桌球们各自一个随机的初始速度，这些桌球会发生碰撞，这个过程中转移能量和动量，但直觉告诉我们，这些桌球最终会停下来，一方面是因为存在摩擦，另一方面则是因为桌球之间的碰撞不是严格能量守恒的弹性碰撞。然而，分子间的弹性碰撞不是一个那么显而易见的事实，在反对者看来，分子运动论面临一个无法解释的困难：一旦存在能量的损耗，那么最终所有的分子将停止运动。然而，随着能量守恒定律的提出，对分子运动论的这一质疑已经可以很好地解决。

　　当意识到气体分子之间的碰撞就是弹性碰撞之后，有一位物理学家用他故乡的一首民歌的曲调写下了以下的《刚体歌》（这里我尝试翻译的是这首歌的第二节）：

　　如果一个物体遇见另一个物体，
　　它们都是自由的。
　　此后它们将怎么运动，
　　我们总是无知的。

　　每个问题都有其解决方法，
　　只要你分析得够细心。
　　但是我却一个方法都不知道，
　　还有什么比这更糟心。

这位写下《刚体歌》的物理学家就是大名鼎鼎的麦克斯韦。麦克斯韦最伟大的功绩就是在电磁学方面集大成的工作，而他在热力学和分子运动论方面也做出过许多重要的成就。麦克斯韦与玻尔兹曼是同时代人，他们的工作领域互相有交叉，但两人却还有一些相互之间学术上的不理解，用麦克斯韦的话来说就是："关于玻尔兹曼的研究，我无法理解。他因为我的简短而无法理解我，但他的冗长对我来说，也同样是绊脚石。"尽管两人的风格之间存在巨大的差异，两人之间仍然有互相引用，并共同推动了学术的发展。在分子运动论的基础上，麦克斯韦提出了一整套描述输运过程的方法，这些方法启发了玻尔兹曼后来提出玻尔兹曼方程。麦克斯韦深入地研究了理想气体分子（独立粒子）的速度分布，他给出了在一定温度下以一定速度运动的气体分子在整体中所占的比例，从而进一步得出气体的温度与构成它的分子运动情况有关，这一速度分布即为著名的"麦克斯韦分布"。后来，玻尔兹曼将这一分布推广到了有势场存在的情况，例如在重力场中的气体分子的运动速度随着海拔高度的情况变化，因此，我们今天也将气体分子的统计分布称为"麦克斯韦 – 玻尔兹曼分布"。

### （B）吉布斯及其影响

虽然麦克斯韦和玻尔兹曼在统计物理方面做了许多奠基性的工作，但是统计物理的诞生却发生在大洋彼岸。天才的物理学家约西亚·威拉德·吉布斯（Josiah Willard Gibbs）的登场其实预示着美国终于开始在科学的舞台上占有一席之地。吉布斯出生于 1839 年，在他出生时，他的父亲正在从事一项伟大的工作，老吉布斯是一位废奴主义者，他长期在耶鲁大学神学院工作，他曾经为杀死了白人船长和船员的一群黑奴寻找翻译和律师，老吉布斯还曾经来到关押这些黑人的牢房，用各种方式尝试跟他们交流，在法庭上，老吉布斯用证据说明了这些黑人是直接从非洲贩运而来。1840 年，在国际和国内反蓄奴团体的巨大压力下，美国最高法院宣判这些黑奴无罪，并让他们获得自由人的身份。黑奴的存废问题在小吉布斯的时代终于成为一个重大的社会议题。1863 年，他以《论直齿轮轮齿的样式》(*On the Form of the Teeth of Wheels in Spur Gearing*)获得博士学位，是美国历史上的第一位工学博士。吉布斯拿到博士学位时，恰好是美国南北战争的时期，他本人因健康问题没有被征召入伍，他也像他的父亲一样一直留在耶鲁大学。

在吉布斯之前，几乎所有的重要科学发现都出现在欧洲，美国虽然出现了很多优秀的工程师和实验科学家，但一直没有自己的理论物理学家。吉布斯本人完成了从一个工程师到顶尖的理论物理学家的转身，并启迪了一个时代的学术发展。吉布斯本人在科学方面的影响非常深远，我们暂且不提他在统计物理方面的开创性贡献，即使只是一些他思考问题的方式，就已经为一些还未成形的学科奠定了基础。他在热力学问题中的推导方法蕴含了"凸分析"(convex analysis)的思想以及博弈论的一些思路。吉布斯发现了当时占据主流的四元数(quaternion)方法中有某些冗余的东西，事实上，麦克斯韦的方程最初就是用四元数来书写的，他推动了向量符号的使用，我们今天常用的向量"点乘"和"叉乘"也是吉布斯的贡献。在吉布斯的学生中，有真空三极管的发明者、"无线电之父"——李·德·福雷斯特(Lee De Forest)，还有耶鲁大学第一位经济学博士欧文·费雪(Irving Fisher)。费雪是统计学和经济学大师，在他的经济学论文中引入了"均衡"(equilibrium)的概念，这一概念正是源于吉布斯的热力学和统计物理，吉布斯去世以后，他的作品出版就是由费雪资助的。吉布斯对于经济学的影响是非常深远的，如果没有吉布斯，恐怕经济学在更长的时间里都会是一门人文学科，而非定量的社会科学。在一次耶鲁大学的教育讨论会上，教授和学生们争论到底应该多学习一些语言类的课程还是数学类的课程，吉布斯发言称"数学就是一门语言"，振聋发聩。吉布斯对数学的重视影响了许多后来的经济学家，其中最著名的莫过于美国的诺贝尔经济学奖第一人保罗·萨缪尔森(Paul A. Samuelson)，萨缪尔森是吉布斯的徒孙，萨缪尔森正是以"数理经济学"而著名的，他的《经济学》至今仍然是最为经典的微观和宏观经济学教材。萨缪尔森的经济分析著作就曾经将吉布斯的"数学就是一门语言"作为卷首语。在萨缪尔森看来，经济分析的最重要工具就是数学，而萨缪尔森经济分析的许多方法（包括对均衡的分析、极大化的原则、动态分析的方法）同样也深深受到了吉布斯的影响。

在热力学方面，吉布斯的工作深刻地影响了后来所有的化学家。十九世纪七十年代，吉布斯发表了他的一系列关于"图解法"说明物质热力学性质的论文，用图解的方式展示了在热力学过程中，体积、压力、温度、能量和熵等热力学参数的变化情况。吉布斯充满革命性地把"熵"本身当成一个独立变量，这比把"熵"理解为热量与温度之商的同时代欧洲学者要更为"革命"。在七十年代中后期，吉布斯分两次发表了他的一篇长达 300 页的论文，论文的标题为"关于多相物质平衡"。在这篇论文中，他提出了吉布斯自由能、化学势、相律等物理化学中的基本概念，也提出了最早期的统计力学有关问题的想法。吉布斯这篇论文的发表标志着化学平衡、相平衡、电化学、表面吸附等"物理化学反应"成了热力学研究的一部分，热力学再也不仅仅是帮助设计热机的一种工程学了。吉布斯还在论文中推导了固体、液体与气体在相平衡时的"相律"，它反映的是物质在特定的相的情况下，系统的自由度跟其他变量的关系。

吉布斯最早开始考虑的是等温等压状况下的化学反应，这是因为在真实世界的化学平衡中，我们能控制的反而是浓度、温度、体积或压强等。这与玻尔兹曼或麦克斯韦的思路不完全相同，他们在考虑气体分子运动论时常常会考虑"能量不变"的体系，而能量不变是在正常条件下难以控制的。吉布斯考虑了在等温等压状况下，一个热力系统从初态变换到终态，"有效能量"的变化问题，这个"有效能量"是通过真实的能量、熵、温度、压强和体积变换而得到的。如果在一个热力学过程中，"有效能量"可以降低，那么这样一个过程就可以自发地发生。吉布斯所定义的这种"有效能量"，今天我们称其为"吉布斯自由能"（Gibbs free energy），在一个能自发发生的反应中，"吉布斯自由能"随着过程的演化而减小。

科学家

SCIENTIST

## 《大脑使用指南》　赵思家·作品

赵思家，科普作家，知乎作者。伦敦大学学院神经科学博士。知乎神经科学话题优秀答题者，"盐CLUB"荣誉会员。
知乎ID：赵思家

Guide to the Brain

无论你是谁，从哪里来，又往哪里去，无论你在不在乎大脑的存在，你与你的大脑都密不可分。你的所有决定、所有情感、所有记忆，都在大脑中生成又在大脑中消失。它由始至终地与你在一起，一起成长，一起老去，无法分离。本书由五十六篇独立文章组成。从视觉到听觉，从嗅觉到味觉，从触觉到大脑，从睡着到醒来。剖析迷宫般的大脑，撬动思维奇点，精准定位自我提高的有效方式。

## 《漫步到宇宙尽头》　李 然·作品

李然，中国科学院国家天文台星云人才计划研究员，英国皇家学会牛顿访问学者，北京大学天文系博士。《星际穿越》联合翻译。知乎天体物理领域优秀回答者，知乎"盐CLUB"荣誉会员。
知乎ID 狐狸先生

Roaming the Universe

地球是一个很小的舞台，我们的世界，从诞生以来就一直围绕着一个巨大的火球年复一年地转动，永不止息。这本书，用智慧且赋予哲理的文字带领我们置身宇宙，以我们这个世界的想法与情感，了解人类的起源，眺望星际的旅行，思考繁星的故事，了解物质的演化。然后你会发现，我们做梦都想不到的奇迹，就在这宇宙之中。

## 《宇宙从何而来》
傅渥成 · 作品

傅渥成，"诺贝尔奖获得者大会"中国博士生代表，南京大学博士，东京大学博士后，综合文化研究科特任研究员。
知乎物理学、生物学话题优秀回答者，知乎"盐CLUB"荣誉会员。

知乎ID：傅渥成

从混沌到宇宙诞生，从气态到固态。
从原子分子到生命形成，从原始生产到人工智能。

霍金向人类发问：
我们为何在此？我们从何而来？

本书作者傅渥成在这里告诉大家，
时间永远向前。
宇宙、生命、文明，
不断进化，不断演生。

物理学家不断探索宇宙的意义，
亦是在寻找天地万物的来时之路。

# 关于
# 科学家系列

消除人们身上主观臆断的最有效方法是什么？
一个是哲学，另一个就是科学。
哲学解决各种矛盾，科学尊重客观事实。

[科学家]，是博集天卷科普丛书品牌。
致力于在大众文化生活的层面，传递更多、更新的科学知识，
同时唤起大众对科技的兴趣，并能对身边的生活进行有意思的科学解读与
创造。

尝试在黑夜里观测一次天空，
认识更多的昆虫和路边植物，
或者动手创造些什么。
科学，将为你拉开认识世界的另一幅巨幕。

所以，每一个人都可以是[科学家]。
伴随知识增长的同时，你会发现生活的乐趣不仅是文艺和消费，会发现所
有趣味都会被欣赏，会探索到许多从未想象过却如此奇妙的科学现象。

学习科学知识，改变的不仅是文化生活和娱乐生活，还会让人谦卑，塑造
人心，磨炼个性，让我们更有责任，对人更友善，懂得珍惜与爱护。

所以，这就是[科学家]丛书存在的意义。

"吉布斯自由能"与亥姆霍兹提出的"自由能"（free energy）[1]是描述化学反应进
程的最重要的物理量。其中，"吉布斯自由能"关注的是"等温等压"的情况，在
中学课堂上，老师们的演示实验都是在常温常压下进行，这些反应的进程都由吉
布斯自由能所支配。而"亥姆霍兹自由能"关注的是"等温等体积"的情况，如
果一个反应是固定体积的，或者其发生的过程中没有明显的体积变化，这些反应
的进程则可以认为由"亥姆霍兹自由能"所支配。

吉布斯的伟大论文在当时没有引起美国科学界的关注，其实是因为当时的美国
还谈不上"科学界"。幸好吉布斯在欧洲找到了他工作上的知音。荷兰的物理学家约
翰内斯·范·德·瓦耳斯（Johannes van der Waals）不但理解了吉布斯的"相律"，还
真正开始着手解决非理想气体和气液相变的一些问题，他在诺贝尔奖获奖的演讲中
特别感谢了吉布斯的贡献。在他的论文发表后近二十年，这篇论文还震撼了欧洲的
化学界：奥斯特瓦尔德将吉布斯的论文译为德语，勒夏特列将其译为法语——这两
位都是当时最为顶尖的化学家，勒夏特列提出的"勒夏特列原理"某种程度上就可
以看成是吉布斯理论的一个更直观和通俗化的版本。而在物理学界，苏格兰的麦克
斯韦并不需要翻译，他是最早理解吉布斯的同时代人。麦克斯韦在他自己编写的教
材中介绍了吉布斯的工作，在他的论文发表初期，麦克斯韦就称赞吉布斯的论文从
全新的角度阐述了物质的热力学性质，并在各种学术讨论中向其他学者推荐吉布斯
的论文，他还用石膏制作了一个三维的相图模型送给吉布斯。

（C）统计物理的诞生：从粒子到系统

1902 年，吉布斯出版了他的教科书《统计力学基本原理》，统计物理[2]作为

---

[1] 化学家们为了将其与"吉布斯自由能"区分，也常常用"亥姆霍兹自由能"来指称这一物理量。
[2] "统计物理"和"统计力学"是对同一门学科的不同称呼，在吉布斯的书中，将这门学科称
为"Statistical Mechanics"。

一门学科，在吉布斯一个人的手中被建立起来了。吉布斯就像欧几里得（几何学）、牛顿（经典力学）、拉格朗日（分析力学）、拉普拉斯（天体力学）、麦克斯韦（电动力学）一样，一个人"为自己所研究的领域构造了几近完整的理论体系[1]"。

　　吉布斯本人是一个非常谦逊的人，他在通信中曾经说自己遵循的其实是"麦克斯韦和玻尔兹曼的思想路线"。事实上也的确如此，最早将统计、概率的思路引入热力学问题的人其实是麦克斯韦和玻尔兹曼，为什么他们没有建立起统计物理的体系，反而被一个美国人抢先了？这正是历史的有趣之处。注意到吉布斯著作的翻译者有著名的物理学家奥斯特瓦尔德，而奥斯特瓦尔德是激烈反对原子论的人，他对吉布斯论文的重视正是因为吉布斯从来不在论文中强调原子的观点，换句话说，吉布斯的"统计力学"是一套不强调原子和分子的统计力学。

　　不谈原子和分子，我们怎么进行统计呢？这其实涉及一个非常深刻的思想转变。麦克斯韦和玻尔兹曼是经典力学的信仰者，在他们看来，热力学是由经典力学所导出的，因此他们在多数场合关心的总是分子间的碰撞和分子运动速度的统计等问题。这样的做法更加"还原论"，也似乎可以让物理学家更为安心。但这种做法的缺陷很明显，用这些方法讨论的"统计"问题，其实强调的是"气体分子"，尤其是"理想气体分子"，这些体系都属于"近独立粒子"组成的体系，这些体系中，粒子间的相互作用被忽略了。这其实局限了理论的适用范围——液体该怎么考虑？固体该怎么考虑？在这些体系中显然没有麦克斯韦速度分布，那么怎么研究这些体系的热力学性质才好呢？

　　其实玻尔兹曼已经意识到了这一问题，在玻尔兹曼提出的方程中，特别强调

―――――――――

[1]　来自美国著名物理学家，1923 年诺贝尔物理学奖得主罗伯特·密立根（Robert Millikan）的评价。

描述的是概率分布函数的演化，而非粒子的演化。但无论如何，玻尔兹曼的这种尝试仍然集中在"粒子的统计性质"这一角度，物理学家后来还证明玻尔兹曼方程并不能推广于研究高密度物质。而吉布斯的尝试要更为抽象，吉布斯考虑的是"系统的统计性质"。假如我们用玻尔兹曼的语言来描述下课时的教室，我们会聚焦在学生的状态上，我看到了甲走出了教室，乙跑进了教室，丙、丁在教室门口撞上了……如果用吉布斯的语言来描述教室，我们会聚焦在教室的状态上，教室正处在一个一半学生坐着、一半学生站着的状态。玻尔兹曼描述粒子的微观状态，而吉布斯描述系统的微观状态，这其实是一个比玻尔兹曼的描述更为抽象的概念。

　　吉布斯关注系统的演化情况，他所关心的是对系统的统计，而不是对个体的统计，当我们关注系统本身时，个体间不管存在怎样的相互作用都是可以考虑的，所以说吉布斯的做法是比直接对粒子进行统计更为普遍的一种方式，这种描述方式也可以更好地推广量子力学。由于"系统"本身是"粒子"的集合，而吉布斯关心的是"系统"相关的统计分布，因此他提出了"系综"（ensemble）的概念，"系综"可以看成是描述"系统"的集合。假如有一大堆具有相似性质的系统，它们构成了"系综"，系综内的系统可以有微小的差别，这些系统可以处在不同的状态，而系综正描述了这些不同的系统状态的分布。还是用教室的例子来说明，麦克斯韦 – 玻尔兹曼所描述的是教室里的人运动速度的分布，而吉布斯描述的是全学校（系综）所有教室（系统）状态的分布。对于一个宏观系统，所有可能的微观状态数是天文数字。如果我们要求一个系统的某个热力学量（例如一个教室在下课期间的平均人数），我们当然可以只关心这一个系统（只关注这一个教室），对这个系统的该物理量进行长时间的平均；系综理论告诉我们，我们也可以对系综里所有的系统来进行平均（全校所有教室下课时的平均人数），单个体系的时间平均应该与系综平均等价。随着系综理论的提出，统计物理才真正被建立起来了。

### （D）玻尔兹曼的雄心和遗留问题

　　吉布斯的统计力学巧妙地避开了玻尔兹曼所关心的诸多问题。重新回过头来看"等概率假设"，在系统能量确定的情况下，把系统所有可能的状态视为"等概率"的，这种描述的方式其实正是系综的语言，这种"能量确定"的系综被称为"微正则系综"。这与玻尔兹曼的描述是不完全相同的，玻尔兹曼最初对这一原理的描述其实是强调"时间平均"。玻尔兹曼在 1871 年提出了各态历经假说（ergodic hypothesis），他指出，一个孤立系统从任一初态出发，经过足够长的时间后将经历一切可能的微观状态。然而，玻尔兹曼的这个假设是不正确的。有趣的是，天体力学家和统计力学家在这个问题上有着完全不同的看法，天体力学家相信天体运行轨道的稳定性，他们不愿意相信在扰动后，天体的运动将完全陷入混沌之中，而统计物理学家则乐于接受最为混沌的结局。然而，胜利的是天体力学家，力学的分析告诉我们，一个保守力学系统从某一初态出发运动，它不会遍历所有的状态。各态历经假设并不成立，随后，物理学家们又提出了准各态历经假设，指出虽然并不会遍历所有的状态，但可以无限接近所有的状态。然而，这种企图从力学规律性证明统计规律性的尝试都是有问题的，现在，我们通常认为"等概率假设"作为统计物理学的基本假设不能从基本的力学导出。

　　玻尔兹曼最终的理想其实是从微观的角度"证明"热力学第二定律。但热力学第二定律有一个致命的困难，这一定律带来了一个时间方向上的不对称性，这是在经典力学的框架下前所未有的事情。当一个苹果从树上落到牛顿的头上时，牛顿还可以把这个苹果以其砸到他头顶的速度反向往上抛起，这个苹果应该可以恰好碰到它掉下来的地方——这样一个过程就好像是把刚才的录像倒过来播放了，但整个过程非常合理，没有违背牛顿定律的地方，换句话说，经典力学是一个满足时间反演对称性的理论。然而热力学第二定律打破了这种对称性，时间朝着熵增加的方向流逝，"时间箭头"就出现了。还是用苹果的例子，当苹果成熟而下落时，除了一个纯粹的力学问题，还有一个涉及热力学的问题，苹果的果梗与枝条间的连接断开了，这一过程让系统有了更多可能的状态，系统的熵增加了。这样的一个过程是不可逆的，我们没办法把果梗与枝条之间断开的部分连接起来并还原成最开始的状态。

为此，玻尔兹曼提出了考虑分子碰撞的输运方程（玻尔兹曼方程）。但这一方程中的"碰撞"并不是实实在在的原子或者分子的直接碰撞，而是用概率分布的方式对这种碰撞所造成的结果进行描述。例如当粒子全部集中在空间某处时，这对应于一个方差很小的概率分布，而如果粒子在空间中分布很均匀，那么就对应一个均匀分布的分布函数。这是在量子力学被提出来以前，人类提出的第一个涉及"概率"随时间演化的方程。玻尔兹曼希望可以通过这一方程，解决热力学第二定律所带来的"时间箭头"问题。玻尔兹曼在考虑分子的碰撞时做了一个很关键的假设，称为"分子混沌假设"，他假定在任何一次气体碰撞中，参与碰撞的分子会忘掉之前的历史，进而重新选取分布中的动能、运动方向和起始位置。在这一假设的前提下，玻尔兹曼证明了 $H$ 定理：说明这样的碰撞过程可以让系统的"熵"[1]不断增加。不过"分子混沌假设"是一个非常强的假设，分子的"混沌"就意味着碰撞之后某些"信息"丢失了，这本身就已经暗示了热力学第二定律的存在。

因此，玻尔兹曼的理论遭到了与他同时期的其他物理学家（甚至是支持"原子论"的一些科学家）[2]的批评。因为牛顿定律本身都是时间可逆的，对于任意一个运动，总可以找到与之相反的过程，如果承认力学的法则，那么微观运动就总是可逆的，为什么熵会随着时间的改变而增加呢？更加违背直觉的定理在等待着热力学第二定律，1890 年，庞加莱证明：任何满足牛顿定律的粒子

---

[1] 玻尔兹曼用的是 $H$ 函数，它可以看成是熵的非平衡推广，它与熵有着相反的符号。

[2] 包括洛施密特（J. Loschmidt）和策梅洛（E. Zermelo）。

系统在经历一个漫长的时间后，必然能回到无限接近其初始位置的位置。这样一个周期就被称为一个"庞加莱回归"（Poincaré recurrence theorem）。这一定理震撼了当时许多物理学家，这表明随着熵的增加而出现的时间箭头似乎总有一天会逆转过来指向过去。不过，庞加莱回归只是说明了系统必然能回到无限接近其初始位置的位置，不过庞加莱的定理并没有说明到达这一位置需要经过多长的时间，对一个存在大量粒子的热力学系统而言，最终的回归很可能会需要耗费比宇宙的诞生至今更长的时间。玻尔兹曼因此也调整了自己的观点，他提出 H 定理并非绝对不能违反，只有从随机的初始条件出发才会得到熵增加的结果。这一想法直到二十世纪中叶才随着计算机的发展大致得到证实，此时，物理学家开始用计算机来模拟硬球的运动，科学家们终于可以在模拟中见到持续熵的增加和偶然性的减小，这些模拟让物理学家们对 H 定理有了更深刻的理解。

今天，继续玻尔兹曼的尝试的更多是数学家，他们希望可以直接从玻尔兹曼方程切入，通过进一步了解这个方程的性质而指导物理学家的研究。但因为玻尔兹曼方程的非线性性质，这种尝试一直困难重重。与玻尔兹曼同时代的希尔伯特就已经开始尝试求解该方程[1]，这样的尝试持续了百余年，2010 年，法国数学家赛德里克·维拉尼（Cédric Villani）因证明玻尔兹曼方程的一个性质而获得菲尔兹奖，他的这一证明仅仅是告诉我们：如果我们对玻尔兹曼方程所描述的系统施加一个微扰，此系统最终将回到平衡状态，而不是发散到无穷。至此，玻尔兹曼方程也仅仅只揭开了冰山一角，"时间箭头"的问题仍然谈不上真正解决。

---

[1] 希尔伯特将玻尔兹曼方程有关的问题列为希尔伯特二十三个基本问题的第六个问题。

## 玻尔兹曼的大脑和人择原理

　　玻尔兹曼因为精神方面的疾病而自杀，这种自杀常常给我们一些错误的印象，我们会想当然地认为玻尔兹曼是一个忧郁的、不善言辞的、自我封闭的人。这些想法都是极端错误的——事实上，我们非常需要反思我们对待身边患有抑郁症或其他精神疾病的朋友们的态度。玻尔兹曼是一个很有趣的人，他是一位非常优秀的老师，也有着很高的声望。虽然玻尔兹曼有些"不拘礼节，喜怒溢于言表"，但这些在他的论敌马赫看来，更是反映出了玻尔兹曼"难以置信地天真和率性"。

　　玻尔兹曼不但是一个很好的老师，更是一个有着深刻思考的哲学家。他本人的哲学观点深受查尔斯·罗伯特·达尔文（Charles Robert Darwin）的影响，他曾在演讲中提到："在我看来，哲学的全部出路来自于达尔文的进化论。"也正因为如此，玻尔兹曼比同时代的其他物理学家更多地考虑与"生命""意识"有关的诸多问题。1875 年，玻尔兹曼根据热力学第二定律，提出了这样的观点："动物在生存竞争（struggle for existence）中所争取的，并不是已经丰富供给的空气、水分、土壤。也不是在任何体内大量以热的形式存在的能量，它们在生存竞争中争取的是'熵'[1]，它由炽热的太阳传递到冰冷地球的能量所提供。"值得注意的是，玻尔兹曼在这里使用的"生存竞争"一词就是来自达尔文的《物种起源》，从进化论的角度来切入，使得玻尔兹曼所讨论的生物系统的"熵"的问题甚至要比后来的许

---

[1] 按照现在的观点，这里提到的"熵"应该是"负熵"。

多生物学家、物理学家更深刻。

玻尔兹曼已经意识到，在一个处于平衡态的系统中，生命是无法存在的。在热平衡的状态下，生命将无法进行新陈代谢，也没有办法与外界的环境互动。生命这种有序结构的存在，特别是智能生物的存在，反映了某种偏离平衡的低熵状态。这看起来是非常难以理解的，为什么生命看起来可以维持在这样的一个状态？为什么在宇宙的一个局部可以存在着这种让熵不断降低的机制？而在玻尔兹曼看来，这一切其实没有什么神奇的——只要宇宙足够大，历史足够长，各种小概率的事件也是可能出现的：假如全世界的人一起连续掷上一年的硬币，那么在这段时间里，地球上的某人连续掷到 100 个正面也变得不那么奇怪了，这一说法也被称为"无限猴子定理"，让一只猴子在打字机上随机地按键，当按键时间达到无穷时，必然能够打出任何给定的文字（如莎士比亚的作品）。玻尔兹曼把我们观测的宇宙看成是偏离平衡态的涨落，只要持续时间足够长，无规则的涨落很可能会让系统处于低熵值的状态，这并不违背热力学第二定律，因为系统的"局部"并不是一个封闭系统，整个系统的熵仍然在增加，这只是平衡态中的涨落，局部的这些低熵的状态也并不会无限持续下去。玻尔兹曼因而想到，如果我们目前已知的低熵状态源于涨落，那么在宇宙中应该还会存在更多低熵的局部，这些局部很可能会出现各种不同的有序结构，甚至也可能出现其他形式的生命或者自我意识。

今天我们眼中的宇宙与玻尔兹曼眼中的宇宙已经有了很大的区别，今天的我们已经明确地了解宇宙是从大爆炸中产生的，我们的宇宙也不处于平衡态，但这并不影响我们对玻尔兹曼提出的问题进行深入的思考。尤其，随着我们对"真空"的了解变得越来越多（参见第一章中的讨论），我们已经理解真空中的确存在着涨落，真空中的激发伴随着光子或者电子－正电子对等等的出现。从理论上来说，只要等待的时间足够长，那么就还可能在真空中激发出原子或者分子来，当然，按照这一逻辑，也可能会有具有"意识"的物体从真空中产生出来。玻尔兹曼的思路促使后来的物理学家[1]开始明确地思考有关的问题：在宇宙的涨落中，很可能导致一些高度有序的"玻尔兹曼大脑"的出现，它们也很可能表现出与人类的意识完全不同的形态，这些"大脑"正在观测着宇宙。然而，玻尔兹曼的"涨落"说存在着一个巨大的困难。如果生命真的源于宇宙中出现的随机涨落，那么宇宙中更可能出现的将是许许多多个互相独立地从真空中涨落出来的"大脑"，可如果是这样的话，为什么我们人类是不孤独的呢？这又暗示我们生命似乎并不是在这种完全随机的涨落中诞生，这正是今天的物理学家们将"玻尔兹曼大脑"视作一个悖论的原因。

玻尔兹曼的设想启发后来的物理学家提出了"人择原理"（anthropic principle）的想法。人择原理尝试从物理学的角度解释"为什么我们的宇宙是这样的"。人择原理（也被叫作"弱人择原理"）的一种表述认为，我们生存在众多个宇宙演化模型中的一个里，各个不同的宇宙演化模型中有着不同的物理规律，而在所有可能的模型中，只有很少的几种能够允许智慧生命的出现，假如宇宙按照其他的方式演化，我们也将不复存在。近年来，人择原理及与之相关的"多元宇宙"（multiverse）的观点由于暴胀宇宙学（inflation cosmology）的理论而变得更加受到重视，也许随着对宇宙微波背景辐射及相关的宇宙学问题的研究逐渐深入，我们可以找到更多关于多元宇宙的证据。不过与此同时，关于人择原理的争论也一定会持续下去，在另外的许多科学家看来，"人择原理"是无法被证伪的，因而不能被看成是一种科学理论，而也有其他科学家认为，尽管目前"人择原理"可能还不能看成是科学的范畴，但它很可能是还未成熟的一种科学的形式。

---

[1] 最早提出"玻尔兹曼大脑"这一想法的物理学家是阿尔布雷希特（Andreas Albrecht）和索尔博（Lorenzo Sorbo）。

## 从薛定谔到"创世纪的第八天"

与生前默默无名、死后名满天下的那些艺术家不同，玻尔兹曼的思考不但深刻地影响了后来的科学家，也深刻地影响了同时代的其他人。著名的哲学家路德维希·维特根斯坦（Ludwig Wittgenstein）就曾经仰慕他的老乡玻尔兹曼，还曾经想要去跟着玻尔兹曼研究物理，然而不幸的是玻尔兹曼的自杀让年轻的维特根斯坦没能实现他的愿望。而玻尔兹曼的另一位老乡薛定谔也有着类似的遗憾，薛定谔后来还曾经说过："玻尔兹曼的思想路线可以称为我在科学上的第一次热恋，没有别的东西曾如此使我狂喜，也不会再有什么能使我这样。"（宋玉升等译《诺贝尔奖获得者演讲集·第二卷：物理学》）

与玻尔兹曼一样，薛定谔也喜欢思考与生命有关的诸多哲学问题[1]。薛定谔的幸运之处在于他可以吸收最新的生命科学进展，这些进展帮助他建立起了对生命问题的许多正确看法。之所以薛定谔可以与生物学家成为朋友，还需要归功于量子论的奠基人玻尔。玻尔很早就建立起了对物理和生物的不同看法，在玻尔看来，生物学需要用某种整体的观点来进行理解，承认"生命的存在"就像"电子的波动"一样是某种既成事实，用还原论的思想来研究生命是犯了用经典的图像研究电子的运动一样的错误，玻尔的这一想法源自其"互补原理"（complementarity principle）的哲学理念，这种哲学理念是量子力学哥本哈根诠释的

---

[1] 这些问题不仅限于生命系统的结构、热力学第二定律给生命带来的限制，还包括量子力学与意识之间的关系等等。

基础，但直接将其推而广之到生命科学，其实是有些粗糙的。但由于玻尔泰山北斗的身份，他的想法影响了许多后来的研究者，其中最著名的莫过于德尔布吕克（Max Delbrück），德尔布吕克在玻尔的理论物理所工作过两年。1926 年，苏联与美国的两位科学家[1]发现了 X 射线会导致基因的突变，而用某种"射线"来轰击某种"粒子"正是二十世纪初物理学发展的一个基本模式，德尔布吕克随后加入合作中，他们用 X 射线照射果蝇，值得注意的是，X 射线能够影响到的原子数量其实很少，可这种照射的确引发了突变，德尔布吕克的实验证明突变中有某种不可分的基本单位，他们建立了一个突变的"量子模型"（1935 年），这一模型对薛定谔产生很大的影响。两年后，德尔布吕克在美国创建了著名的"噬菌体小组"，成了一个真正的生命科学研究者。噬菌体是一种病毒，它是当时已知的最小生物，在德尔布吕克看来，他希望建立噬菌体的模型——就像玻尔建立了氢原子的模型一样。德尔布吕克最著名的贡献在于其最终证实了决定遗传的物质不是蛋白质，而是 DNA。他也因此与两位合作者［阿弗雷德·赫希（Alfred Day Hershey）和萨尔瓦多·卢瑞亚（Salvador Luria）］分享 1969 年的诺贝尔生理学或医学奖。（马修·科布的《DNA 发现之前的基因——遗传学家是如何揭示生命结构单元之基础的》）。

1938 年，为了逃避纳粹，薛定谔离开奥地利并迁往都柏林。1943 年 2 月，薛定谔在都柏林三一学院进行了一次影响深远的演讲，据《时代》杂志报道，当时的演讲吸引来了爱尔兰各界名流，从总理到内阁大臣，从外交官到学者。薛定谔的演讲标题为"生命是什么"，这个标题本身就已经足够吸引人了，更不要说这样一个问题是由创立了量子力学的大物理学家来向大家进行宣讲。薛定谔深深明白生物学与物理学之间的界限，他在演讲中也直截了当地提到："要把物理学家或化

---

[1] 苏联科学家提莫菲耶夫 – 雷斯洛夫斯基（Nikolay Timofeev-Ressovsky），美国科学家穆勒（Hermann Joseph Muller）。

学家如此发现的定律和规则直接应用到一种系统的行为上去，而这个系统却又不表现出作为这些定律和规则的基础的结构，这几乎是难以想象的。"虽然薛定谔受到了德尔布吕克研究的启发，但他依旧是用合理的逻辑来支持他的思考。正如德尔布吕克的实验那样，X射线引发突变，但薛定谔想到，X射线直接作用的对象是原子，但原子不可能带有太多的信息，遗传的信息应该存储在更大的某种东西中。就像简单的字母可以拼写出各种不同的单词一样，薛定谔指出生物体内存在着某种"微型密码"，这种"微型密码应该对应于一个高度复杂而精准的发育蓝图，并且可能以某种方式包含了使密码起作用的程序"，这种关于"密码"的想象可能与当时正在持续着的第二次世界大战也有些关系。薛定谔熟悉一些生命科学的研究成果，因此他敏锐地指出了这一密码的正确位置及其结构特征："一个活细胞的最重要部分——染色体纤丝——可以恰当地称之为非周期性晶体。迄今为止，在物理学中我们碰到的只是周期性晶体。"这是首次有人明确提出基因可能含有密码并指出了基因的"非周期性"，薛定谔这里所说的"非周期性"其实是由"编码信息"的功能所决定的，因为周期性的"密码"是非常浪费的，它只能存储一个周期内的信息。

薛定谔的这次演讲的另一个重要意义就在于其向公众广泛阐发了关于"负熵"的概念。薛定谔继承了玻尔兹曼的观点，他在演讲中提到："在我们的食物里，究竟含有什么样的宝贵东西能够使我们免于死亡呢？那是很容易回答的。每一个过程、事件、事变——你叫它们什么都可以，一句话，自然界中正在进行着的每一件事，都是意味着它在其中进行的那部分世界的熵的增加。因此，一个生命有机体在不断地增加它的熵——你或者可以说是在增加正熵——并趋于接近最大值的熵的危险状态，那就是死亡。要摆脱死亡，就是说要活着，唯一的办法就是从环境里不断地汲取负熵，我们马上就会明白负熵是十分积极的东西。有机体就是赖负熵为生的。或者，更确切地说，新陈代谢中本质的东西，是使有机体成功地消除了当它自身活着的时候不得不产生的全部的熵。"与直觉给我们的印象不同，我们在食物中所获取的并不只是"能量"，生命本身也不可能违背热力学第二定律，由于生命处于开放状态下，生物要想继续维持生命，最重要的是可以持续不断建构我们身体的"有序"，这种"有序"即为薛定谔语境下的"负熵"。薛定谔的这个讨论是对"生命是什么"这一问题的最好回答。

薛定谔的关于生命的这次演讲很快就被整理成书出版，这本书中关于"非周期晶体"和"负熵"的讨论深深地影响了后来生命科学的研究者们。薛定谔的这些观点并非完全属于"原创"，但通过他的阐发和宣传，一整代物理学家开始注意到生命科学中的许多问题，从这个意义上来说，薛定谔预言了二十世纪下半叶开始的一场"分子生物学革命"。这场分子生物学革命意义重大，它甚至被著名的科普作家霍勒斯·弗里兰·贾德森（Horace Freeland Judson）称为"创世纪的第八天"。正是薛定谔的演讲将一代科学家从战争的阴影下引导向生命科学研究的前沿。1945 年，戴森在伦敦遇见了一个年轻的海军情报分析师，他也有着物理学的背景，但他的研究因为战争而荒废了，他的名字叫弗朗西斯·哈里·康普顿·克里克（Francis Harry Compton Crick）。战争即将结束，当时他受《生命是什么》（*What is life*）的影响，决定今后转行来做生物学，因为在他看来，未来二十年最令人兴奋的科学将是生物学。戴森同样觉得生物学是一个极有前景的方向，但是他又觉得当时或许还不是转行做生物学的最佳时机。然而就在大概七年以后（1953 年），克里克、詹姆斯·杜威·沃森（James Dewey Watson）就发现了 DNA 的双螺旋结构，这件事给戴森很大的触动。值得一提的是，因为 DNA 双螺旋结构的发现而被授予 1962 年诺贝尔生理学或医学奖的沃森、克里克和莫里斯·威尔金斯（Maurice Wilkins），都深受薛定谔《生命是什么》的影响。

## 生命赖负熵为生

薛定谔演讲中流传最广的一句话就是"生命赖负熵为生"。这句话可以让我们重新反思许多习以为常的事实。一个经典的问题就是："为什么冬天我们需要取暖？（Why do we have Winter Heating?）"一个没有学过热力学的人凭借自己的直觉会回答说："是为了使房间变暖和。"而初学过热力学的人也许会说："生火是为了补充能量。"这两个人的说法谁对谁错呢？经过仔细的计算，我们会发现，取暖设备并不能为房间提供更多的能量（内能），能量会通过缝隙完全散逸到室外的冷空气中，而房间中的"能量"只与气压有关。因此，取暖并不是在为我们补充能量，就像我们每天吃下各种东西，却维持不变的体重，这个过程中没有能量的变化，只有熵的减少。这样看来，反而没有学过热力学的那位朋友的回答才是正确的。

但"生命赖负熵为生"这句话还有没说完的一面，生物自己吃进去的是"负熵"，但排出来的可都是"正熵"。为了维持自己的有序，我们在环境中排出了各种代谢的废物、排泄物、碎屑、残渣……生物之所以可以维持自身结构的有序，这完全是由于环境在默默地承受着生物所做的一切。如果我们把环境和生物体看成一个整体，那么很明显，整个系统的熵会是增加的。这再度证明了热力学第二定律的正确性——对于一个封闭系统，熵是不会自动减少的。

需要特别指出的是，在系统的局部，有序结构的产生并不违背热力学第二定律的作用，生物体内的"有序"常常都是通过这种效应产生的。例如，当我们把教室的所有桌椅堆到一起之后，"桌椅"变得有序了，下课学生的活动空间变大了。对大颗粒（或者桌椅）而言，它的熵是降低的，但对整个系统而言，因为小颗粒（或者学生）有了更大的空间，就可以容纳更多可能的状态，系统的熵是增大的。这种把大颗粒推到一起的"力"是一种熵效应，通常被称为排空力（deplation force）。这种熵主导的效应开启了软物质物理学（soft matter physics）研究的时代，在固体物理中，我们看到的相变常常都是由能量所主导的，磁性系统中的相变就是很典型的例子，而在软物质体系中（例如高分子链、液晶、生物分子，等等），熵效应成了一种起主导作用的驱动力。正是利用了这种熵效应，一条无规的多肽链可以快速地折叠到有序的蛋白质结构，磷脂分子可以组装成细胞膜：生命才真正做到了"赖负熵为生"。今天，人类设计的许多纳米机器也是通过这样的方式"自组装"的。

不同的人在读到"生命赖负熵为生"这句话时总可以挖掘到符合自己想法的东西。对一个相信各种创世神话的人来说，读到薛定谔便会觉得"负熵"的说法强调了生命系统的高度有序性：生命像一个精心设计的机器，高度有序地运转着，大自然里无生命的一切都无情地朝着熵增加的方向前进，而被神所偏爱的生命却依赖"负熵"这种独一无二的手段存活了下来。如果你粗浅地了解进化论，你会觉得"负熵"的说法正好符合进化论的实质：随着进化的不断进行，从无序的非生命物体进化出了有序的生命体，生命体的结构不断变得复杂而有序，并且生命还可以构建出各种复杂的群体或社会结构，在更大的尺度上建构其有序。当一个人在显微镜下看到细胞的结构，更会赞叹薛定谔的洞见：在一个生物的细胞内存在着这么复杂的结构，细胞通过新陈代谢从外界吸取能量，维持了其有序结构，这同样证明了生命依赖负熵为生的道理。当了解到更多生物学的知识，我们还会不断延伸"负熵"的理论，例如将生物的发育过程看成是一个建筑有序结构的过程；将细胞的凋亡和各种疾病看成是"无序"的产生；将环境污染对生态系统的破坏看成是在大自然中制造了更多的无序。

如果仔细考察起来，上面的说法几乎都是有问题或者有缺陷的：生命不是自然界中最有序的物体，相比起来，还是各种晶体（金刚石、水晶等）更加有序，为什么生物不长成金刚石的样子呢？生物的进化不是从简单到复杂的一条直线，存在着大量的实例表明生命体的结构并非是越来越复杂或有序，而是存在许多偶然因素，生物适应环境的能力与结构的有序性其实是没有必然关系的（我们就很难说我们自己比身体里的各种细菌更适应环境）。而细胞并不是简单地维持一个固定的结构，有的细胞需要变形，有的细胞会需要运动，而在细胞的内部还发生着大量的动态过程（信号的传导、物质的定向输运、分子的对接等等），要真正理解细胞的"有序"，更重要的是理解细胞内部的动力学。如果发育是一个趋向"负熵"的过程，那么其逆过程——从体细胞得到干细胞（stem cells）应该是很容易的事情，可这显然是不对的，制备干细胞是非常困难的事情；细胞凋亡常常是与维持生物的有序相关的，基因损伤过于严重的细胞如果不能凋亡，反而会对生物体的有序性造成可怕的影响；与各种疾病和环境污染有关的"熵"的问题那就更复杂了，常常得具体问题具体分析，很难一概而论。这样看起来，我们对薛定谔"生命赖负熵为生"这句名言的解读常常是有问题的，或许正是这些美好的误会促进了薛定谔观点的广泛传播。不过，薛定谔显然不应该为这些"误读"或者"过度解读"而负责，一个伟大的想法在其诞生之初总是相对粗糙，常常需要几代人的努力才能将一个粗糙的观点打磨成严格而精确的理论，薛定谔关于"负熵"的想法也是如此。

正如薛定谔所说，生命"赖负熵为生"，但依靠"负熵"是要付出代价的。在环境中带来新的无序的确是一种代价，但对生物体而言，有序同样可能有些坏处：过于有序的结构反而会不利于各种动力学过程，这就很可能不便于生物分子执行具体的功能——类似的理由常常是我们平时不愿意收拾房间的借口。有些常用的东西，我们更愿意将它放在伸手就能拿到的位置上，虽然这样显得有些"无序"，但我们却可以消耗更少的"能量"。也就是说，对生命体而言，并不是越有序就越好，更重要的是"负熵"与能量之间的竞争，如果一些有序结构的形成（或者破坏）需要耗费额外的能量，那么这显然不会是生命的选择。因此，在真实的问题中，我们常常需要分析的是能量与负熵之和，而这一物理量则是所谓的自由能。

当我们了解到追求有序所付出的代价之后，就可以明白生物在进化中所面临的真实选择。之所以生物不长成晶体的样子，是因为过于有序的结构意味着需要过多的能量来维持，而这很不适宜生物体在复杂的环境下保持灵活多变的特性。面临各种复杂的环境，生物体只有在各种因素间取得一个平衡才能以最快的速度完成物种的繁衍，这不是"负熵"这样一个简单的因素就能完整地描述的。不过，尽管如此，"生命赖负熵为生"这句话仍然有其重要的历史意义。这句话解答了长期以来困扰物理学家和生物学家的一个难题，将生命和非生命的世界用热力学第二定律统一在一起。更重要的是，这句话还启发了生命科学领域的其他研究者（生态学家、医学家、细胞生物学家、分子生物学家）重新思考生物体系在各个时空尺度上表现出来的有序性。这样一句简单的宣言也激发了科幻小说家关于各种生命可能性的想象：科幻作家笔下的外星生命可能与地球生物具有不同的形态结构，甚至由与地球上的生物不同的遗传物质和元素组成，但所有这些生物都离不开负熵。

## 信息和不确定性

遗憾的是，薛定谔本人却没有意识到他其实已经站在了另一场革命——"信息革命"的门口，最终他都没有敲开那扇门。今天，我们每个人都知道薛定谔的所谓

"微型密码"到底指的是什么，这种密码中所存储的正是我们的遗传"信息"。而生命靠着不断吸取"负熵"所建构的这种"有序"，正是所谓的"信息"。今天，专门分析和研究"遗传密码"的学科即被称为"生物信息学"。信息越多，不确定性就越少，相应的状态数越少，例如当一个侦探对案件一无所知时，这个案件的嫌疑人是非常多的，换句话说，可能的"状态数"非常多；而侦探收集到越来越多的"信息"，他对案情也就越来越了解，最终可以确定"凶手就是你"——这时，侦探指出的凶手是唯一的，这对应于"状态数"最低的一种情况。侦探对凶手的不确定性越大，熵也就越大，侦探破解案件的真相所需要的信息量也就越大。

在薛定谔《生命是什么》的演讲发表五年以后，美国数学家克劳德·艾尔伍德·香农（Claude Elwood Shannon）发表了其划时代的《通信的数学原理》（*A Mathematical Theory of Communication*），提出了"信息熵"的概念（1948年），这篇论文奠定了现代信息论的基础。当这篇论文被收录到论文集中时，论文标题中的"A"已经变成了"The"。香农像是信息科学界的费曼，他年轻时的偶像是爱迪生，他喜欢各种小发明，也喜欢解决各种困难的问题，更喜欢开各种玩笑。信息科学与物理学有着很大的不同，物理学中的一些基础理论（例如爱因斯坦提出的引力波）往往要等上数十年才能在某些领域被勉强验证，要等到应用的那天不知要等到何时，而香农的信息论在被提出后不久就得到了广泛的应用：数据的传输、数据的存储、数据的压缩、信息的编码、信息的安全等诸多问题都成了我们日常生活的一部分，香农也亲眼看到了信息时代的到来，他去世于2001年。

香农小时候最喜欢的小说之一就是埃德加·爱伦·坡（Edgar Allan Poe）的《金甲虫》（*The Gold-Bug*）。爱伦·坡是侦探小说之父，他的作品深刻地影响了后来世界各国的推理和悬疑作品[1]。《金甲虫》是爱伦·坡流传最广的一个推理作

---

[1]　日本推理小说之父江户川乱步（Edogawa Rampo）这个笔名即来自于爱伦·坡名字的谐音。

品（1843 年），这部小说开创了"破译密码，解密藏宝图"这类小说的传统。小说的主人公得到了一串包含了数字和特殊字符的密码，这里我们不剧透小说密码的内容，仅仅剧透小说中密码的破译方法：由于在英文中，出现频率最高的字母是 e，因此，密码出现次数最多的符号（数字 8）所对应的也就是 e；再考虑到密码中符号"; 48"经常重复出现，这个单词的结尾字母是 e，很显然，这个词只会是"the"……如此继续下去，所有符号和数字都可以找到其对应的字母，从而可以解读出密码的全部内容。

我们也像香农一样，可以从这个故事中受到很多启发。同样是英语字母，但字母出现的频率不同，每个字母出现频率的差异暗示了其所包含的信息量的差异。用中文来举一个例子：我们需要猜测一个二字词，如果我们知道这个词的第一个字是"信"，这时我们可以有很多选择：信息、信念、信任、信服、信件、信心、信使……大量的候选词意味着更多的"可能状态"，这伴随着大量的"不确定性"；如果我们知道这个词的第一个字是"耄"，那么我们很容易知道这个二字词只可能是"耄耋"。以"信"开头的二字词在我们的日常语言中是非常常见的，而"耄"这样的字我们的日常语言中出现的概率非常低，伴随着这种低频词的出现，我们大大降低了猜测时的"不确定性"。换句话说，粗略地来看，低频出现的字中包含了更多的"信息"。这启发香农提出信息熵的概念，香农的信息熵定义为：

$$H(X) = -\sum_i p_i \log_2 p_i$$

它与玻尔兹曼熵的推广版有着非常相似的形式，一个微小的区别是这里特别强调用二进制进行编码，所以这里计算的是概率以 2 为底的对数，这是不难理解的：如果系统的状态可以用 0 和 1 来描述，那么这个系统的状态可以存储在 1 个比特中；而如果系统可以有 3 种不同的状态，那么 1 个比特显然是不够的，需要用 2 个比特才能进行存储；而对于 1024 种不同状态的系统，则需要 10 个比特才能对信息进行存储（$2^{10}=1024$），因此香农信息熵的单位是"比特"（bit）。香农的定义建立起了"信息"与"熵"之间的联系，并将"信息"这样一个看起来抽象而主观的概念进行了准确的定量刻画。

另一个重要的启发在于，根据这些出现频率的差异，我们可以考虑设计出某种更为优化的编码，例如频繁出现的 e 就可以只占用更短的字节[1]。因此，我们还可以从信息压缩的角度来理解香农的信息熵[2]。例如，现在我们得到了两篇用不同的外星语言写成的文章，希望对这两篇文章的编码进行一下研究。两种外星语的文章中都只有三个字母，分别记作 A、B 和 C，其中第一种语言的文字中，A 占了 80%，B 和 C 各占 10%；而第二种语言中，三个字母的出现是等概率的，那么我们可以分别计算这两种语言的信息熵，其中，前者平均每个字母的信息等于0.921 比特，而后者平均每个字母的信息等于 1.584 比特。这就有些不平凡了，因为我们计算出前者每个字母的信息熵竟然比 1 个比特还少，这表明平均下来，我们甚至都不用占一个比特的空间就能存下来自第一种外星语的文字，这说明第一种外星语是很容易被压缩的。用第一种外星语写下的 1000 个字母，可以用 921 个比特进行存储，而用第二种外星语写下的 1000 个字母，得用 1584 个比特来存储，一般来说，对于出现大量重复模式的语言（或者其他信息），其可压缩性都是很强的，而对于非常随机和均匀分布的信息（例如 π 的前若干位小数），我们将难以对其进行压缩。

"数据压缩"是一个有趣的问题，虽然现在计算机的存储已经不再成为问题，但是在云服务和网络通信等问题中，如果有很好的数据压缩算法，显然会有事半功倍的效果。当然，如果我们愿意放弃部分信息，那么我们就可以用较

---

[1] 最早进行这样尝试的人为著名的塞缪尔·莫尔斯（Samuel Morse），在莫尔斯编码中，字母 e 用一个点来表示。
[2] 关于语言的信息熵以及相关概念在自然语言处理中的应用可以参考吴军的《数学之美》。

少的空间存储较多的内容，真正的挑战其实在于无损的压缩。有的信息很容易就可以进行无损压缩，例如在生物的基因序列中，存在着大量重复片段，这些重复片段可以很简单地进行压缩，例如用［ATGGCCTA］×20 就可以代表序列"ATGGCCTA"重复出现 20 次。为了描述信息被"压缩"的可能性，苏联数学家安德雷·柯尔莫哥洛夫（Andrey Kolmogorov）提出了"柯尔莫哥洛夫复杂性"（Kolmogorov complexity）的概念，简单来说，一个字符串[1]的复杂性就是指在某种描述性语言中长度最短的描述，或者说，一个字符串的复杂性就是打印这个字符串的最短程序的长度。不同的语言对字符串的描述也可能会变得简化或复杂化，柯尔莫哥洛夫所提出的这种"最小描述的长度"实际上会取决于用于描述的语言，只不过改变语言来进行数据压缩所起到的效果是有限的。有趣的是，柯尔莫哥洛夫复杂性不是一个可计算的函数，也就是说：不存在一个程序，可以把字符串 s 作为输入，然后直接输出它的柯尔莫哥洛夫复杂性，这其实不难理解，一个经典的悖论就是：我们用十四个字就描述了用"二十个字所能描述的最长字符串"。

　　在实际的使用中，除了直接对信息及其复杂度进行刻画以外，我们还常常将"信息"作为一种类似"距离"的度量。例如，你已经知道某个信息（凶手是列车上的所有人），这时我跑来跟你剧透说"凶手不止一人"，你会觉得我的话里没有什么信息。假如你还不知道这个信息，这时听到我的剧透，便会觉得我泄露了重要的"信息"。因此，我的剧透是否包含信息取决于你事先已经掌握的信息，所以，此时应该用信息熵的差来度量我剧透的信息与你已知信息之间的"差距"。这种信息之间的差距被称为相对熵（Kullback-Leibler divergence），它在统计推断和机器学习等领域有许多重要的应用。例如，当计算机在识别图片中的动物到底是猫还是狗的时候，它就是在比较图片中的信息

---

[1] 我们也可以讨论其他类型的信息，字符串是其中最简单的一种信息的形式。

与已知的猫和狗的信息之间的"差距"到底哪个更小；当我们希望我们提出的统计模型可以很好地反映真实数据时，我们希望最小化我们统计模型的概率分布与真实的频率分布之间的"差距"；如果我们要提取出一篇文章的关键词，我们不但要注意这篇文章中本身出现的高频词，更要找出这篇文章与其他文章"差距"最大的那些高频词。

在信息处理的过程中，输入端和输出端的信息通常不会完全相同。而一个智能的系统通常可以整合输入端的大量信息并做出准确的判断，这就启发科学家用"信息整合能力"来定义"意识"或者"智能"。这种"整合"并不是简单的加总，不像大学里的课程考试成绩那样只是对平时作业、考试成绩和小论文几个因素的简单平均，强大的信息整合能力意味着我们可以从系统中找出来的诸多特点相互交织和碰撞，从而形成更多的新想法、新观念。一个典型的例子就是团队对一个问题做调研，每个人负责某个领域内的问题（如某个区域的市场），随后所有人集合在一起，在讨论中形成对这个问题完整的认识。这种"整合性"的度量用希腊字母 Φ 来表示，这种智能可以看成是广义的"意识"。因此，如果要对"整合性"进行一个定量的描述的话，我们可以考虑对"整合前""整合后"两种情况下的系统信息熵作比较，用"信息整合理论"的创始人之一朱利奥·托诺尼（Giulio Tononi）的话来说就是："（整合性是）一个系统其机制所产生的，远远超出各个部分独立产生的信息量之和能力的值。"信息整合理论允许由大量生物个体（或者具有信息整合能力的其他非生命，例如计算机）组织起来，形成一种"超级生物体"，只要这种超级生物体具有强大的信息整合能力，它就完全可能形成比人类更强大的意识或智能。当然，我们完全不用为此感到紧张，在这一天到来之前，我们还是继续利用这一理论，将其应用于神经科学、机器学习、组织行为学等领域的研究，并在自己的决策中尝试通过更多的有效整合创造出更多的新信息。

## 信息和噪声

科学研究中的一个基本问题就是从数据的统计分析中找出其基本规律，然而在这些海量的数据中，存在着有意义的"信息"，也存在着没有意义的"噪声"。这些噪声通常反映了系统中的随机性，我们在前面的讨论中已经严格地建立起了"信息熵"与"热力学熵"之间的等价关系，这启发我们思考关于"信息量"和"随机性"之间的关系。我们大致可以建立起如下的直觉：一旦我们缺乏刻画某一系统的"信息"，我们难以对这个系统做任何的"预测"，而一旦我们无法预测这个系统，我们就会产生其更为"随机"的感觉，因此，信息的缺失导致熵增加，而信息则对应于"负熵"。

### （A）赌徒谬误和最大熵推断

不幸的是，我们常常误解随机性。"赌徒谬误"（The Gambler's Fallacy）即其中最常见的一种错误，即使我们不是赌徒，我们也常常会根据事件近期发生的概率，而过度解读那些具有确定发生概率的事件。例如一个赌徒在赌大小时，已经连续出现 9 次开出的都是"大"，于是他觉得第 10 次依然开出"大"的概率是很小的，就把所有的钱都赌在了"小"上，然而，只要这是一个公平的赌场，那么每次骰子出现"大"或"小"都应该是独立的，并不会受到历史信息的干扰。我们在听音乐时选择切换到"随机模式"，如果我们切歌后发现还是这首歌，我们会有一种"不够随机"的感觉，这其实是一种错误的印象，这还导致现在的音乐播放器（例如 iPod）反而会在随机的算法中加入一些约束条件，以防用户觉得是随机算法出现了问题，可事实上这些约束条件反而给系统提供了更多的信息，让随机性（即熵）降低了。心理学家们还发现，当人们从一堆数字中选取随机数时，会觉得以 0 和 5 结尾的数字更不"随机"，有实验表明，实验者从 0 到 9 之间的整数中"随机"抽取一个数字时，0 和 5 被选中的概率非常低，而 7 被选中的概率相对较高。而在购买彩票时（以 22 选 5 为例），我们知道各种组合出现的概率都是相同的，但通常我们不选 1、2、3、4、5 或 1、2、4、8、16 这些有明显规律的号码，这同样是犯了"赌徒谬误"。总之，将一些有规律的组合排除，这意味着我们人为地降低了总的状态数，这也就导致了熵的降低，实际上是在系统中人为引入了更多的信息。

那么，我们在认识一个充满随机性的系统时，怎样才是真正理性的方式呢？当我们要提出一个模型描述现有的数据时，我们可以提出许多完全不同的模型，它们可以得到一系列概率分布，这些分布都可以符合我们的已知条件。但如果我们对一个系统没有获得太多的信息，最理想的方法就是我们不对其做任何多余的假设。这是奥卡姆剃刀（Occam's Razor）原理的应用，也是孔老夫子所说的"知之为知之，不知为不知，是知也"。1957 年，美国物理学家杰恩斯（E. T. Jaynes）针对这一问题提出了关于信息熵的"最大熵原理"，在用这一原理进行推断时，我们将在缺乏更多相关信息时，尽可能选用"最大熵"的概率分布描述实际的数据，例如，对掷骰子的问题而言，出现六个面的概率分布为均匀分布时，系统的熵最大。当然，在真实的世界中，很可能的确存在着一些复杂的约束和隐藏的关联（例如骰子的不对称性），这可能会导致熵最大的那一个分布未必是最符合客观情况的一种选择，但在已知条件有限的情况下，它总是假设最少的一种分布，对应于一个最为简洁的模型。如果我们选择了其他的模型，那就意味着我们在这个系统中引入了其他的信息，这些信息是无法通过现有的数据所提供的。当然，如果我们对一个具体的推断问题有一些了解，那么我们可以将已知的信息作为约束条件，求解带有约束的"最大熵"问题。最常见的一种情况就是我们已知一个统计分布的代数平均值和标准差，那么此时最大熵对应的统计分布为正态分布；而如果我们只知道一个随机分布的均值，那么最大熵分布对应于指数分布；如果已知随机变量的几何平均值，那么最大熵分布对应于幂律分布。

杰恩斯关于"最大熵"的一些考虑可以给我们许多启发，事实上，"熵"可以不被看成是对统计推断的体系本身的度量，而是对观察者的一种度量，它对应于观察者对一个实际体系的"无知程度"。这种理解看起来有些不可思议，但其实也非常自然，因为对于一个热力学系统，根据热力学第二定律，系统朝着熵最大化的方向演化，而熵本身也对应于微观的状态数，此时，熵最大的状态出现的概率占绝对优势。因此，在我们对这个系统一无所知时，我们可以假定系统就处在一个最可能的状态——这个状态对应于最大熵。基于此，杰恩斯找到了统计推断与统计物理之间的联系：如果我们把统计物理用概率论和信息论的语言重新表述，那么求解统计分布也就对应于最大熵问题。

### （B）多臂老虎机问题与自由能原则

"最大熵"的分布是在已知条件有限的情况下假设最少的一种分布，但随着我们对系统的了解越来越多，我们继续假定一个最大熵分布就有可能变得不再适合了。例如，对于一个温度确定的热力学系统，它出现概率最高的状态就有可能不是熵最大的状态，因为能量较低的状态出现的概率同样是很高的。在温度确定的热力学系统中，我们可以通过让熵最大化的方式增加状态的出现概率，也可以通过让能量降低的方式增加状态的出现概率。如果有某种方式，在降低能量的同时，也让熵最大化，那自然是最好的，但在热力学体系中，通常熵较大的状态（例如气态、液态等无序状态）通常对应于能量较高的状态，当系统从无序转变为有序时，同时还伴随着能量的降低。面对这种能量和熵之间的竞争关系，物理学家通常会用"自由能"的概念来进行研究。这种应用还可以进而推广到任意的统计推断问题，将统计学中的"概率分布"取一个对数，从而得到与之对应的"自由能"。

　　在统计推断中，如果我们对系统已经有了一些先验信息（prior information），那么这时我们进行的推断叫作贝叶斯推断（Bayesian inference）。例如当我们在设计一个产品时，我们设计了若干种有细微差别的产品模型，如果用户普遍更喜欢其中的某一种或几种，我们对于产品的设计就有了更多的"先验信息"，最终的成品需要考虑这些来自于用户的信息。与贝叶斯推断有关的物理问题不再是熵的极大化，而是自由能的极小化[1]。近年来，这种与贝叶斯推断有关的"自由能原理"（Free energy principle）被神经科学家们所关注，神经科学家们希望用一套与贝叶斯推断有关的理论来完全描述人类大脑的认知和行为。在这些神经科学家看来，大脑倾向于将自身维持在某种自身预期的状态。即当面对外界的信息输入时，大脑希望可以最小化"意外"出现的概率，也就是说，大脑倾向于不去选择那些充满不确定的行动，而是会利用此前的先验信息，让任意的行动所带来的后果都尽可能符合自己的预期，最终选择那些趋于稳态的行动。从结果上来看，这种选择同样反映的是某种"自由能"的最小化，需要注意的是，这里我们所讨论的自由能已经不是热力学意义上的自由能了，而是与具体的统计推断问题有关的一个概念。

图4- 多臂老虎机示意图

---

[1] 对于一个概率分布 $P$，与之相对应的自由能正比于这一概率分布的对数，即：$F=-k\log P$，而根据自由能的定义：$F=U-TS$，这里的"$U$"表示内能，"$S$"是熵，而"$T$"代表温度。容易发现，在 $T$ 固定的情况下，要想增大概率 $P$，就要降低自由能 $F$，而两种可能的方法就是降低内能或者增大熵。

在计算机科学中，一个与之相关的经典问题叫作"多臂老虎机问题"（Multi-armed bandit problem），假如存在一个有多个摇臂的老虎机，投币就可以摇动这个老虎机的各个摇臂，每个摇臂对应的中奖概率会有所不同。一个赌徒希望获得的奖励最大化，那么他必须考虑两方面的问题，其一是"探索"（exploration），他必须尝试各个不同的臂，以得到更多的信息；其二是"利用"（exploitation），如果已经完全了解到了老虎机不同臂的中奖概率，那么选择其中中奖概率最大的臂就是让自己获利最多的一种方案了。但实际的情况是，我们必须在"探索"和"利用"这二者之间取得一个均衡。可怎样才能取得一个最佳的平衡呢？这同样涉及自由能原理，假如现在我们已经知道了哪个是中奖概率最高的那个摇臂，那么最理性的做法就是连续摇这个摇臂，这对应于完全的"利用"状态。如果我们想获取尽可能多的信息，我们应该尽可能多地去"探索"。正常的情况，如果我们结合"探索"和"利用"两种策略，最终我们的收益综合表示成一个自由能的形式，设计一个关于多臂老虎机问题的有效算法也就是设计一个在尽可能短的时间的情况下得到最高收益和信息的算法。

## 麦克斯韦妖和兰道尔原理

我们已经从直觉上建立起了"信息熵"与"热力学熵"之间的联系。有趣的是，"信息熵"与"热力学熵"这两个概念实际上是等效的。如果准确理解了信息熵的概念，不但可以帮助我们理解有关的信息科学问题，还可以帮助我们深入地理解热力学第二定律。

直观地看，玻尔兹曼公式告诉我们，在能量确定的情况下，"状态数"的对数即为熵。而一个系统如果可能达到的状态数很多，就表明我们对系统状态的不确定度越大，在日常的语言中，我们常常把这种充满不确定的状态称为"无序"或者"混乱"的状态。当我们在一杯清水中滴下一滴墨水之后，系统变得越来越无序，我们对染料分子位置的"信息"了解得越来越少。但这种理解还有些粗糙，要想真正理解信息熵和热力学熵之间的联系，我们需要介绍一位"妖怪"朋友。这种妖怪最早出现在麦克斯韦的《热理论》(*Theory of Heat*)(1871 年)一书中，因此我们今天将这种微观世界的智能个体称为"麦克斯韦妖"。麦克斯韦想借此讨论热力学第二定律的局限，一旦这种妖怪存在，那么热力学第二定律就有可能被违反。

图 5　麦克斯韦妖工作原理示意图

麦克斯韦妖能获取分子的位置以及其他一些相关的信息，并可以根据这些信息对系统进行一些简单的操纵。我们首先考虑妖怪不在场的情况，假设存在着一个容器，容器中间有一个隔板，把容器分成 A 和 B 两个区域，隔板上还有一个阀门。这个体系是热力学中的常见体系，整个系统显然是一个孤立系统，假如隔板左右两侧装上温度不同的气体，那么一旦打开阀门，最终系统中温度不同的两种气体分子会开始混合直至达到均匀分布，这一过程中熵增加。但假如存在着这样一种妖怪（如图 5 所示），它是强迫症晚期，最看不得无序的产生——它把守着阀门，一旦在隔板的左侧看到高速运动（高温）的气体分子，就打开阀门，让分子运动到右边，一旦看到右侧出现慢速运动（低温）的气体分子，就打开阀门，让分子运动到左边。阀门可以做得没有摩擦，这样，妖怪也就可以不消耗能量了。最终，在这个妖怪的帮助下，门的一边是高温的气体分子，另一边是低温的气体分子——这是一个与妖怪不在场的情况恰好相反的过程。妖怪无私地帮助系统建构了有序，并且自己也没有耗费更多的能量，这样就形成了一个第二类永动机。

"麦克斯韦妖"这一问题吸引了许多物理学家的注意。很明显，妖怪具有某种智能，它能对分子的状态进行测量，它还能对阀门进行操作，而妖怪也是有生命的，它也必须"赖负熵为生"，因此显然不能不吃不喝，所以很明显，问题的关键出在妖怪身上。可是这仍然还没有解决最终的问题——没错，妖怪确实要吃东西，可它把能量又花到哪里去了呢？1951 年，固体物理学家布里渊（L. Brillouin）猜测麦克斯韦妖把能量花在了测量上，妖怪要想知道分子的位置和速度，就必须对分子的运动进行测量，而这样一个获取信息的过程一定会有能量的耗散，热力学第二定律也不会被违反。布里渊根据自己的逻辑推演，还提出了一个新颖的观点：每次测量过程都伴随着一个熵增，而且存在一个熵增下限，如果低于这个下限，测量无法完成。从原则上来说，布里渊的这个想法看起来非常合理，并且它还启发我们思考更多的物理学背景，因为其讨论的"测量过程"似乎还可以建立起与量子力学测量之间的联系。

然而，布里渊在这里犯了一个错误。1960 年，来自 IBM 的科学家罗尔夫·兰道尔（Rolf Landauer）首次指出了布里渊这个错误。兰道尔认为还有一个关键的问题没有解决，即：测量究竟是怎么发生的？测量如果要发生，首先，待测量系统和测量系统二者之间必须发生接触，但两个物理系统即使耦合在一起，也并不一定导致耗散。1982 年，另一位来自 IBM 的科学家贝奈特（Charles H. Bennett）更是用分子磁钜的测量实验为例证明了测量过程可以是可逆过程，这个过程可以做到不消耗能量，也不导致熵增。那就奇怪了。如果说测量可以不导致熵增加，那么我们真的可以做出第二类永动机吗？

兰道尔指出，麦克斯韦妖面临的真正问题不在于"测量"，而在于"计算"。我们从一个计算机科学家的角度来重新描述"麦克斯韦妖"。现在，麦克斯韦妖不是"妖怪"，而是一个非常节能的"计算机"。这样一个计算机测量分子的信息，将信息写入其存储单元（内存）中。如贝奈特所说的，测量的过程理论上可以不消耗能量，而打开阀门理论上也可以不消耗能量，看起来麦克斯韦妖完成了其工作。接下来可以对下一个分子进行观测了，不过这个计算机现在还需要进行一个重要的处理，刚刚记录下来的分子状态还需要被擦除，否则没有办法写入下一个分子的信息。而擦除的过程总是一个不可逆的过程，如果是可逆的，那就谈不上"擦除"了，而我们已经介绍过，只有可逆过程才有可能保持熵不变，因此信息擦除的过程总伴随着能量消耗和熵的增加。这个能量消耗（或熵的增加）可以很微小，但却不等于零。兰道尔正是指出了在计算系统中，真正不可逆的过程隐藏在信息的擦除过程中，这一工作指明了计算机能耗的下限。今天，随着计算机技术的发展，我们发现近年来计算机或移动设备的 CPU 的主频似乎变得不再增加，降低能耗成了发展的重要方向，因为随着设备以及处理器的小型化，散热已经成为一个突出的问题。兰道尔原理告诉我们，由于热力学第二定律的存在，只要计算系统中存在着信息的擦除过程，那么无论怎样改进器件的物理性能，都始终存在着一个无法达到的下界，这个下界是由信息的擦除所引起的。

怎样可以更直观地理解兰道尔原理呢？我们用一个简化的模型来"模拟"信

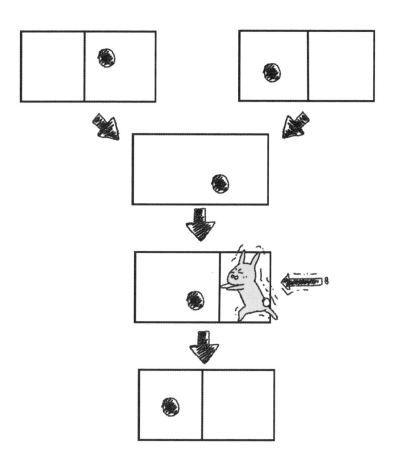

图 6- 信息擦除与做功的等价性

息的擦除过程。如图 6 所示，无论气体分子开始处于隔板的左边还是右边（记作"0"或"1"），我们只需要抽出隔板，把隔板放到盒子的最右边，然后从右边开始压缩气体，直到隔板重新回到盒子的中间。这样，气体分子必然会到达左边。无论气体分子一开始是在隔板的左边还是右边，最终都会到达隔板的左边，因此，原来的信息被擦除了。这个擦除过程中，"能耗"即为外界对气体所做的功，这个功的大小为 $kT \ln 2$ [1]，而信息擦除的过程伴随着熵的产生，每擦除 1 个比特的信息，环境中的熵也将增加 $kT \ln 2$。

近年来，量子计算（quantum computation）成为一个研究的热点。量子力学具有许多与经典力学差异巨大的特性（如叠加原理、量子纠缠、对易关系等），但量子力学并不会违背热力学第二定律。也就是说，兰道尔原理不但是经典计算机的能耗极限，也是量子力学的能耗极限。在量子力学的框架下，只要存在擦除过程，不消耗能量的计算机（第二类永动机）仍然是不可能实现的。

尽管存在这样一个极限，但兰道尔原理启发我们仍应尽可能用可逆的过程来进行计算，如果在一个计算过程中，不去擦除各种状态，那么理论上来说，这种计算模型就不会产生额外的热。这种计算模型被称为可逆计算（reversible computation），在可逆计算中，变换之前的状态，与变换后的状态之间存在一一对应的函数关系。在可逆计算的逻辑中，还包含了许多额外的存储单元记忆运算的历史。兰道尔本人猜测，可逆计算的前景可能是有限的，因为有些计算的操作无法通过可逆的方式进行，这可能导致无法设计出图灵完备的可逆计算机。如果把所有的计算过程都存储下来，很可能无法进行较为繁重的计算。然而，1973 年，贝奈特设计出了一种在逻辑上和热力学上都可逆的通用图灵机，因此理论上来说所有的计算都可以通过可逆计算来实现，只是需要花费更多的计算时间。

---

[1]　这里的 ln2 指的是对一个比特的信息（0 或者 1 两种状态）求自然对数。

## 热寂说：
## 古老诅咒的终结


　　热力学第二定律的奠基者们很快就意识到"熵增加"对我们所赖以生存的地球和宇宙来说意味着什么。1852 年，早在开尔文本人提出热力学第二定律的严格表述之前，他在论文中就指出：自然界的这种不可逆转的能量的耗散倾向会造成宇宙中热量的不断增加，这将导致地球不再适合人类像目前这样居住下去。而克劳修斯更是将热力学第一和第二定律概括为两句名言："宇宙的能量是恒定的。宇宙的熵趋于最大值。"按照克劳修斯的推理，一旦宇宙的熵达到了最大值，那就意味着宇宙达到了稳定平衡的状态，而这个平衡态是唯一的，因而宇宙中找不到任何让熵降低的过程，宇宙将陷入一片死寂。克劳修斯在 1867 年的一次演讲中首次提出了"热寂说"这一观点，这个具有挑战性的观点在当时的欧洲引起了一场旋风。


　　"热寂说"不只暗示了宇宙通往无序的终结，它还暗示了宇宙起源于某种有序的状态。这一理论刚刚提出，就被敏感的恩格斯发现了，1869 年，恩格斯就在写给马克思的信中提到了这种"目前在德国极为流行"的理论："我现在预料神父们将抓住这种理论，把它当作唯物主义的最新成就。再也想不出比这更为愚蠢的东西了。作为冷却起点的最初的炽热状态自然就绝对无法解释，甚至无法理解，因此，就必须设想有上帝存在了。牛顿的第一推动就变成了第一炽热。"恩格斯后来在他的《自然辩证法》中继续批判了这种观点："宇宙钟必须上紧发条，然后才走动起来，一直达到平衡状态，而要使它从平衡状态再走动起来，那只有奇迹才行。

上紧发条时所耗费的能消失了，至少是在质上消失了，而且只有靠外来的推动才能恢复。因此，外来的推动在一开始就是必须的。"恩格斯认为，这种对"外来驱动"的强调是历史的又一次重演，于是克劳修斯便像牛顿一样从形而上学滑向了唯心主义。

关于宇宙的起源问题，大爆炸理论已经成了宇宙学研究者们的共识，尤其是暴胀时期之后的宇宙演化得到了大量理论研究和观测广泛且精确的支持。根据大爆炸理论，宇宙现在正在膨胀，并且它是在过去有限的时间（约 138 亿年）之前，由一个密度极大且温度极高的状态演变而来的。"大爆炸"看起来就像第一推动。大爆炸理论直观理解起来也与热力学第二定律非常符合，随着宇宙的膨胀，它正在朝着无序态不断演化。恩格斯对"第一炽热"的"警惕"其实是非常必要的，最早根据爱因斯坦的广义相对论提出大爆炸理论的物理学家乔治·勒梅特（Georges Lemaitre）同时还是一位天主教神父，而教皇庇护十二世更是称大爆炸理论和天主教的创世概念相符合。今天，尽管我们对于"宇宙的最初三分钟[1]"还有许多不够清楚的细节，但物理学家始终相信，这一过程是由物理学所支配的，而不是来源于某种神秘的力量。站在奥卡姆剃刀的立场上，承认宇宙大爆炸并不需要假定一个神的存在。不过，恩格斯对"第一推动"的反感对中国的物理学界产生了巨大的影响。

大爆炸理论还能一定程度上解决"热寂说"关于宇宙终结的问题。热力学第二定律的一个重要限制在于需要将研究的体系视为一个孤立系统，然而，一个膨胀的宇宙将不再是一个孤立系统。不过这个解释并不太符合我们的直观，膨胀为宇宙增加了更多的空间，这会带来更多的无序，为什么说这可以解决热寂说的困难呢？我们不妨先考虑一个最简单的非平衡系统，这个系统包含一个恒温的地球

---

[1]《宇宙最初三分钟》是温伯格的著作，副标题：关于宇宙起源的现代观点。

和低温的星际空间。恒温是地球生命力的保证（这表明地球有着某种外来的能量的持续输入，例如太阳的光照），但同时，地球也在向星际空间中释放着热辐射，这会导致太空中的无序增加。如果宇宙不膨胀，地球向外辐射的热量总有一天会变成地球的困扰，随着外界温度的升高，星际空间中的温度将会变得与地球接近，此时地球的热无法传到宇宙空间中，宇宙也就"热寂"了。然而，对于一个膨胀的宇宙，恒温的地球虽然也在向星际空间中释放着热辐射，但因为宇宙的膨胀，辐射到太空中的能量会不断被稀释，外界星际空间的温度可以始终保持与地球的温度差，因此热寂也就不会发生了。

然而，上面的说法里面还有一个漏洞：我们讨论的是有外界能量输入的情况。如果考虑一个封闭的体系，那么我们将不能考虑一个恒温的地球，而是一个恒定能量的太阳，当它向宇宙释放热辐射时，宇宙的温度升高，太阳的温度会降低，当达到热平衡时，太阳已经在宇宙空间中辐射了大量的热，这些能量看起来都被浪费了，最终太阳的温度也将和星际空间一致，这一平衡态的温度将会非常低。这个问题也引起了恩格斯的思考，他也并不只是停留在反对的哲学观点上，恩格斯在其著作中还指出了解决问题的方向"只有指出了辐射到宇宙空间的热怎样变得可以重新利用，才能最终解决这个问题"，这个思路是非常正确的，然而恩格斯并没有能真正找到解决这一问题的关键，而是给了一种"我们这一代人智慧不够，下一代人总比我们聪明"式的解决方法，他说："放射到太空中去的热一定有可能通过某种途径（指明这一途径，将是以后自然科学的课题）转变为另一种运动形式，在这种运动形式中，它能够重新集结和活动起来。因此，阻碍已死的太阳重新转化为炽热星云的主要困难便消失了。"

那么，恩格斯所说的让星体"重新集结和活动起来"的运动形式究竟是什么呢？在讨论这个问题之前，我们不妨先反思一下我们自己对"无序"或者"热寂"图像的基本想象。恒星在宇宙空间中的辐射类似于我们常见的自由扩散，粒子起初集中在某个位置附近，而随着扩散的进行，这些粒子的分布越来越均匀。这种最终达到均匀的状态就是我们脑海中最"无序"的状态，也是我们对"热寂"的基本想象。但真的会是这样吗？我们不妨重新思考一下到底什么是平衡，什么是在宇宙中起支配作用的相互作用，什么是宇宙中最无序的状态。

在宇宙的大尺度结构中，起着支配作用的力显然是引力。一旦考虑引力的话，情况就会非常不同。假如有一盒铁钉不小心撒落在地上，掉了一地，撒得很均匀，变得很无序，熵增加，这是符合我们想象的"热寂说"。但这个图像中，我们假定了铁钉之间没有相互作用，或者说相互作用很微弱，但宇宙中是存在着万有引力的，因此更贴近实际情况的一个类比就是，这些铁钉都是用磁铁做成的。如果磁铁钉撒了一地，会发生怎样的情况呢？稍微想一下就会知道，这些磁铁钉撒到地上之后，靠得较近的那些磁铁钉会吸在一起。在宇宙中，引力所起的作用类似于"磁铁钉的磁力"，正因为有了引力的存在，宇宙中的物质可以聚集在一起，而不一定是要变得越来越均匀。

那么问题就来了，如果宇宙中的物质可以通过引力的作用聚集在一起，那岂不是会越来越有序，这会不会违背了热力学第二定律呢？这就涉及引力的一种特殊效应了，引力系统具有负比热。负比热意味着当体系的能量降低时，温度会升高。在日常生活中我们似乎从来没有见过如此违反直觉的物质，不过其实我们已经对这样的体系非常熟悉了：物质在引力场中可以不断加速，这种速度的提高对应于温度的上升。在引力的作用下，物质虽然在空间范围内受到更多的限制，但其在速度（温度）空间里的限制却变得更少了，它可以达到更多的高能状态，总的熵还在增加，因而并不违背热力学第二定律。我们目前所见到的太阳就是一个典型的具有负比热的体系，太阳在辐射出能量时，其自身也在变得更热更亮，从太阳诞生至今，它的亮度已经增加了30%。不过，太阳的未来又会如何？恒星的演化其实是一个非常有趣的问题，天体物理学家将恒星按照其温度（光谱类型）与光度画在一张图[1]上，不同质量的恒星将在这张图上沿着不同的路径演化，天体物理学家预言，太阳将在五十亿年后达到其亮度的巅峰，随后，太阳在燃料耗尽后会演化成白矮星，它的质量只剩下现在的 60%，压缩到现在地球的大小，它将不能再发光，最后陷入热寂。

虽然那个时候太阳已经死去了，但引力仍然可以继续为宇宙不断"续命"。在引力的作用下，随着恒星等星体的形成，熵有可能不断增加——更关键的是，这种增加不会达到类似于平衡态那样的一个上限，所以宇宙很可能不会达到一个"熵最大的状态"。只要宇宙本身不存在这样一个熵最大的状态，那么对生命来说，就应该总会有供其排放熵流的余地。更重要的是，我们已经知道，在宇宙中还有许许多多的黑洞，黑洞像一个巨大的吸尘器，在宇宙中回收着排放出来的熵。在引力的帮助下，它们在吞噬着其他天体的同时，将各种信息写在自己的表面上。黑洞一直维持着负比热，在引力和黑洞的帮助下，"热寂"这样一个古老的诅咒也就终于可以被破除了。

**盖亚假说：**
**雏菊拯救世界**

1960 年，NASA 开启了其"地外生命计划"（ Exobiology Program ），在冷战时期"星球大战"的背景下，NASA 向太阳系中的各行星发射了许多探测器，与地球环境相似的火星更是成了 NASA 的科学家们首要关心的对象。1964 年，英国化

---

[ 1 ]　赫罗图（Hertzsprung–Russell diagram，简写为 H–R diagram）。

学家詹姆斯·拉夫洛克（James Lovelock）来到了 NASA 参与搜寻火星生命的工作。我们今天已经非常熟悉 NASA 搜寻外星生命的套路，他们关心外星环境的温度，查看其岩石的成分，探测是否有水、有机物甚至 DNA。然而拉夫洛克却不认同这种思路，他反对"地球中心主义"。拉夫洛克强调对熵的观测，在他看来，显示外星生命存在的证据就是外星上的熵减少。

作为一个化学家，他在 NASA 的项目中负责分析外星大气的成分。在研究这一问题时，他开始意识到生物在一个星球上所起到的重要作用。假如某个外星球有和地球几乎一样的外界条件，并且很幸运地，这个星球的确没有其他生物，可这真的会是一个适合人类居住的星球吗？拉夫洛克提出了这一问题，并给出了否定的回答。这是因为虽然这个星球现在处于一个与地球几乎同条件的状态，但这个状态是不能持续的。一旦这个星球由偶然的因素导致了温度的下降，海洋中的冰越来越多，这些冰会把更多的阳光反射出去，就将导致星球的温度变得越来越低，最终整个星球都将被冰块所覆盖。换句话说，一旦生命不存在了，这个星球上就会缺乏某种负反馈的机制，最终会陷入正反馈的循环中去，这样的星球是脆弱不堪的。如果这个星球上有生物存在的话，那情况就会不太一样了，一个简单的例子就是，天气越寒冷，大家越会更多地砍伐树木，燃烧木炭，这会导致二氧化碳浓度的升高，于是就造成了温室效应，这时，温室效应对抗了天气变冷的因素，导致行星的温度继续得以维持。我们在上一节中提到的"恒温的地球"才得以真正实现。

地球就是这样在生物的帮助下变得性质稳定，在植物的帮助下，地球大气中的氧气浓度保持了稳定，而动物和微生物的存在又让二氧化碳的浓度保持了相对稳定，这维持了一定范围内相对稳定的温室效应，保证了地球的温度，此外，相对稳定的二氧化碳浓度也让地球表面的酸碱性维持相对稳定。也就是说，生物的存在本身为生物的存在提供了便利，正是生物的存在帮助地球在环境的维持中加入了一些稳定性的因素。

一个系统保持稳定的情况不应该是一个很正常的性质吗？为什么非要有生命的参与不可呢？一个不倒翁，在没有人帮助的情况下，不是仍然可以保持稳定平衡的状态吗？需要注意的是，这是一个孤立系统，如果在系统中持续不断地输入物质、能量或者信息，一个系统保持稳定的状态就变得很困难了。假如一条狭窄的公路上不断有汽车驶入，这条公路很快就会堵车；如果快速加热一个体系，而该体系没有相应的能量耗散机制，这个体系的温度将会不断升高……这些简单的非平衡体系都缺乏在非平衡条件下维持某种动态平衡的能力，即使这些非平衡体系达到了某种不随时间改变的"定态"，例如驶入一条公路和驶出一条公路的汽车相等，但一个微小的扰动（例如一个司机的突然刹车）仍然很可能让其偏离这种定态——地球却并不会如此，地球不只是处在"定态"，它还可以处在"稳态"（homeostasis）。这个概念最早在十九世纪由法国生理学家贝尔纳（Claude Bernard）所提出，后来在1920年又由美国生理学家坎农（W. B. Cannon）继续发展，"稳态"并非指恒定不变，而是强调动态平衡，生物系统在存在各种噪声、涨落、外界干扰因素的情况下仍然可以保持稳定。受到这种想法的启发，拉夫洛克与他的合作者突然灵光一现：地球表面的一些适宜生物居住的环境是由地球上所有生物共同调节以达到平衡的。

在一个关于地球生命起源的会议上（1968年），拉夫洛克在这一想法的基础上进一步提出了"盖亚假说"，这个假说指出地球是一个能够实行自我调节的"超生命体"，这一超生命体被用希腊神话中的大地之母盖亚（Gaia）的名字命名，盖亚的范围包含了地球的生物圈、大气层、海洋与土壤等，这些部分相互协调、相互影响，也共同进化，最终形成了一个能产生自我负反馈的生命体，它可以维持"内环境"（温度、氧气浓度、酸碱度）状态的相对稳定。在拉夫洛克提出这一想法之初，严肃的科学家都并不认同他的这一看法，更多的人只是把它看成是宗教或者哲学的某种思考，科学界的批评者普遍将这样的理论视作非科学的某种思辨。

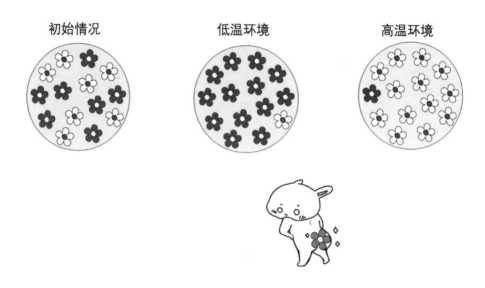

图 7- 雏菊世界模型示意图

　　到了二十世纪八十年代，随着拉夫洛克提出著名的"雏菊世界"（Daisyworld）模型，科学家们开始严肃地思考有关盖亚假说的问题。在最初的雏菊世界模型中，拉夫洛克将地球模拟为一个上面只有两个物种的体系：吸收阳光使地球升温的黑色雏菊和反射阳光使地球降温的白色雏菊。地球表面的温度会影响两种雏菊的生长，黑色雏菊适应较为低温的环境，而白色雏菊适应相对高温的环境，雏菊的比例决定了地球表面对阳光的反射率，反过来影响地球的温度。这个模型会得到怎样的结果呢？起初，地球的温度非常寒冷，在阳光的照射下，黑色雏菊吸收了热量，并促进了其繁殖，黑色雏菊在地表占据了多数，地球的温度升高；而随着地球温度的升高，环境变得越来越适宜白色雏菊的生长，随着地球温度持续升高，白色雏菊占据了多数，导致地球反射阳光的能力变强，温度降低，黑色雏菊再次占据了多数……如此反复，两种雏菊就让地球表现出了在非平衡态下实现温度的自我调节的能力。这一模型后来还被扩展到多种雏菊，这些"雏菊"可以代表一些类型的真实生物，如食草动物、食肉动物等。在生物们的帮助下，地球像生物一样维持了自己"内环境"的稳定。

早在 1960 年，蕾切尔·卡逊（Rachel Carson）就写作了著名的《寂静的春天》（Silent Spring），这本书最早唤醒人们的环保意识，然而《寂静的春天》仍然只是在讨论物种的灭绝、环境的毒化，以及"人们自己使自己受害"。盖亚假说在此后产生了更为深远的影响。科学家在更大的框架下重新思考环境、气候和人类活动的许多问题，例如，在传统的思维中，全球变暖问题带来的主要影响将是海平面上升，盖亚理论还提醒我们，随着冰川的融化，在寒带会有更多植物的生长，可究竟这些植物的生长会带来温度的下降（因为二氧化碳的减少）还是会带来更多的热量吸收（因为冰雪可以反射阳光）呢？这成了严肃的学术问题，也成了不同政治党派互相攻击的工具，甚至影响到了国家的政策以及国际关系。

## 沙堆模型：
## 大自然如何工作

如果只是看到"生命赖负熵为生"，很可能我们还只是意识到生命结构中的有序特性，然而"盖亚假说"提醒我们，我们更需要注意到生命系统中一种动态的平衡，这种平衡不是某种固定不变的状态，也不是某种混乱不堪的状态，系统具有一定的可变性，当外界环境发生变化时，它可以敏感地发生恰当的自我调节。这种状态的达成同样需要从外界获取物质、能量或信息。盖亚假说提醒我们要更多地关心非平衡体系，尤其是在生物体系中普遍存在着的这种非平衡的"稳态"。不过让人震惊的是，随着科学家不断对各种物理体系进行深入的研究，这种非平衡的"稳态"特性却从很多意想不到的系统中涌现。

在河边、海边或者建筑工地上，我们常常会见到沙堆，一个沙堆会呈现为一个圆锥体，它维持一定的倾斜角。一个静止的沙堆可以看成是一个孤立系统，如果我们不断往沙堆里面加沙子，那么这个沙堆就变成了一个非平衡系统。当沙堆倾斜角很小时，随着我们继续在沙堆的顶部加沙子，沙堆的坡度会越来越大，直到它达到某个临界值。而随着沙粒在某个局部的累积，在这个位置附近的沙堆倾角增加，因而不再稳定，于是就会崩塌，处在这一位置的沙粒也就转移到了邻近的位置上。这种机制将导致一个神奇的结果：不管怎样往沙堆中加入沙粒，一旦沙堆的倾斜角超过了临界值，这个倾斜角就不再会继续增大。

"沙堆模型"（Sandpile model）就是一个可以模拟上述过程的简化模型。普·巴克（Per Bak）、汤超和科特·威森费尔德（Kurt Wiesenfeld）等人使用元胞自动机（Cellular Automaton，复数为 Cellular Automata，简称 CA）对这一过程进行了模拟。随着沙粒不断下落，有时落下一粒沙，沙堆的崩塌仅仅在局部，但由于整个沙堆处在临界点上，有时一粒沙的崩塌将引起连锁反应，在近邻的位置上继续导致崩塌，这种崩塌不断传递，最终可能会影响很大的一片区域，就像发生了"雪崩"（avalanches）。伴随着这种"雪崩"现象，沙堆可以维持在一个临界的倾斜角上，这种现象与盖亚假说中地球将维持自身在一个稳态的情况非常类似。在一个非平衡系统中，系统自己发生"组织"，并将自己维持在一个"临界点"上，这样的过程被巴克等人称为"自组织临界"（self-organized criticality）。在大多数情况下，一个沙粒的下落只会影响其附近的格点，当然也会有一定的概率出现极大范围（甚至蔓延至整个沙堆）的崩塌现象。

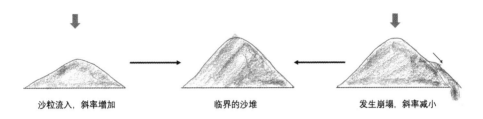

沙粒流入，斜率增加　　　　临界的沙堆　　　　发生崩塌，斜率减小

图 8– 沙堆模型的示意图

1990 年，巴克在美国布鲁克海文实验室访问时，提出了用自组织临界解释大脑活动的想法，然而这一想法实在太超前，在当时看来更像是某种哲学的思考，缺乏实验的数据。这种想法其实可以一直追溯到计算机科学与人工智能之父艾伦·图灵（Alan Turing）。在图灵的经典论文《计算机器与智能》（ *Computing Machinery and Intelligence* ）（1950 年）中，他希望解决的机器智能的一个终极问题："机器可以思考吗？"当时，第二次世界大战刚结束不久，科学界对原子弹还记忆犹新，图灵在考虑大脑的思考问题时想到了原子核链式反应（Chain Reaction）。这种链式反应其实与沙堆模型的"雪崩"是非常相似的。图灵在他的论文中写道："输入的想法就像从反应堆外部轰击的中子。这些中子会引起一些反应，但其影响最后将逐渐消失。但是，如果反应堆变得足够大，中子产生的反应很可能会持续地增加，直到反应堆解体。思维中是否存在这样的现象呢？机器中呢？这样的现象在人脑中应该是存在的。绝大多数思想都处于'亚临界'状态，对应于处于亚临界体积的反应堆。一个想法进入这样的思想中，平均下来只会产生少于一个的想法。有一小部分思想处于超临界状态，进入其中的想法将会产生越来越多的想法，最终成为一个完整的'理论'。动物的头脑显然是处于亚临界状态的。"图灵敏感地认识到"这样的现象在人脑中应该是存在的"，尽管他的解释是错误的，因为神经结构中的连接关系并不能直接地跟"产生越来越多的想法"对应起来，并且，动物们同样是在漫长的自然选择中的成功者，它们同样需要面临多种多样复杂的抉择，简单地认为人的大脑与动物的大脑有本质区别也是不够"谦虚"的。

今天，我们用类似于研究沙堆模型的方法研究人类的大脑。美国神经科学家贝格斯（John Beggs）等人在小鼠的大脑皮层切片上用多电极阵列进行了实验。神经的"兴奋"就像在沙堆里加入了新的沙粒，在神经中，某个神经元信号的发放可以导致与其连接的其他神经元也产生兴奋，这样的分支过程（branching process）就像沙堆崩塌的传递。贝格斯等人还发现，用类似沙堆模型的方法，可以重现大脑皮层信号发放中的特征规律。在神经活动中，如果分支率小于1，神经组织会阻碍这种"雪崩"的发生，然而当分支率大于1，那么就对应于完全混沌无序的状态了。分支率等于1的状态对应于自组织临界的状态，这也是大脑最佳的工作状态，大脑会通过激活或抑制突触的连接，将自己维持在这样一个临界态上。当大脑处在这样的临界态时，会表现得非常敏感，但与此同时也非常稳定，系统微小的局部扰动可以产生对整个系统的巨大影响，产生大尺度的雪崩，但系统还可以恢复到正常的敏感状态，随时准备接受新的信息。大脑的这种敏感状态与我们在第一章中提到的敏感的临界态也是一致的。

我们此前提到过"玻尔兹曼大脑"的想法，玻尔兹曼认为涨落甚至有可能会让宇宙中形成某些低熵的"自我意识"，但"低熵"跟"意识"并不是一码事。如果真的要在涨落中形成一个具有某种意识的"大脑"，由涨落而形成自组织临界应该是一个最低限度的要求，这对一个孤立系统来说是非常困难的。只有在沙堆、森林大火和大脑这些远离平衡态的体系中，"临界点"可以自发地吸引着那些不处在临界态的系统朝着该点运动，并让系统保持在这样的临界点附近，不需要根据沙堆的大小和具体的形态调整或者改变沙堆模型的参数或者演化规则。

## 生命的更多可能性

从薛定谔的"生命赖负熵为生"，到玻尔兹曼大脑、盖亚假说、沙堆模型和耗散系统，我们对"生命"的看法已经大大扩展了。当然，没有人会愿意将处于自组织临界态的沙堆看成生命；通常也不会有人将 Siri（iPhone 上的语音控制功能）看成生命；甚至《终结者》中出现的"天网"，虽然它已经产生了消灭人类的意识，我们仍然不将它看成"生命"。美国农业学家韦斯·杰克逊（Wes Jackson）反对"盖亚理论"，他的理由是根据地球的"不育"特性，在他看来，从环境中获取能量和信息建构自己的有序、产生信息整合等都不是生命的关键，只有"繁殖"才是生物必备的一个属性，地球无法进行自我复制，它不能被看成是一个真正的生物。

### （A）自私的基因：负熵赖生命为生

一旦我们开始考虑"自复制"，那么首先面对的第一个具有挑战性的问题就是：什么才是真正被自复制的东西。是我们的血与肉，抑或是构成我们生命主体结构的糖、磷脂和蛋白质分子？答案都是否定的，真正被复制的是生命的"信息"，所有这些构成生命的物质也都是被编码在基因的序列中。基因的自复制是一个比生命的自复制更基本的概念，正如"自私的基因"概念的提出者理查德·道金斯（Richard Dawkins）所说："个体是不稳定的，它们在不停地消失。染色体也像打出去不久的一副牌一样，混合以致被湮没。但牌本身虽经洗牌而仍存在。在这里，牌就是基因。基因不会被交换所破坏，它们只是调换伙伴再继续前进。"（理查德·道金斯《自私的基因》，*The Selfish Gene*）

道金斯指明了一个让包括人类在内的所有生命体都有些不安的事实，并非是"生命"本身在进行着"自复制"，"我们都是生存机器——作为载运工具的机器人，其程序是盲目编制的，为的是永久保存所谓基因这种禀性自私的分子。"在最初读到"自私的基因"观点时，我们都会感到某种触动和震惊，这是一种违背直觉的观点，可一旦想清楚之后我们又会觉得非常自然：首先，基因和生物体的利益常常会相互冲突，例如《黑猫警长》就曾经告诉我们，螳螂会发生性食同类（sexual cannibalism）的行为，此时，基因的繁殖甚至压倒了生物体本身的生存，而在现代社会中的自发或强制出现的计划生育行为，又是生物个体或所谓"集体"利益压倒基因的实例。"自私的基因"并非是指"基因"本身具有某种自我意志，更不是在强调人性本身的"自私"——恰恰相反，"利他"行为可以更好地用这一理论解释，因为当生物体为了保护其他个体（尤其是与其具有亲属关系的个体）而冒着付出自己生命的风险时，就已经被基因所"控制"了，因为在亲戚的体内有很多与自身相同的基因，这种利他的行为虽然对个体不利，但对自私的基因而言却是有利的。

当我们将道金斯的观点汲取进来，会发现薛定谔"生命赖负熵为生"观点的不足——在"自私的基因"的框架下，是储存在基因中的"信息"这样一种"负熵"依赖着生命的"生存机器"而达成永恒，从这个意义上，我们不如说是"负熵赖生命为生"。

### （B）自指、自复制和自动机

"自复制"还涉及对象自身与自身之间的关系。这种结构及其背后所对应的递归和自指（self-reference）长期被许多艺术家、哲学家和科学家所关注，在后面的图9中展示了三个最著名的实例："这不是一个烟斗"、埃舍尔（M. C. Escher）无限轮回的《瀑布》、Droste 牌可可粉的包装盒。这些包含了自指、递归和自相似结构的"无限循环"给人留下了深刻的视觉印象。其中有的符号已经成为我们流行文化的一部分。这些独特的结构还会让人思考其背后显得有些诡异的逻辑悖论，或者考虑这种迭代背后的数学和物理（相变、湍流等）。"自指"与"自我意识"之间也可能存在联系：当我们在观看一幅画时，来自视网膜的信号输入以及视觉信号的处理似乎并不能成为某种"自我意识"，只有当我们意识到我们正在观看时，

"自我意识"才真正得以产生。在二十世纪，这种自指的结构破坏了希尔伯特所期待的数学理论大厦的根基。在数理逻辑方面，库尔特·哥德尔（Kurt Gödel）证明了"任何相容的形式系统，只要蕴涵皮亚诺算术公理，就不能用于证明它本身的相容性"这样一个看起来陷入了"怪圈"的定理，这个定理现在被称为哥德尔不完备定理（Gödel's incompleteness theorems）。在可计算性理论方面，前面提到的柯尔莫哥洛夫复杂性的不可计算性也体现了这种循环的特性，而图灵的停机问题（halting problem）则是另一个会陷入"怪圈"的经典问题，图灵思考的是一个用于判定的测试程序，它可以判断任意一个程序是否会在有限的时间之内结束运行的问题，假设存在这样的测试程序，当它遇到一个会陷入死循环的程序，测试程序就可以不调用它。如果程序不会陷入死循环，测试程序就可以调用它，这个逻辑看起来很完美，然而一旦测试程序调用自己，我们很容易就会发现逻辑的漏洞。

最早思考"自复制"问题的科学家是约翰·冯·诺依曼（John von Neumann），他在数学和物理的许多不同领域做出过极具创新性的工作，他以顾问的身份参与了"曼哈顿计划"，提出了现代计算机的体系结构，我们现在将这种结构称为"冯·诺依曼结构"。关于生命的复杂性，他有一句名言："人们不相信数学简单，只是因他们还没有意识到生命之复杂。"作为一个数学家和计算机专家，冯·诺依曼受到了图灵和哥德尔的启发，而作为一个工程师，他考虑用"设计一种机器"的思路来考虑"设计一种生命"，在他看来，生命抵御热力学第二定律的关键就在于"自复制"——通过自复制，得到更多的有序结构。

冯·诺依曼从理论的角度指出，一个自复制自动机（Self-reproducing automata）应包括四个部分：其一是一个自动工厂；其二是一个复制机；其三是控制前两部分的控制器；其四是一份包含了前三者的完整信息。值得注意的是，在冯·诺依曼提出这一理论时（1948 年），生命科学的发现还远远落后于此。冯·诺依曼的理论某种程度上预言了"中心法则"（genetic central dogma，又译为分子生

(a)

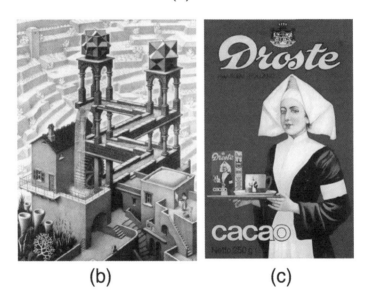

(b)　　　　　　　　(c)

图 9- 几个蕴含了自指、递归和自相似结构的著名视觉图像
（a）René Magritte 的"这不是一个烟斗"；（b）M. C. Escher 的《瀑布》；
（c）Droste 牌可可粉的包装盒，包装盒上的护士用托盘端着一盒 Droste 牌
可可粉，上面的包装盒依然是这位护士，这一包装盒的设计从 1904 年起
开始使用，数十年间只有少许调整，后来这种递归的模式被专栏作家称作
"Droste 效应"。图片来源：维基百科

物学的中心教条）。随着分子生物学的发展，我们大致了解到这四个部分的生物学
对应，在真核生物中，第一部分对应的即为核糖体，它将信使 RNA 上的生物信息
翻译为蛋白质；第二部分对应的即为 DNA 聚合酶，它可以催化 DNA 复制；第三部
分对应的是基因调控网络，其中涉及许多的蛋白质和 RNA；第四部分对应的即为
基因组。

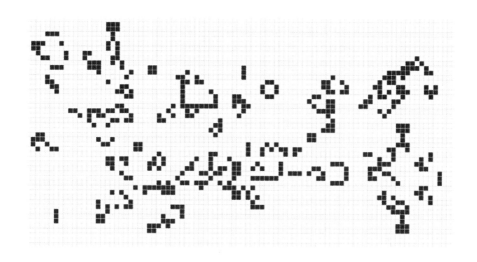

图 10- 在线康威生命游戏模拟中产生的复杂结构

　　冯·诺依曼的研究启发了后来的研究者用元胞自动机来研究抽象意义的"生
命"。英国数学家约翰·何顿·康威（John Horton Conway）设计的"生命游戏"
（Game of Life）是其中最为著名的一个实例。"生命游戏"在一个二维的格点世界
中发生，每个格点可以处于"开"或"关"两种状态，分别代表活着的或死了的
细胞。而一个细胞在下一个时刻是否可以继续存活，取决于相邻的八个格点中活
着的或死了的细胞的数量，如果相邻格点中活着的细胞数量过多，这个细胞会因
资源匮乏而死去；如果周围活细胞过少，这个细胞会孤独而死。在生命游戏中，一
个随机的初始会逐渐演化出各种复杂而有序的结构，不过，康威本人曾经怀疑在
"生命游戏"中是否可以有能够无限繁殖的体系的人，于是康威悬赏 50 英镑给第

一个发现在生命游戏中可以稳定产生越来越多的活细胞的体系，这一体系很快就被人发现了，这样的体系被称为滑翔翼机关枪（glider gun），它能持续不断地"射出"一些向前运动的"子弹"。元胞自动机这种有趣的游戏启发了后来许多深刻的跨学科研究，1987年，计算机科学家克里斯托弗·朗顿（Christopher Langton）召集了首次的"活系统合成与模拟跨学科研讨会"，这一会议的主题今天被称为"人工生命"（Artificial Life），这个会议的参与者不但有物理学家和计算机科学家，还有化学家、生物学家、数学家、材料科学家、哲学家、机器人专家和制作电脑动画的工程师等，这些跨学科的讨论大大拓宽了我们今天对于"生命"的理解：一个可以自复制的电脑病毒、一个可以打印出3D效果的3D打印机、一个拥有人工智能的手机、一个能维持稳态的地球……

如果一个可以进行"自复制"的系统遇上了噪声的持续干扰，其结果会怎样？有两种极限，一种对应于干扰微弱的情况，自复制可以继续进行；另一种情况对应于极端强烈的干扰，自复制无论如何都无法进行，最终系统被无序所支配；但在这两种情况之间还可能存在着一种复杂的情况，热力学干扰作用到了自繁殖机器的信息层次上（即冯·诺依曼自复制理论中的第四部分），这样的系统仍然有可能继续复制，但在复制中不可避免地会遭遇一些"错误"。我们今天已经知道，这些错误对应于基因的"突变"，一个包含了遗传和突变的体系蕴含了可进化的能力。进而，冯·诺依曼用自复制自动机思考了有关热力学第二定律的问题："通常一台机器总是比它能够制造出的零件更复杂。因此，一般来说，如果自动机A能制造出自动机B的话，那么A一定包含关于B的全部信息，这样A才能按照这些信息把B制造出来。如此这般，我们就会发现，自动机的'复杂度'，或者说它的生产潜力，是不断降级的。也就是说，一个系统的复杂度总是比它制造的子系统要高一个数量级。"基于这些思考，冯·诺依曼尝试用他的"自复制自动机"来进一步挖掘热力学第二定律、哥德尔定理和图灵机计算理论之间的关系，然而这种统一最终并没有完全实现。

### （C）"生命起源"或"人工生命"

对"自复制"问题的研究很可能是解释"生命起源"问题的一个关键。1967 年诺贝尔化学奖得主[1]曼弗雷德·艾根（Manfred Eigen）提出了"超循环"（hypercycle）理论，这一理论是当代系统生物学研究的先驱，将进化论推广到了细胞诞生之前的阶段。在艾根的理论中，"循环"指的是一个由大量分子组成的可以进行自催化的自复制系统，在这一系统中，分子间的催化关系构成了至少一个循环结构，在这些循环结构的基础上，循环间发生耦合，就可能成为一个更大的"超循环"。在艾根看来，超循环结构是自复制的关键，超循环中允许变异的存在，而只有伴随着循环结构的出现才能让稳定的结构本身得以复制和延续。因此，随着相应循环结构的自复制和选择，生物信息在循环结构中不断累积，从而导致了生物体形成复杂有序的宏观结构。

在"人工生命"的相关领域，有许多有趣的研究也在强调生命的"自复制"特性。日本科学家金子邦彦（Kaneko Kunihiko）就曾经人为构造出一个细胞内的生化反应网络，在让自复制速率最大化的情况下，这些化学分子的浓度分布最终呈现为幂律分布，这一研究展示了生物体内的自组织临界与"自复制"之间的关系。金子邦彦还从另一个角度思考了生命中存在的不可逆性。他试图为生命科学建立一套与热力学完全平行的理论体系[2]。在热力学中，第一个基本的概念即为"平衡态"，将这一概念推广到生物这样的非平衡体系，即对应一个可以稳定增长的体系，消耗能量或者信息，很稳定地不断自己复制扩增。在扩增的过程中会伴随着变异，它伴随着基因表达模式的差异性，这种差异性也暗示了进化的"潜

---

[ 1 ]　艾根与英国科学家罗纳德·诺里什（Ronald Norrish）和乔治·波特（George Porter）因为通过能量脉冲导致平衡移动来研究快速的化学反应而分享了诺贝尔化学奖。

[ 2 ]　金子邦彦《生命：复杂系统生物学简介（英文版）》（*Life: An Introduction to Complex Systems Biology*）。

力"，这可以看成是"熵"概念在这一框架下的推广。如果要找到"绝热过程"在这种生命的"热力学"下的对应，就必须找到某种不会导致可塑性降低的"理想的发育过程"，而从干细胞到体细胞的发育伴随着可塑性的改变，这显然是一个不可逆过程，在这种新的"热力学"体系下，"体细胞克隆"才是卡诺循环的一个推广。在经典的热力学体系中，不可逆性意味着封闭系统熵的增加，而在生物体系中，干细胞则反映了另一种层次的不可逆性，干细胞起初具有全能性，而随着分化的进行，它的"可能性"在不断减少，最终特化成各种体细胞。在这样的框架下，"第二类永动机不可能"也就有了某种对应，这种生物体系的不可逆性对应着自发"返老还童"的不可能性，但是否还有可能在外界产生其他变化的情况下导致"返老还童"呢？确实有可能，这里说的并不是服用了 APTX4869 的名侦探柯南，而是指山中伸弥（Yamanaka Shinya）和约翰·伯特兰·格登（John Bertrand Gurdon）等人进行的将"成熟细胞重写成多功能细胞"的尝试，山中和格登因为相关研究获得了 2012 年诺贝尔生理学或医学奖，而这一重编程过程中的能量和信息输入是否有可能用这种新的热力学来进行描述？我们并不知道答案，还有太多有趣的问题值得我们不断向前探索。

　　著名的物理学家费曼说过一句著名的话："What I cannot create, I do not understand.（我不能理解我所不能想象的。）"费曼的这句话并不意味着实验物理学家必须工作在理论物理学家之前，他的意思其实是："如果我们无法从一些（我们已经理解或者假定的）基本事实出发建构一套（用以解决某些问题的）理论，那么我们就无法理解这些问题。"冯·诺依曼关于"自复制"系统的研究开启了一种帮助我们"理解"生命问题的新方式，这种"理解"不是基于生物化学的实验，而是通过"建构"的方式来实现的。用朗顿的语言来说就是：我们研究的不只是"我们所知道的生命（life as we know it）"，而是更大范围内的"生命可能的存在形式（life as it could be）"。

## 技术推动：
## 科学革命的另一个侧面

　　二十世纪的科学发展充满了各种"革命性"的新观点，相对论、量子力学、信息论、生命科学等诸多领域的突破性进展都蕴含着"范式转变"。我们曾经提到，库恩对"科学革命"提出过自己独到的见解，我们在本章中也围绕热力学第二定律，详细讨论了与"生命"和"信息"有关的一些新观念。这或许会给读者一种观点，认为"观念"的改变才是导致科学革命的最重要动力，这种想法是不正确的。弗里曼·戴森曾对此提出过批评："（库恩的著作）它使一代科学史家和学子们误入歧途，从而以为所有的科学都是在观念的驱动下实现的。由观念驱动产生的革命最引人注目，也最能影响公众的科学意识，但事实上这类革命比较稀少。"（戴森《想象中的世界》）

　　在戴森看来，科学史上的重要革命大多是由"技术"的驱动而实现的，而非"观念"的驱动。"技术"为科学的发展提供了许多重要的核心问题，也提供了许多必要的技术支持。以热力学定律的提出为例，早在科学家形成关于热的正确观念之前，随着蒸汽机技术的发展，设计一个高效的热机成为工程学家们的一个根本问题。不管是卡诺、克拉珀龙、焦耳还是开尔文，他们都有着一定的工程背景，我们在看到他们提出的重要物理定律时，也不能忽略工程技术问题才是驱动他们思考理论问题的最初动机。技术的发展有时也为科学革命提供了重要的工具，从最初的"地心说"到"日心说"，这大致可以认为是"观念"所导致的革命，然而在此之外，还有一场技术驱动的革命，在用肉眼进行观测的伟大的天文学家第谷·布拉赫（Tycho Brahe）[1]去世后不久，伽利略就在技术上取得了突破，他发明了望远镜。伽利略观察到了木星的卫星，这从另一个角度支持了哥白尼的学说。伽利略利用望远镜还观察到了月球的表面、土星的光环、太阳黑子、太阳的自转等诸多天文现象，大大扩充了人类肉眼所能及的"宇宙"。1609 年，如果不是有望远镜这样的技术突破，伽利略也不会"发现原来没有天"，同年被提出的"开普勒定律"或许要更晚才会被同时代的科学家们所接受。

在本章中，我们多次提到与"信息"有关的问题。关于信息的理论（如香农的信息熵）是与信息传递的技术同步发展的，我们很难说这样一场革命是由"观念"所推动的。伴随着信息革命的发生，计算机、通信技术和互联网被发明和广泛使用，新生的技术改变了我们的生活，促进了经济的发展，改变了社会结构和政治权力，与此同时，也带来了科学的巨大突破和"范式转变"。曼哈顿计划时期为核武器和导弹设计而发明的计算机开启了"计算物理"（computational physics）的新时代。自此，"理论物理"和"实验物理"不再二分天下，而是与计算物理一起呈现三足鼎立的态势，在玻尔兹曼的年代无法解决的问题现在也成了普通大学生课程练习的一部分，这同样是一种由技术突破带来的范式转变。

库恩在他的《科学革命的结构》里注意到了技术突破对科学的影响，他特别提到了伦琴发现 X 光的例子。伦琴花了七周时间去关注他的阴极射线研究过程中出现的一个异常现象，因为阴极射线通常只能穿透几厘米厚的空气，可是伦琴却在实验中发现了一种穿透能力极强的射线。这种异常的射线是由阴极射线管所导致的，但却不能用阴极射线的理论来解释。同时期也有许多科学家观察到了这

---

[1]　第谷的测量达到了肉眼观测的极限。

一现象，但只有伦琴对这种异常的现象进行了仔细的研究。在库恩看来，伦琴的这种精神是值得学习的，我们不能局限在原来旧有的思想观念里，直到我们的观念可以解释这些"异常"的现象，但库恩并没有意识到 X 光本身作为一种重要的技术手段能为科学革命带来怎样的动力。伦琴就曾经为他的夫人照过史上第一张 X 光照片，我们今天在体检或安检处都还会遇到 X 光。对科学家而言，X 射线（X-ray）有着重要的性质，由于 X 光的波长与分子或者晶体中的基本单元的大小相差不多，1912 年，马克斯·冯·劳厄（Max Von Laue）就指出，晶体可以作为 X 射线的"衍射光栅"，X 射线将特别适合用于测定晶体的结构。1913 年，英国的布拉格父子（W. H. Bragg，W. L. Bragg）就真的用 X 射线测定了常见的 NaCl 离子晶体的结构。劳厄和布拉格父子分别在 1914 年和 1915 年获得诺贝尔物理学奖。二战结束之后，科学家们开始用 X 射线研究生命有关的问题。英国的威尔金斯也受到了薛定谔的"感召"，开始研究生物问题，他从 1950 年开始研究 DNA 的晶体结构，之后遇见了沃森，沃森受到了他所拍摄的衍射图像的启发。这时，另一位伟大的科学家登场了，罗莎琳·富兰克林（Rosalind Elsie Franklin）拍摄了更为清晰的衍射图片，并且分辨出了 DNA 的两种构型。后来，罗莎琳得到的晶体衍射图样被人拿给了沃森，让沃森等人了解了 DNA 的螺距，一个月之后，沃森和克里克就提出了 DNA 的双螺旋模型。因此，1953 年 4 月 25 日的《自然》（Nature）事实上同时发表了三篇关于 DNA 的论文，第一篇是沃森和克里克的，第二篇是威尔金斯的，第三篇是罗莎琳的。第一篇论文提到受到后两篇论文的启发，后两篇论文表示自己的数据与第一篇模型相符。这一技术随后进一步发展，生物化学家多萝西·玛丽·克拉福特·霍奇金（Dorothy Mary Crowfoot Hodgkin）用这一技术测定了青霉素和维生素 B12 的分子结构，因此她获得了 1964 年的诺贝尔化学奖。在得奖的五年后，她又成功测得了胰岛素分子的结构，这大大推动了生命科学的发展，结构生物学也因此而奠基。从这些例子中我们能清晰地看到技术的发展在其中起到的重要作用。如果没有 X 射线衍射的技术，即使有再多的薛定谔，我们也完全谈不上对生物分子结构的认知。

## 非平衡体系的热力学第二定律

物理学家和化学家们很早就已经开始尝试在一些更为简单的非平衡体系中寻求对"熵增加"的深入理解。其中最具启发性的工作来源于伊利亚·普里高津（Ilya Prigogine），他从稍稍偏离平衡态系统的"线性不可逆过程"出发，在 1945 年时提出了最小熵产生原理（MINEP，MINimum Entropy Production principle）。"熵产生"是一个新的物理学概念，如果我们把"熵的增加"看成是一种不可避免的"税收"，那么"最小熵产生"就是系统所涌现出的最优化的避税方法了。利用最小熵产生原理很容易可以证明，在稍稍偏离平衡的线性非平衡区，任何趋向非平衡定态的自发过程也总是伴随着有序的破坏，此时的系统不会自发形成时空有序结构，生命和各种非生命的自组织也将无法形成。然而普里高津的研究表明：当系统远离平衡态，它将会出现全新的性质，系统将有机会产生和维持宏观的有序结构。这促使普里高津提出了"耗散结构"（dissipative structure）的概念，对于那些远离平衡态的开放系统，系统中有可能自发涌现出有序的结构，这样的体系与外界环境交换能量、物质和信息，并且可以维持在动态平衡位置附近。1977 年，普里高津由于其对非线性不可逆热力学的研究而获得了诺贝尔化学奖，瑞典皇家科学院在普里高津的颁奖词中提到："普里高津对不可逆热力学的研究已从根本上改造了这门科学，使之重新充满活力；他所创立的理论，打破了化学、生物学领域和社会科学领域之间的隔绝，使之建立起了新的联系。"

普里高津的理论没有违背热力学第二定律，因为他强调的是"远离平衡态的开放系统"，然而"最小熵产生"对于远离平衡态的开放系统就已经不成立了。在开放系统中，热力学第二定律仅仅指明了熵增加的方向，但它却没有说明熵会怎样增加，这一描述留下了一个显而易见的"缺口"。物理定律假如都留下这样的"缺口"，那么能量守恒定律就会变成"能量不会增加"，牛顿第三定律就会变成"作用力跟反作用力不会朝着同一个方向"，相对论的基本假设就会变成"真空中的光速不会减慢"……这些带有缺口的定律会让我们的物理世界变得非常复杂，因为我们无法写下等号，所有的"方程"都将因此而变成"不等式"。然而不幸的是，热力学第二定律就是一个不等式，这就吸引着物理学家开始探索"等式版"的热力学第二定律。

然而，要得出这样的一个等式并非一件容易的事情，因为一个物理体系即使在平衡态情况下满足一些良好的性质，也不能保证它们在非平衡的情况下也满足良好的性质。这类问题对于"小系统"的动力学会产生尤其重要的影响。所谓的"小系统"指的是包含的粒子数或自由度数较少的一些统计物理体系，这与传统热力学所研究的体系是完全不同的，例如在吉布斯的著作中，他关心的通常是物质的"浓度"，如果我们把溶液稀释到原来体积的两倍，那么浓度会减半，可如果我们一直稀释下去，当溶液中只有少数几个溶质分子时，一个宏观的体系就成为"小系统"。对于小系统，其涨落十分显著，像"浓度"这一概念对于小系统就已经失效了，原先与浓度成正比的化学反应速率现在也变成了完全随机的，因此我们需要用随机过程从微观的角度描述小系统的动力学。

除了这种思路以外，也有的物理学家直接从热力学的角度思考对热力学第二定律的推广。在一个非平衡过程中，如果说热力学第二定律所指明的熵增加的方向只是一种统计性的整体效果，那么只要对"熵增加"和"熵减少"的事件分别进行统计，就可以得到对热力学定理更为精细的理解。这一研究思路的代表性工作是涨落定理（fluctuation theorem）[1]，涨落定理准确地量化了正逆过程概率上

[1] 这一定理（Crooks 涨落定理）最早由 Crooks 提出（1998 年），这个定理的一个微观版本（Evans–Searles 涨落定理）最早由 Evans、Cohen 与 Morriss 提出（1993 年）。

的差别，这一定理可以帮助我们对非平衡体系建立一般性的描述。另一种与涨落定理等价的方式是考虑将系统对外界所做的功与系统本身的自由能变化建立起定量的关系，对准静态的绝热过程而言，系统自由能的变化就等于系统对外界所做的功，而对于更一般的非平衡过程，情况将变得较为复杂，这是因为做功是一个与路径相关的量，而自由能的变化则只依赖于初末状态。尽管这两个物理量非常不同，1997 年，物理学家加津斯基（Christopher Jarzynski）仍然找到了这二者之间的联系，提出了做功与自由能变化的等式。加津斯基等式指出：系统自由能的变化仍然可以通过系统对外界所做的功来进行测量，只是需要对做功的过程进行恰当的平均。加津斯基等式是对热力学第二定律的扩展，它就是一个"等式版"的热力学第二定律。这一定律揭示了一种通过非平衡的过程得到平衡态之间自由能差的测量方法，并且很快就得到了实验证明。这一规律还被推广到量子力学体系中，并且也得到了实验验证。近年来，也有研究者（例如日本东北大学的学者大关真之，Masayuki Ohzeki）注意到加津斯基等式与机器学习之间的联系，因为"自由能"可以看成是一个概率分布的对数，因此机器学习的过程中也伴随着自由能的改变，这一等式很可能是支配着机器学习的"热力学第二定律"。

普里高津的"耗散结构"理论启发我们进一步思考关于生命起源的诸多问题。而关于这一问题，近年，美国马萨诸塞理工学院的年轻物理学家杰里米·英格兰（Jeremy England）做出了非常具有创新性的成果，陆续发表了几篇与生物的自复制和自适应行为有关的工作。他同样从"负熵"和"开放系统"的角度出发，但他选择了另一个切入的角度。在他看来，生命的与众不同之处在于：与非生命的物质相比，生命更能从环境中获取能量，并以热量的形式将获取的能量消耗掉，例如，当我们在烧水时，一旦切断电源，水壶里的水就无法继续获取能量，而当一个人置身孤岛，他会想尽一切办法来尽可能地获取能量以维持生存。受到这种想法的启发，英格兰利用我们前面提到的涨落定理，提出了一个比热力学第二定律更具不可逆性的物理规律。英格兰的研究对象同样是普里高津所说的"远离平衡态"

的体系，在较高外部能量的输入之下，当系统可以向外界环境耗散热时，系统将朝着尽可能多吸收和耗散更多能量的方向进行演化，这种演化最终会导致生命的产生，从这个意义上来看，进化论反而只是这一理论的推论。当然，并非所有可以将能量进行有效耗散的系统都是真正意义上的生命系统，例如对流所产生的有序结构[1]也可以"高效"地耗散能量，但直观地来看，对于任意一个不可逆过程，我们可以比较正过程和逆过程之间速率的差距，如果这种差距很大，那么这样的过程就更不可逆，过程的发生需要消耗更多的能量，这样的耗散系统也更类似于生物的系统。因此，在英格兰看来："你从任意一堆随机原子出发，如果你用光照射它的时间足够长，最终可以得到一株植物，对于这样的结果你不应该感到太奇怪。"这样的结论既具有启发性，又让我们自己觉得非常羞愧，在这一理论的框架下，我们重新认识到"生命赖负熵为生"的实质：更加有序的结构其实是系统提高其能量耗散能力的一种途径，生命这种有序结构的"意义"就在于尽可能地去消耗甚至浪费资源。

在本章中，我们从"生命是什么"这一问题出发，从物理学的视角切入，结合了生命科学、信息科学乃至地球科学的许多现象，探讨了与热力学第二定律有关的诸多问题，这些内容或许可以拼凑起关于能量、信息、生命和宇宙的一些认识，但我们对热力学第二定律的认识仍然极为有限。在著名的科幻小说家艾萨克·阿西莫夫（Isaac Asimov）"最满意"的一篇短篇小说《最后的问题》[2]（*The Last Question*）中，人类认识到整个宇宙的能源："最终还是会消耗殆尽。无论怎样管理、怎样制约，消耗的能源不能回复，熵注定递增，直至最大值。"于是人类询问一台名叫"宇宙 AC"（Cosmic AC）的具有超强计算能力的计算机："熵有没有可能逆转呢？"AC 的回答是："数据不足，无法回答。"人类继续追问："什么时候会

---

[1]  著名的贝纳德对流（Benard convection）就是最为典型的实例，当液面上下的温差超过一定的临界值时，对流突然发生，液体表面呈现出有规律的对流图样——六角形格子的平面铺排。

[2]  本书中阿西莫夫《最后的问题》的引文参考了网友"青铮"的译文。

图 11- 从一堆随机原子出发，如果你用光照射它的时间足够长，最终可以得到生命，生命这种有序结构的"意义"就在于尽可能地去消耗甚至浪费资源

有足够的数据来问答这个问题？"AC 继续回答："数据不足，无法回答。"最后，一个又一个的恒星与星系熄灭、消亡……十万亿年的衰竭，宇宙越来越暗淡……物质与能量消失了，空间与时间也是，所有的人类也融入了 AC，最终，只有 AC 存在着——在超时空之中，它还在寻求着这个问题的答案。今天我们仍然在不断探索着这个"最后的问题"，我们认识到信息与热力学之间的联系，也了解到开放系统中可以建构出自身的有序并维持在一个临界的稳态，甚至已经明白宇宙中的引力和黑洞足以抗衡热寂的诅咒，但我们仍不知道要怎样才可以抵抗热力学第二定律的方向，也完全没有搞清楚熵与时间箭头之间的联系，更谈不上对热力学第二定律真正的起源有充分的了解。仍然有大量关于熵的问题值得我们人类亲自去探索，而我们将在下一章中稍稍揭开这些"最后的问题"答案的冰山一角。

# PART
# 04

整个宇宙是一台量子计算机，
它在不停地进行着"大数据分析"，
全息空间因而演生了出来。

# 时间与宇宙

The essence of the universe

## 万物源于比特

上一章说到，在阿西莫夫的小说《最后的问题》结尾，有一台融合进人类意识的超级计算机 AC 在超时空中孤单地存在着，它一直还在寻求着将熵逆转过来的方法，这个故事最后的结局到底是怎样的？ AC 到底有没有找到足够的数据来逆转宇宙的熵？不妨来看看阿西莫夫笔下这个美妙而深刻的结尾：

所有的数据收集都结束了。

没有任何数据没有被收集。

但所有的数据还要被完全整合，用所有可能的联系将之融会贯通。

这用去了超越时间的一刻。

然后，AC 懂得了如何逆转熵。

但这最后的问题已无法回答，因为已经空无一"人"。

然而没有关系，演示答案的同时将解决这一问题。

又一个超越时间的片刻，AC 知道了该怎样做。

AC 谨慎地组织程序。

AC 的意识融合着曾经的宇宙中的一切，又在此刻的混沌之中思索、化育……一步一步，直至完成。

然后，AC 说："要有光!"

于是就有了光——

阿西莫夫故事的结尾回到了《创世记》的开头，正是所谓的"凡是过去，皆为序曲"。当 AC 收集到了足够多的信息，宇宙也就因此重生了。这个结尾暗示了一个奇妙的论点，那就是宇宙的重生其实是通过提取数据（信息）、整合信息而发生的。换句话说，阿西莫夫的这个结尾暗示了一个具有革命性的想法——"宇宙源于信息"。

阿西莫夫的这部科幻小说发表于 1956 年，在这部小说发表约 20 年后，有一位伟大的物理学家产生了一个与之类似的想法，并在二十世纪八十年代末正式提出了更具冲击性的观点。这位伟大的物理学家是惠勒（John Wheeler），今天，我们引用惠勒的提法，通常会将这一观点表述为"万物源于比特"（It from bit）[1]。惠勒本人如此表述他的观点："万物源于比特。换个角度说，令所有物——任何粒子、任何力场，甚至时空连续统本身——将其功能、意义乃至其全部存在……归因于……比特。万物源于比特象征着这一种观念，物理世界的所有单元（item），在根本上——在最根本、最基础的意义上——具有非物质来源的解释……简言之，所有的物质性事物，究其根源都是信息论性（information-theoretic）的，这是一个参与的宇宙（prticipatory universe）。"

为什么惠勒会产生这样的想法？这是因为随着对量子力学的一些基本问题[2]的思考逐渐深入，惠勒对"信息"和量子力学中的"测量"问题产生了兴趣。正如"薛定谔的猫"告诉我们的那样，根据量子力学的基本原理，实验"测量"会对量子态的演化造成影响，本身处在混合状态的粒子可能由于测量而坍缩到某个特定的本征状态上。惠勒因而想到：我们所观测到的世界，其实是由于我们的观测而存在的，没有绝对客观的观测，我们的观测参与了宇宙的诞生，这种思路可以某种程度上解释"人择原理"。用一个比喻可以帮助我们理解惠勒的语境：把宇

---

[1] 这里的"It"指的就是"物质"，而"bit"是"信息"。下面的引文引自惠勒的《宇宙逍遥》。

[2] 主要是指惠勒对延迟选择实验（Wheeler's delayed choice experiment）的有关研究。

宙看成是一个互联网产品，在互联网产品的设计中，一旦产品的基本框架被搭建起来之后，产品本身的迭代可以看成是由用户的行为所驱动的，用户作为产品的"参与者"，不断进行着"测量"，这些测量影响了产品的形态、功能，以这种方式形成的产品即为一个"参与的宇宙"。这里同样蕴含着我们在讨论"自复制"问题时所提到的"自指"行为，参与者的观察影响了宇宙的演化，而宇宙的演化也塑造了参与者本身。

　　"万物源于比特"的想法在惠勒的时代或许显得有些过于超前，而这一想法在我们今天看起来已经不再难以理解。作为一个数字世界的原住民，我们非常依赖于由"比特"所建构起来的网络虚拟世界，甚至将这种虚拟世界看成世界的真相。作为一个科学家，我们很容易就可以在计算机里"模拟"或者"计算"许多物理学过程，我们可以将信息很便利地经由互联网分享到世界上任何一个地方——如果我们扩充对"计算机"或"互联网"概念的认识，我们完全可以把宇宙看成一台超级计算机，这台计算机所处理的就是宇宙中的"比特"，而我们所看到的各种物理现象不过是这台计算机的"计算结果"。富有远见的科学家和具有想象力的科幻作家早已设想出这样的情景，正如在科幻电影《黑客帝国》（ *The Matrix* ）中所展现的那样，我们所感知到的时空和各种物质实体以及情感与意识等精神世界都是由"矩阵"所产生的一种计算结果，我们自己也无法确定自己是否就生活在一台大型的计算机（例如阿西莫夫笔下的 AC）当中。

## 黑洞的信息和熵

　　惠勒"万物源于比特"的想法还有另一个思想源头，那就是他和他的学生们关于"黑洞"的诸多思考。在第一章中，我们已经提到在德军进攻波兰的同时，奥本海默在广义相对论的框架下预言了黑洞的存在[1]。这个天才的想法被战争所打断，战争结束以后，惠勒马上站出来，对这种广义相对论所预言的奇特天体提出了反对的看法。在战前，惠勒与玻尔合作过关于原子核的模型，所以他是哥本哈根诠释的传人，在战争时，惠勒也参加了曼哈顿计划，他在战后开始关心起广义相对论的问题。在惠勒看来，奥本海默所预言的"引力完全坍缩的星球"是一种难以想象的存在，空间会无限地弯曲，物质无限地致密，这种无限致密的状态就好像所有的物质和信息都丢失了一样。不过，惠勒本人马上就意识到了自己的问题，他很快就转变了自己的看法。1967 年时，他已经成为这一观点的忠实拥护者，在 NASA 的一次会议上，为了解释这种奇怪的天体，他将这个天体命名为"黑洞"，这个词从此流传开来。"黑洞"这个名字的确非常传神，在黑洞的事件视界（event horizon）以内的光无法逃逸出黑洞，而视界以外的观察者无法用任何物理方法得知视界内的信息。或许是由于惠勒为黑洞起了一个通俗易懂的好名字，"黑洞"这样一种难以想象的天体反而成了普通公众茶余饭后的谈资。

1973 年，惠勒和英国著名（可能是最著名）的物理学家斯蒂芬·霍金等人提出了著名的"黑洞无毛定理"（No-Hair Theorem）。通常，一个星球会具有复杂的几何结构、物质分布、磁场分布等，然而惠勒和霍金却证明：要想完整地描述一个黑洞，只需要用其质量、角动量以及电荷这三个量就足够了，因为其他的信息全都丧失了。一天，惠勒教授和他的一个来自以色列的博士生雅各布·贝肯斯坦（Jacob Bekenstein）正在喝下午茶，惠勒问贝肯斯坦："如果你把一杯热茶倒入黑洞中，会如何？"惠勒想说的是，因为黑洞这种无限致密的状态就像所有的物质和信息都丢失了一样，那么如果把热茶倒入黑洞中，热茶中的物质和熵也就都丢失

---

[1] 在万有引力定律的框架下，提出类似黑洞想法的物理学家还有拉普拉斯和英国科学家约翰·米歇尔（John Michell）。

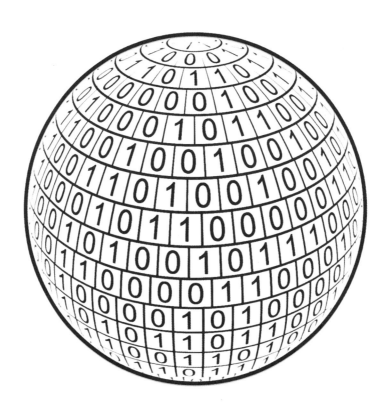

图 1- 黑洞的形象：一个表面写满了信息的球。图片引自惠勒的《宇宙逍遥》

了。黑洞就像是一个理想的消除各种信息的工具，可这就意味着黑洞违背了热力学第二定律，它的存在本身就像是一个第二类永动机。

贝肯斯坦很可能是受到这个问题的启发，开始深入地思考黑洞与熵的问题。他注意到了霍金在 1972 年发表的一篇论文，霍金在论文中证明：黑洞视界的表面积永不会减少，两个黑洞合并后的黑洞面积不会小于原先两个黑洞面积之和。这种"永不减少"的性质引起了贝肯斯坦的思考。贝肯斯坦在他的论文中指出："黑洞物理学和热力学之间存在很多相似之处，其中最显著的是黑洞表面积和熵的行为的相似性：这两个量都是不可逆地增加的。"他进而提出，黑洞的视界面积正比于黑洞的熵。

我们很难想象"熵"与"面积"是成正比的，这只在一种情况下成立：假如我们的桌上很混乱地摆着一些文件和书，这时桌子的熵为 $S$，如果我们不把书叠起来，而只是摊在一张二维的桌面上，那么熵会与桌子的面积成正比，因为桌子实在太混乱了，于是我们只好又买一张桌子来工作，但很快，第二张桌子也变得跟前一张桌子一样混乱。这时两张桌子的熵的总和可以估计为 $2S$，这与两张桌子的面积成正比。然而，只要我们愿意把书和文件朝着第三个维度（高度）方向叠起来，那么熵马上就不再与面积成正比，而是与房间的容积成正比了。贝肯斯坦理论中与面积成正比的黑洞熵暗示了更让人惊讶的一个事实：黑洞的信息似乎全都是呈现在黑洞的表面的，黑洞是一个表面写满了信息的球。

贝肯斯坦的想法与当时的霍金等人"黑洞无毛"的观点是矛盾的，更重要的是，如果黑洞具有"熵"，那么黑洞也还有其热力学，进而，黑洞应该也有温度，有温度就会产生与该温度对应的热辐射，如果黑洞可以热辐射，那"黑洞"就不再黑了。不过贝肯斯坦的观点不但没有遭到惠勒的反对，还让霍金开始思考关于黑洞的熵、温度和辐射的问题。霍金因而提出了著名的"霍金辐射"的概念，霍金通过计算证明：对于通常的黑洞，其温度（$\mu K$[1]）要远低于宇宙中微波背景辐射所对应的温度（2.7 K），因此我们不太可能在宇宙中观测到这种辐射，但这种辐射却是的确存在的——也就是说，进入黑洞的东西不是就永远消失了，而是会通过霍金辐射的方式释放出来。而随着霍金辐射的进行，黑洞自身的质量在不断减小，逐渐地，黑洞自己也就"蒸发"了。

我们已经提到，在黑洞视界内的光无法逃逸出黑洞，那黑洞为什么还可以产生辐射呢？这就与我们在第二章中提到"卡西米尔效应"时所介绍的真空基态问题有关了。在介绍"卡西米尔效应"时，我们提到可以引入一种"虚粒子"来描述真空中的量子涨落，再次强调这里的"虚粒子"不是指反物质粒子。在真空的涨落中存在着大量正负虚粒子对，一旦其中某一个虚粒子进入了黑洞，而另一个成功逃离的话，那么这个逃离的虚粒子就形成了霍金辐射。在真空中，通常允许有负能的虚粒子存在，但又不确定关系，其寿命是极短的，然而因为黑洞的存在，黑洞以外的虚粒子失去了与之发生湮灭的对象，成为霍金辐射，而进入黑洞的虚粒子也同样可以长期存在，它导致了黑洞质量的减轻，整体看起来能量依然是守恒的，貌似一切顺利。

用量子涨落、贝肯斯坦的黑洞熵加上霍金辐射似乎彻底解决了黑洞的热力学问题，可问题在于，被霍金辐射流出的这些粒子到底是否包含了黑洞里面的信息。霍金曾认为黑洞可以把信息完全摧毁，而这种观点与量子力学和热力学都是矛盾的。许多物理学家提出了不同的解决方案，而霍金本人更是时常修正自己对黑洞的信息和热力学的有关观点。面对这样一个"黑洞信息悖论"，霍金与基

---

[1] 这一估算基于一个太阳质量的黑洞。

普·S. 索恩（Kip Stephen Thorne）[1]在 1997 年打了一场赌[2]，索恩和霍金持相同的观点，他们认为信息会在黑洞中消失，而他们的对手是约翰·普雷斯基尔（John Preskill），他们协商决定用一套百科全书作为赌注，因为这"让胜利者在任何时候都能随意抽取想要的信息"。2004 年时，霍金宣布自己输掉了赌局，黑洞并没有丢失信息，并送给普雷斯基尔一套板球百科全书[3]。有趣的是，在霍金承认失败时，索恩并不同意霍金单方面认输，而普雷斯基尔则表示还搞不清为什么自己突然赢了。霍金之所以承认自己的错误是因为有某种新的理论证明了黑洞的时间演化的确可以遵守量子力学的规则，我们将在后文中简要介绍这一思路。但这在物理学界还远没有形成真正的共识，物理学家为了解决黑洞的信息问题提出了大量可能的解释，而霍金也在赌局结束近十年以后，发表了大量新的论文解释黑洞的信息问题。这场"黑洞战争"还远没有结束的迹象。

## 以信息为切入点的统一理论

　　惠勒本人参与了二十世纪最伟大的两场物理学思想革命——广义相对论和量子力学，通过对黑洞体系的研究，他已经注意到了这两个理论间的不协调感。物

---

[1]　索恩是惠勒的学生，也是克里斯托弗·诺兰（Christopher Nolan）执导的美国科幻片《星际穿越》（*Interstellar*）的科学顾问和执行制片人。他还因为在引力波探测方面的贡献获得了 2017 年诺贝尔物理学奖。

[2]　关于这次赌局，最好的参考书是莱昂纳特·萨斯坎德（Leonard Susskind）的《黑洞战争》。萨斯坎德是美国理论物理学家，美国斯坦福大学教授，弦论的创始人之一，他的物理学公开课也非常著名。

[3]　输家要向赢家提供一部赢家选择的百科全书，而普雷斯基尔选择的是一本《棒球百科全书》，不过霍金说："我一时很难买到这本《棒球百科全书》，所以我只能送给普雷斯基尔教授一本关于板球的百科全书作为补偿。"

理学家普遍认为，要解决"万物起源"这样宏大的问题，我们至少首先要找到一种方法统一量子力学与相对论。惠勒本人就非常希望促成这一问题的解决，他曾经说："如果在物理上我有一点觉得更有义务，那就是如何把各个事物联系起来。我希望自己有一定的辨别能力。我愿意去任何地方，与任何人交谈，问任何能够促进进步的问题。"惠勒"万物源于比特"的想法打开了解决量子力学和广义相对论统一问题的一扇窗户。我们在介绍黑洞问题时，就已经遇到了这两种理论间的矛盾——物理信息到底是会消失在黑洞之中，还是会以某种方式再度出现呢？量子力学和广义相对论似乎会给出不一样的答案。尽管我们对霍金辐射等问题有了一定的理解，但我们却仍然不完全清楚怎样才能解决黑洞的信息问题。如果我们真的解决了"万物源于比特"的问题，我们不只是找到了一个解释万物起源的理论，更重要的是，我们找到了一种可以（利用量子计算机）进行计算的理论，这还可能为我们更深入地理解各种物理学过程奠定了基础。

然而不幸的是，量子力学与广义相对论却有着不可协调的矛盾，这种矛盾体现在许多方面，例如：在量子世界真空的微小结构中存在着许许多多涨落，这与广义相对论所描述的时空的光滑几何模型不能很好地融合。又例如，根据量子力学不确定关系，我们无法同时确定粒子的坐标与动量，在这样的情况下，怎样描述这个粒子的引力场也成了一个非常困难的问题。而一个实验物理学家会说，量子力学与广义相对论间最重大的矛盾在于我们找不到能够同时体现量子力学（微小）和相对论特性（有较强引力）的粒子，这导致我们无法用简单的实验来对相关的理论进行验证。

在统一量子力学和广义相对论的道路上遇到的一个最为显著的阻碍莫过于"奇点"。根据量子力学，要想认识更小尺度的物理，那么我们就需要给粒子更高的能量，而这种思路将随着空间尺度的持续减小导致严重的能量发散问题。换句话说，当我们想要观察宇宙中极其微小的结构时，我们需要付出很高的能量，而这么高的能量甚至会导致黑洞的产生。量子引力的发散问题成为物理学家们亟须解决的一个问题。一种解决问题的思路即把时空看成离散的，在这种框架下，长度、面积和体积等都有一个最小的基本单元，这些量都是量子化的，而时空的几何特性用自旋网络来表示，这种自旋网络反映了粒子与量子场之间的相互作用与状态，这种研究的思路被称为圈量子引力理论（loop quantum gravity），这种理论可以很好地解决有关黑洞熵等的问题。而另一种研究量子引力的思路——超弦理论（superstring theory）则因为各类科普和科幻作品显得更为"著名"，超弦理论有着比圈量子引力理论更远大的目标，超弦理论希望建立起解释所有事物的理论呢，量子引力只不过是其中一个微小的部分。为了避免出现奇点的发散，在超弦理论中，用"弦"来代替点状的粒子，这就像一条本来无所谓粗细的"线"被额外地引进了"粗细"的维度，因此超弦理论需要引入额外的卷曲的维度。

不过，需要指出的是，"万物源于比特"这一想法对于不太熟悉相关思路的普通公众可能具有一定的误导性，因为比特这种"0"和"1"的二元性也非常符合中国人的口味，因此也常常被中国的民间科学家们错误地引用。许多人将惠勒的观点看成是对"道生一，一生二，二生三，三生万物"或者"易有太极，是生两仪。两仪生四象，四象生八卦"等中国传统哲学的一种支持，但这种相似性其实只是浅层的，这些"哲学"的讨论并没有太多理论意义上的建设性。惠勒本人作为一位物理学大师，在提出了这一冲击性的观点后，他进而提出了六项未来的议程（agenda），指明了未来研究的一些方向[1]。我们欣喜地看到，惠勒所列举的不少问题目前正由于量子计算等领域的迅猛发展成为科学研究的前沿领域，这些问题的确有可能帮我们解开万物起源的谜题。

---

[1]　这些问题包括：(1) 量子力学的基础问题；(2) 弦论和广义相对论的量子化描述问题；(3) 关于比特的概念问题；(4) 关于自指系统的逻辑问题；(5) 关于物理体系层次化结构的问题；(6) 寻求物理学与信息论（算法熵、生物的进化、模式识别等）之间的联系问题。

## 物理规律的定域性

　　二十世纪三十年代，"心灵感应"（又叫超感官知觉，Extra Sensory Perception，简称 ESP）的超能力实验曾风靡一时。在有关超能力的诸多著作中，有一本非常与众不同，这本书就是《心灵电波》（*Mental Radio*），书的作者叫厄普顿·辛克莱（Upton Sinclair）。老实说，这本书里讨论的东西其实并没有那么"超自然"，这其实是一本"秀恩爱"的书，辛克莱在书中介绍了大量他与他的妻子的"心灵感应"，辛克莱觉得这样的事情值得科学家们所注意，于是他把他的书拿给了他的朋友为他写序。他的这位朋友在序言中坦诚指出自己并不明确地认同这种"心灵感应"，但他建议心理学家们注意这类现象。尽管他的这位朋友如此不给面子，但这本书还是引起了巨大的轰动。因为这位朋友的名字叫阿尔伯特·爱因斯坦。[乔丹·艾伦伯格（Jordan Ellenberg）的《魔鬼数学》（*How Not to Be Wrong*）]

　　作为一位严肃的科学家，爱因斯坦对各种超自然现象的反感是不难理解的，但爱因斯坦对"心灵感应"这样的奇特现象的"反对"还反映出他本人哲学上的深刻思考。当然，老夫老妻之间的这种"心灵感应"只是一种特殊的"模式识别"，这并没有任何地方违背物理学规律，有可能违背物理学规律的一种"心灵感应"指的是信息的超光速传播。爱因斯坦本人坚持相信物理定理的"定域性"（locality），所谓的"定域"，顾名思义，是指不管通过怎样的物理学过程，信息在一定的时间内只能传播到一定的范围之内，不可能存在"超距作用"。例如，当我们在湖里抛下一个石子，波纹会在湖面荡漾开，逐渐从我们抛下石子的地方传递到较远处。我们很难想象在此处抛下一个石子，而在地球的另一边"心灵感应"

般产生波纹的情况。从物理的角度来思考便很容易能理解"超距作用"到底会带来怎样的问题。试想，如果存在没有速度上限的信息传播，那么我们可以找到某个参考系，在这个参考系中，我们完全有可能在事件发生之前就"看到"事件的发生，例如湖面的波纹会在石子掉落之前就荡漾开；两种化学物质在混合之前就发生化学反应；一场战争会在"打响第一枪"之前就发生……总之，一旦信息超越光速传播，就可能导致因果律的破坏，而爱因斯坦本人是"因果律"最为坚持的守护者，他当然不能忍受这种超距作用的存在。

在狭义相对论中，"真空光速不变"是一个基本原理，这一原理维护了因果律的存在。而在广义相对论中，"定域性"的有关问题会变得有些复杂[1]。当然，因为引力本身就非常微弱，而大多数场合我们还可以把引力场看成固定不变的，例如在中学物理的课堂上，我们从来都是直接套用牛顿的万有引力定律，而并不考虑太阳的引力传播到地球所花的时间。不过，在平直的时空中，在弱场近似的情况下，当我们考虑距离较远的两个物体间的引力问题时，"引力"本身作为一种"信息"，其传播很自然也会成为一个重要的问题。爱因斯坦的广义相对论把"引力"描述为时空的一种弯曲，而当大质量的物体在运动时，其附近时空的曲率会随之改变，这种时空曲率的变化如同时空中的涟漪，像电磁波一样以光速向外传播，我们将这种物理现象称为"引力波"（gravitational wave）。2016 年 2 月，激光干涉引力波天文台（LIGO）团队宣布对于引力波的首个直接观测结果，LIGO 所观测的引力波源于两个黑洞的合并，这一观测结果再次证明了爱因斯坦广义相对论的正确性。爱因斯坦本人预言了引力波的存在，不过有趣的是，爱因斯坦本人曾经对"引力波"还表示出某种怀疑，他还曾经差点在《物理评论》发表一篇证明引力波不存在的论文，幸好他的错误被审稿人发现了，于是文章被拒收，爱因斯

---

[1] 引力场的定域性问题是一个较为复杂的理论问题。在一定的条件下，引力场的能量和动量仍然可以视作是定域的。

图 2– 源于两个黑洞的合并的引力波产生机制的示意图。图片来源于 LIGO 官网

坦也及时认识到了自己论文中存在的问题。引力波的发现，再次证明了爱因斯坦的正确性——引力也无法通过比光速更快的方式传播，物理规律仍然是满足"定域性"的。[1]


## "鬼魅般的超距作用"


在爱因斯坦看来，量子力学的哥本哈根解释有一种明显的"实证论"的感觉，因为对物理量的观测不仅影响了待测量的物理对象，还影响了待测量物理量的未来演化。而爱因斯坦一直都主张物理规律的"实在论"（realism），他主张物体的性质是客观实在的，不论物体是否被观测都应具有这些性质。爱因斯坦的一个经典问题就是："月亮在没人看时存在吗？"正因为如此，爱因斯坦对量子力学长期持批判态度。在第二章中，我们提到，爱因斯坦和玻尔曾经就量子力学中的诸多问题进行过长期的争论。而在 1935 年，爱因斯坦、鲍里斯·波多尔斯基（Boris Podolsky）和纳森·罗森（Nathan Rosen）三人构造出一个影响深远的悖论，这篇论文用一种有趣的方式将量子力学的"实在性"与"定域性"之间的矛盾展现得淋漓尽致。这个悖论以这三位物理学家的名字命名，被称为"EPR 佯谬"（EPR paradox）。

简要地对爱因斯坦等人的这一构造进行说明。在量子力学中，由于存在着不确定关系，我们无法同时确定一个粒子的位置和动量。但如果我们研究两个状态相互影响的粒子，就有可能构造出一种有趣的情况，例如两个粒子（记作 A 和 B）

---

[1] 2017 年的诺贝尔物理学奖授给了雷纳·韦斯（Rainer Weiss）、巴里·巴里什（Barry C. Barish）和基普·索恩（Kip S. Thorne），表彰他们发起和领导了"激光干涉引力波天文台"（Laser Interferemeter Gravitational–Wave Observatory，LIGO）项目以及他们引力波观测方面的贡献。

的位置之差和动量之和可以同时确定。爱因斯坦及其合作者于是想象对这对粒子进行两次测量，其中第一次测量只测粒子 A 的动量 $p$，那么我们即使不测量粒子 B，也可以知道它具有动量 $-p$；而第二次测量时，我们只测粒子 A 的位置，随后，粒子 B 的位置也就很容易地可以确定了。这看起来似乎还有一定的合理性，无非是将量子力学的解释推广到了两个粒子的情况，一旦测出其中一个，另一个粒子的状态也就立刻确定下来了。不过，很容易就会发现，只要我们不断增加两个粒子间的距离，就有可能出现一个不可调和的矛盾——量子力学的"测量"引起了信息的瞬时传递，因为无论两个粒子之间相隔多远，一个粒子状态的确定都可以影响另一个粒子的状态，这似乎可以看成是信息在以超过光速的速度"传播"，而这是非常荒谬的。通过这种构造，爱因斯坦等人的文章聪明地让量子力学的哥本哈根解释充分暴露出其问题，爱因斯坦将这种距离遥远的物体间的相互影响称为"鬼魅般的超距作用（spooky action at a distance）"。

在 EPR 三人的论文发表之后，著名的物理学家戴维·玻姆（David Bohm）给出了这一佯谬的一种变种描述，在玻姆的描述中，其矛盾表现得更为尖锐。薛定谔随后也发表了与这种现象有关的论文，并将这种现象命名为"量子纠缠（quantum entanglement）"。量子纠缠是指几个粒子在彼此相互作用后，各个粒子所拥有的特性已综合成为整体性质，在这种情况下，我们无法单独描述各个粒子的性质。尽管在经典世界里我们无法找到类似的现象，但我们仍然可以用一些经典世界里的实例来理解这种纠缠的性质。一个常见的实例就是：假如我们买了一副手套，随后我们将这副手套中的一只（可以是左手或右手的手套）发射到太空中，此时，我们已经无法再直接"测量"处在太空中的那只手套的状态，但我们只需查看手边的那一只手套的状态，就可以很容易地推断出另一只手套的状态，这也是一种"纠缠"性质的反映。不过，因为这是经典世界中的"纠缠"，所以其实手套的状态在最初就已经完全确定了，在这个过程中不存在什么"鬼魅般的超距作用"。

量子力学的纠缠要比这种情况复杂得多。为了简单起见，我们考虑一个两态体系（例如光子、电子等），这样一个两态体系类似于经典体系中处于 0 或 1 状态的"比特"。在量子力学的框架下，单个"量子比特"（qubit）的状态是处在叠加态的。如果一只"量子手套"存在的话，那么它完全可以以一半的概率处在"左手"态，以一半的概率处在"右手"态，而量子力学的"测量"可以使得量子手套的状态坍缩到确定的"左手"态或者"右手"态，坍缩到两种状态的概率分别为 1/2 。现在考虑两个量子手套的"纠缠"，两只手套总能配成一对，意味着两只手套不但都处在叠加态，而且这两只手套之间还存在着相关性，一次测量不仅可以使得其中的某一只手套坍缩到确定的左手态或右手态，还能让另一只发射到太空中去的手套也坍缩到与前者相反的状态。

EPR 的这一构造产生了深远的影响，许多物理学家试图在大致维持哥本哈根解释的基础上协调爱因斯坦的这一质疑。例如玻姆退而求其次地认为：除了系统的"状态"以外，还需要另外一组隐藏的变量才能对体系进行完整的描述，这种"隐变量"是非局域性的。爱尔兰物理学家、工程师约翰·贝尔（John Bell）曾经是"隐变量理论"的支持者，他在读到爱因斯坦的论文后，站在了爱因斯坦一方，因为他觉得爱因斯坦远比玻姆聪明。贝尔是一位关心基本原理的工程师，他不喜欢玻姆理论中的非定域性，希望找到一个局域的隐变量理论，终于，在 1964 年，贝尔提出一个著名的不等式，贝尔在爱因斯坦所坚持的"定域性"和"实在性"前提下，对两个粒子同时被测量时可能的关联程度建立了一个严格的限制，如果量子力学是对的，那么两个粒子关联性的测量结果应该比定域性的隐变量理论要强很多。贝尔不等式表明任何定域的"隐变量"理论都是与量子力学不相容的。贝尔本人尽管对量子力学的非定域性有些不满，但却恰恰是阐明量子力学非局域性的人。从二十世纪七十年代开始，科学家们开始通过实验验证量子力学的贝尔不等式。1982 年，法国物理学家艾伦·爱斯派克特（Alain Aspect）最早用实验实现了量子纠缠，而到 2015 年时，贝尔不等式已经得到了几乎无漏洞的实验验证，爱因斯坦最终在这场争论中落败，在量子力学的框架下，的确存在"鬼魅般的超距作用"。

　　值得注意的是，量子纠缠的这种超距作用无法实现信息的超光速传递。还是以前面提到的"量子手套（比特）"为例来进行解释，的确，量子力学的"测量"不但影响了我们手边的这个量子比特的状态，还影响了发射到太空中的那个量子比特的状态，但这一过程中不涉及信息的传递。一旦待测量的量子比特状态被确定，太空中的那个量子比特的状态看起来似乎是"超光速"地被确定了，然而这并不是一个通信的过程——因为"太空中的量子比特"并不是凭空出现的，我们仍然需要依赖于经典的方式将其发射到太空中。换句话说，测量的过程本身没有涉及信息的传递，真正的信息传递仍然是通过经典手段实现的。即使我们不考虑将量子比特"发射到太空中"这样一个过程，仅仅考虑信息传递的过程，我们也无法实现信息的超光速传输，因为只要飞船上的实验者不把量子态的测量结果告诉地面实验室里的人，地面实验室里的人就无法确认这种信息的传递。而飞船与地面的通信是无法超过光速的，所以虽然物理规律的局域性有所破坏，但爱因斯坦的相对论并没有被破坏。

　　对一般公众而言，最有趣的量子通信问题莫过于"量子隐形传态"（quantum teleportation）了。这个问题看起来非常科幻，在《星际迷航》（Star Trek）中就存在着某种瞬间传输装置，如果可以通过量子态的纠缠，将某些信息（乃至物体）安全地输送到另一处，那么显然会产生极为有趣的结果。不过由于不确定关系的存在，我们无法对一个量子体系的完整状态进行精确的测量，因此完整地提取一个物体的全部信息是不可能的，而量子不可克隆定理（no-cloning theorem）也指出，我们无法对一个未知的量子态进行精确的克隆。这样看起来，似乎隐形传态变得不再可能，不过物理学家仍然想出了解决的方法：将待传输的量子态的信息分为经典信息与量子信息两部分，将它们分别通过经典信道与量子信道进行传输，最终综合来自两个不同信道的信息，复制原来的量子态。很明显地，由于经典信道的存在，量子隐形传态同样无法实现信息的超光速传输。

如果量子纠缠无法实现超光速的信息传递，那么为什么还有大批的科学家在不断尝试着量子通信呢？首先，这是因为量子态可以是多种状态的混合，例如，10 个量子比特不只是可以编码 1024 个不同的状态，而且是可以同时编码 1024 个不同的状态，因此量子通信要比经典通信更为高效。而这还不是量子通信最为重要的优点，量子通信之所以会如此受到科学界的关注，更重要的还是因为其在安全性方面的优点。一方面，因为处在纠缠态的两个粒子之间存在着关联性，只要其中的一个粒子由于被测量而发生变化，另外一个也会瞬间发生变化，因此，一旦信息在传输的过程中被干扰或者窃听，那么量子态就会发生改变，我们马上可以意识到已经发生了泄密；而另一方面，由于量子加密的密钥是随机的（并且是"真随机"），因此即使被窃取者截获，也无法破解信息。

不过，量子通信始终有一个非常困难的问题难以解决。因为我们无法真正将一个量子纠缠的体系完全与现实世界相隔离，而一旦当开放的量子系统与外界环境发生相互作用，这种作用就类似于某种"监听"或者"测量"，最终会导致量子纠缠的丧失，这种物理效应被称为量子"退相干"（decoherence）。不管是在量子通信还是在量子计算方面，退相干是一种必须面对的挑战，因为退相干可能会让系统的信息部分或完全丢失。为了解决退相干的问题，物理学家想出了各种解决方法，例如在量子通信时，通过引入一些纠错码来避免退相干所带来的影响，又或者利用各种其他物理原理尽可能屏蔽掉外界的各种因素的扰动，例如通过各种反馈来消除各种微小的力学扰动，通过极低温消除热扰动，通过电磁屏蔽来消除电磁相互作用的影响，等等，不过，这些屏蔽仍然不足以让系统成为真正的"孤立系统"，例如，我们不管怎样也无法屏蔽掉引力的作用，即使所有其他的因素都被屏蔽，效应极其微弱的引力波仍然可能会导致量子比特发生退相干——因此，也有的物理学家开始反其道而行之，考虑利用量子力学的退相干来探测引力波。

## 量子信息的纠缠之网

量子纠缠和退相干的理论与实验向传统的信息论提出了崭新的问题。例如我们很容易就会提出这样的问题：一个量子比特到底包含了多少的信息？如果我们对一个量子比特进行测量，那么它的信息会发生怎样的变化？直观地看起来，我们通过一次测量，只能获得关于量子比特态一个比特的信息，而这并非是一个量子比特所能包含的全部信息，因为一个量子比特还可以是多个状态的叠加。可如果我们不进行测量，又应该如何度量信息呢？退相干导致了可能性的丧失，这个过程中系统的熵会发生怎样的变化？

要想回答上面的这些问题，我们需要重新思考量子信息意义下的"熵"。首先考虑单个量子比特的熵，最早考虑这一问题的人是冯·诺依曼和朗道，他们给出了量子态"密度矩阵"的描述方式，并且定义了量子态的冯·诺依曼熵，这种熵的形式可以看成是对香农信息熵的一种很自然的推广。进而，我们可以考虑两个处在 EPR 态的纠缠中的量子比特对[1]的信息问题。假如一个量子比特正在某个卫星中环绕着地球运转，而另一个与之纠缠的量子比特就在我们身边不远的某个实验室里，那么问题来了，信息到底是储存在实验室里还是储存在卫星里呢？答案都是否定的，我们既不能说信息储存在实验室里，也不能说信息储存在卫星

---

[1] EPR 态是两个量子比特的最大纠缠态，此时，所有的量子信息都被分配到量子比特之间，不过在更一般的情况下，应该是一部分信息处在两个纠缠的比特之间，还有一部分信息处在两个量子比特之上。

里，信息是蕴含在这两个量子比特的纠缠之中的。既然信息都储存在了这些纠缠之中，那么一个体系的"熵"就可以形象地表现为该系统与外界发生的联系数量。"信息蕴含于关系"的图像看起来有些违背直觉，不过我们其实非常熟悉这样的基本图像，例如我们在社交网络上的社交关系就并不存在于我们自己或者朋友们的电脑当中，社交关系的"信息"本身就蕴含在社交"关系"当中。量子态的"纠缠"就像是量子比特的一个"社交网络"，所有的信息（或者说"关系"）就蕴含在这样一个"网络"之中。

　　根据上面的描述，我们可以用一种"网络"的图像来描述量子信息之间的纠缠。由于我们用矢量来描述量子态，矢量与矢量之间的连接就可以用一个矩阵（张量）来描述，进而量子比特纠缠而产生的网络可以用一个张量网络（tensor network）来描述。直观地来看，在一个张量网络中，所有的节点都是量子比特，连边就表示这两个量子比特之间的纠缠，连边的权重表示了纠缠熵[1]。还可以用我们的社交网络来理解"纠缠熵"，虽然我们的社交网络上有许多朋友，但我们并不是跟所有人都有着相同的联系频率，我们与那些最经常互动的朋友之间的社交关系可以看成是社交网络上连接权重最大的邻边，对应于张量网络上最强的"纠缠熵"。对于一个存在着许多量子纠缠的体系，我们可以来估算其纠缠熵。我们已经提到，在一个张量网络中，连边就表示这两个量子比特之间的纠缠，连边的权重表示了纠缠熵，如果我们要估计一个系统内的纠缠熵，只需估计系统内的连边总数即可。

　　用网络的图像可以帮助我们理解量子态的退相干现象：如果一个量子态与环境形成了越来越多的连边，那么它就发生了"退相干"——这就像是一个学校的

---

[1] 更严格地来说，需要说明"节点"是否还包含连边（或半连边），每个顶点（配上若干个半连边）对应于一个张量，顶点间的连线对应于张量收缩运算。

同学在毕业之后逐渐与社会上的其他人建立起了越来越多的联系。而当我们想研究某一个系统（对应于张量网络中的一个子区域）的纠缠熵的时候，我们需要切断它与环境之间的联系，此时，我们只需把该系统从整个张量网络中清晰地划分出来，计算那些需要切断的连边权重之和就可以了。这种研究的思路与我们考虑复杂网络上的社区结构非常类似，对应到前面的例子，如果我们希望研究一个学校的同学之间的"纠缠熵"，我们需要把他们与校外人员的联系切断，这些连接强度的总和即为这个体系的纠缠熵。这种熵是对纠缠程度的度量，也是对蕴含于纠缠之中的信息的度量。

从量子纠缠的角度，我们可以重新理解信息的"丧失"与熵的产生。如果不存在量子纠缠，那么所有的量子信息可以独立地储存在每个量子比特的内部，然而由于纠缠的存在，量子信息不得不被储存在"关系"之中，如果这时我们还是孤立地来看单个量子比特，我们会认为量子信息"丢失"了。根据我们在上一章中所介绍的对"信息"和"熵"的理解，这种信息的丢失也就意味着熵的产生。不过，我们也很明显地发现，其实信息并没有真正丧失，由于量子态与环境形成了越来越多的纠缠，量子态本身发生了退相干，而这些信息其实被转移到了量子态与环境的纠缠当中。

## 虫洞与星际穿越

量子信息的纠缠之网向我们展现了一幅"跨越时空"的图像。如果说量子态可以看成是"上帝掷骰子"，那么量子纠缠就是"跨越时空的骰子"，两个相距甚远的量子比特因为纠缠的存在而变得相互影响，使得两个在空间中本来相隔遥远

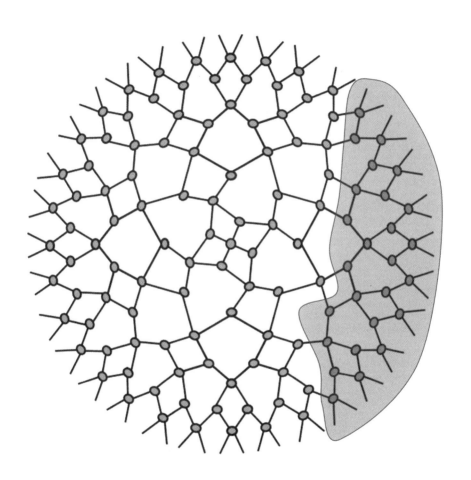

图 3– 张量网络示意图，对一个张量网络的局部进行测量必然会切断一些连接，这
些被切断的连接总数即为系统的纠缠熵

的点（例如地面实验室与卫星上的两个量子比特）的"距离"拉近了。

广义相对论框架下的"虫洞"（wormhole）与量子力学框架下的量子纠缠之间具有明显的相似性。在许多科幻电影和科幻小说中，我们都见识过虫洞的形象。在电影《星际穿越》中，更是花费了大量的篇幅来介绍虫洞的基本原理，剧中的物理学家将一张纸折叠后又戳穿，空间中两个本来相距遥远的点之间的距离因而缩短，这个演示简洁明了地解释了虫洞的基本原理。最早命名这一结构的物理学家还是惠勒，惠勒用"虫洞"命名这种奇特的时空结构是在 1957 年，因为这种结构与苹果中被虫子蛀成的洞非常类似，本来在二维空间中生活的虫子通过三维空间中的一条捷径可以在苹果的表面和内部来回穿梭。而在更早的时候，1935 年，爱因斯坦与他的合作者罗森在研究广义相对论方程时就曾经提出了爱因斯坦 – 罗森桥（Einstein–Rosen bridge）的概念，构造出一种特殊的几何结构，连接起两个不同的时空。

虫洞这种奇特的时空结构再次挑战了人们的想象力，因为它似乎真正暗示了时空旅行的可能途径。不过我们真的有机会穿越虫洞吗？情况很可能不太乐观，这是因为：一方面，虫洞内部有非常强的引力，它可能会把穿越虫洞的人摧毁；而另一方面，更让人沮丧的是，根据广义相对论，"虫洞"本身很难稳定存在，虫洞在某个时刻产生，短暂地形成，连接空间中本来相隔遥远的两个点，随后很快就又关闭，这种极端不稳定的性质很可能导致没法让一个光子从虫洞的这一边运动到另一边。因此，《星际穿越》中所描述的时空旅行很大程度上只是展现了一种理论上的可能性，而非现实中的可操作性。

尽管如此，许多物理学家仍然对这种星际穿越的可能性念念不忘。例如惠勒本人就认为在相对论的框架下，时间会随着参照系的改变而发生变化。因此，在虫洞以外的观察者很可能对虫洞的形成和关闭有着不同的认识，在虫洞以外的观

图 4- "虫洞" 的命名

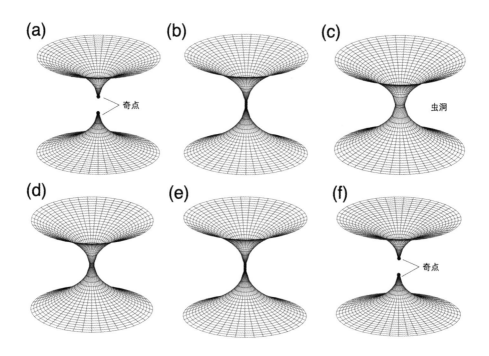

图 5– 虫洞本身难以稳定存在。图中展示了虫洞从连接形成到断开的整个过程

察者看来，虫洞的关闭可能会需要无穷长的时间。而由于其"参与的宇宙"的想法，惠勒相信进入虫洞的星际穿越者会对虫洞的结构产生影响，例如增强虫洞的稳定性。而惠勒的学生、《星际穿越》的科学顾问索恩则指出，如果我们能找到某种类似于宇宙大爆炸时期推动宇宙急速膨胀的"奇异物质"（exotic matter），就有可能增强虫洞的稳定性。

时空旅行的想象常常让我们感到困惑，因为它违背了我们直接对于空间"定域性"的许多想象。虫洞正是挑战了这种关于局域性的想法。当信息通过虫洞发生传播时，很容易就可以发生表面上看起来"超光速"的信息传递。例如空间中距离非常遥远的两个点之间形成了一个虫洞，当一个光子穿越虫洞时，这个光子很可能只经历了很短的时间就到达了空间距离非常遥远的一个点。这个幸运的光子在很短的时间已经穿越了很远的距离。但这并不违背光速不变原理，这是因为空间中的"距离"本身应该是由弯曲的时空定义的。在虫洞附近，由于时空的弯曲，空间中"距离"的概念需要重新定义。事实上，尽管被虫洞所连接起来的两个点可能在平直的时空中距离遥远，而由于引力所带来的时空弯曲，这两个点之间的实际距离是非常短的，因此通过虫洞传递的信息并不违背相对论。

当我们在极其微观的尺度下观察时空的结构，很可能会发现全新的一种理解"虫洞"的视角。当我们看一块金属时，我们会觉得它是一块连续体，而如果我们深入到原子尺度，我们就可以发现其中有着许多缺陷，原子间也有许多的间隙等，与此类似，在时空的最小刻度（普朗克尺度）下，我们可以观察到时空中的微观结构。而因为这一结构足够微小，根据能量时间不确定关系，在足够小的范围内，这些涨落的能量将导致空间没有了确定的结构，这种结构类似于"泡沫"。惠勒本人将这种结构称为"时空泡沫"（spacetime foam），这是将量子力学与广义相对论结合起来的一种尝试。在这种时空泡沫中，量子虫洞不断形成，虫洞之间又不断发生相互作用，断开，重连，就像泡沫不断破碎和形成。或许在未来我们可以从时空的微观结构中捕捉到一个虫洞，再用奇异物质将其放大，这时，真正的时空旅行就变得可能了。

## 虫洞是时空的社交网络

在我们的生活中，也常常出现一些类似"虫洞"的现象，一些看似遥远的距离可能会由于一些长程连接的存在而显著缩短。1994年，好莱坞著名演员凯文·贝肯（Kevin Bacon）在一次采访中提到自己曾经与很多好莱坞的电影人直接或间接合作过。受到这一采访的启发，三个大学生发明了一种好玩的游戏，这些学生提出了"凯文·贝肯是娱乐圈的中心"这样一个观点，他们以电影为桥梁，开始计算许多不同的明星跟贝肯之间的距离。例如，贝肯曾经参演过1991年的《刺杀肯尼迪》，这部电影的另一位主演是乔·佩西（Joe Pesci），那么佩西跟贝肯之间的距离就等于1。佩西参演过《小鬼当家》，而第45任美国总统唐纳德·特朗普（Donald Trump）曾经在《小鬼当家》中客串过，因此特朗普跟凯文·贝肯之间的距离等于2。这些大学生发现好莱坞的所有演员跟贝肯之间的平均距离大致等于3，他们于是给著名的喜剧节目主持人"囧司徒"（Jon Stewart）写信介绍了他们的这个发现。于是"囧司徒"邀请三个学生和凯文·贝肯一起上节目来玩这个游戏，贝肯参加了这个节目，还为这三个学生的书作了序。凯文·贝肯游戏所揭示的是社交网络的"小世界"特性，如果一个社交网络是小世界网络[1]，那么对一个由N人构成的社交网络而言，如果每个人通过自己的朋友、朋友的朋友、朋友的朋

---

[1]　除此之外，小世界网络的另一个重要特点是其也具有高的聚集系数，即在一个小世界网络上，每个人自己的朋友们之间也很可能是相互认识的。

友的朋友……平均经过约 $klogN$ 次（$k$ 是一个常数），就能与网络上的任意一个陌生人发生联系，这种网络上的信息传递是极为高效的，人们常说的"六度分隔"指的是全世界任何两个人，平均经过约 6 次就能建立起联系，而如果考虑互联网上的社交网络，任意两人之间的平均距离可能会更短。而且社交网络上的连接不必是短程的，因此我们与社交网络上的朋友们虽然可能相隔万里，但却可以很轻松地互通信息，了解对方的情况，这说明社交关系的形成使得我们所生活的虚拟空间也发生了扭曲。类似的例子还有很多，在城市的交通中，例如，在北京和上海之间存在着频繁的高铁和航班，而与之形成对比的是，北京与河北省的一些乡镇之间的交通却并没有那么方便，如果我们用交通所花费的时间（而非实际空间距离）作为距离的另一种度量，我们可以重新定义出城市间的"距离"。

虫洞可以看成是时空中形成的社交网络。而"时空泡沫"就像是不断演化着的一个复杂网络，由于虫洞的不稳定性，时空中的节点与节点之间形成或者断开联系，这些联系让空间在更大的尺度上具有了特定的几何结构，这些几何结构正是引力的反映。对此，惠勒还有一句关于广义相对论的名言："物质告诉时空如何弯曲，时空告诉物质如何运动。"正如我们在第一章中已经提到的那样，在弯曲的时空中，光线不再沿着直线传播，而是沿着时间流逝得最慢的方向传播，在弯曲的时空中，这表现为沿着"测地线"传播。测地线指的是空间中任意两点的"局域最短路径"，举个例子就可以很容易理解这一概念，或许我们还会记得在 2016年里约奥运会上，日本首相安倍晋三化装成"超级玛丽"，通过东京的一个下水道管"穿越"到里约热内卢的情景，这条穿越地球的路线就是连接空间中两点的"直线距离"，但安倍显然不可能真的通过这样的管道到达里约，因为我们只能在地球的表面运动，在这种情况下，安倍的专机飞行的轨迹即为在地球表面这样一个弯曲的空间中的测地线。"测地线"的概念也可以推广到复杂网络中，例如对一个社交网络而言，"局域最短路径"是指信息经由那些直接的社交关系（我们的朋友、朋友的朋友……）不断传播所走过的最短路径。由于引力而弯曲的测地线很好地展示了"时空告诉物质如何运动"，而社交网络上的"局域最短路径"则很好地展现了信息传递的动力学，这两种看起来非常不同的现象之间隐含着某种更深层的联系。

用"社交网络"的观点可以帮助我们很好地理解广义相对论所预言的时空弯曲。例如，"虫洞"的存在对应于社交网络上的一些长程连接，这些连接可以让一些本来遥远的距离显著缩短。而"黑洞"在社交网络上也可以找到对应的结构，例如下个月有一场非常小众的乐队的演唱会即将举办，这个乐队足够小众，因此主办方只把消息推送给了那些最为热衷的粉丝，这些粉丝收到了消息当然非常开心，于是他们把演出的消息传到了他们的朋友圈——不过，由于这个乐队实在太小众了，即使被粉丝所转发，这一演出的信息也只被一个人朋友圈中其他的该乐队粉丝所接受。通过这样一种传播的途径，所有的信息始终没有传出这个乐队的粉丝圈，这种"粉丝圈"就可以看成是社交网络上的"黑洞"。正如一束无法逃离黑洞的光线，演出的信息在"黑洞"的内部可以很快地传播，可是却无法影响那些位于"小圈子"以外的其他人。需要注意的是，这种理解的方式不是某种"比喻"，而是可以定量化的一种对应形式，对于复杂的网络结构、音乐甚至人类的语言，我们都可以找到与之对应的几何结构，这些几何结构所揭示的正是如广义相对论所描述的"时空弯曲"。

如果我们要研究复杂网络上的信息传递，我们需要研究网络上的各种社交关系，关心节点与节点间的连接，而如果我们希望用类似于"时空泡沫"的图像来理解广义相对论的许多结果，我们显然有必要从"面向对象"的物理学转向到研究"面向关系"的物理学。"面向关系"的物理学与我们在第一章中强调的"演生论"的理念不谋而合。演生论的视角强调"序决定激发"，而对"序"的研究离不开对"结构"的分析。"结构"本身就是一种"面向关系"的描述方式，例如当我们研究一块磁性材料时，材料中某位置处的磁矩是由某个格点的自旋所决定的，但对一块材料而言，它的性质不与任意一个自旋相关，而是与这些自旋间的耦合相关。换句话说，材料的性质不由"个体"决定，而是由"关系"所决定。这与我们对社交网络的理解也是非常接近的，在进行网络分析时，我们关注的是网络上的集体行为，关注人与人之间在互动中形成的连接关系。这种对结构和演生的重视启发我们从对"个体"的研究转而走向对"关系"的研究。在第一章中我们提到的建筑的框架结构、分子结构、连接组结构、网络和神经网络结构等具体的实例都表现了这种研究的重要性和必要性。在"面向关系"的思路之下，如果我们要探索"终极定律"，我们的一个小目标则是：研究真空中的结构和序怎样在量子力学和广义相对论理论下得以统一。

## 虫洞等于量子纠缠（ER=EPR）

从直觉的角度，我们不难理解虫洞与量子纠缠之间的相似性。两者都跨越了时空，将本来距离遥远的两个点联系在一起，可仅仅从直觉的角度出发，还谈不上真正地理解了这一问题。2013 年，阿根廷物理学家胡安·马尔达西那（Juan Martín Maldacena）和斯坦福大学的莱昂纳特·萨斯坎德提出了一个著名的猜想，这一猜想指出了虫洞与量子纠缠的等价性。由于最早根据广义相对论指出虫洞存在性的两人为爱因斯坦与罗森（ER），而最早从理论上提出量子纠缠有关问题的三人是爱因斯坦、波多尔斯基和罗森（EPR），因此"虫洞与量子纠缠的等价性"这一猜想也被简记为：ER = EPR。值得一提的是，爱因斯坦的 ER 和 EPR 论文都诞生于 1935 年，这可以看成是爱因斯坦的又一个奇迹年。

虫洞与量子纠缠间的相似性确实非常明显，我们已经提到，虫洞本身难以稳定存在，虫洞可以短暂地形成，不过它的存在并不稳定，一个虫洞可能很快就又坍缩，变成两个黑洞，就连这种不稳定的性质也很类似于量子纠缠中的退相干现象。基于这些相似性，我们可以对虫洞与量子纠缠之间的相似性有一个更准确的理解，我们可以有两种不同的理解方式：其中一种以"黑洞"为中心，如果两个黑洞是纠缠着的，那么这两个黑洞之间存在着虫洞将其相连。而另一种更广义的理解则以"量子纠缠"为中心，认为每对纠缠的量子比特之间都由一个量子"虫洞"相连，被这种微观的虫洞连接起来的两个量子比特实际上是"靠近"的，量子比特之间的"距离"应该根据量子纠缠来定义，而这种"距离"重新定义了时空的几何。直观地用一个类比的实验来理解这一图像：想象我们手中有一根橡皮筋，抓住橡皮筋的两端，我们可以将橡皮筋"拉直"，这对应于引力很弱的平直时空，而如果橡皮筋的中间挂着一根重物，由于重力的作用，我们手持橡皮筋的两端就无法将其"拉直"，此时的这一演示即对应于弯曲时空的情况。这样一条无法拉直的橡皮筋展示的就是弯曲空间中的"测地线"，这种弯曲的测地线是"直线"在弯曲时空中的一种推广[1]。

如果 ER=EPR，那么宇宙的几何可以看成是由无数的虫洞构成的复杂网络，而从量子力学的角度来看，宇宙其实是由信息通过非常复杂的量子纠缠演生而成的。这种等价关系不但可能是统一量子力学和广义相对论的关键，也是对惠勒"万物源于比特"想法的最有力答复。ER=EPR 的猜想向我们展示了这样一幅图景，我们所生活的时空正是由于量子信息的纠缠演生而出的，量子信息是比时空更为基本、更为核心的物理概念：两个量子比特之间的连接权重越大，纠缠越强，距离也就越近。惠勒本人或许会非常喜欢这样的理论，作为玻尔的合作者，惠勒是一位量子力学的坚定支持者，他与爱因斯坦对于量子力学有着完全不同的

---

[1] 这样一个实验还有着深刻的物理意义，通过"拉直"橡皮筋，将一个最优化问题变成了一个统计物理问题，光线在弯曲时空中的"最短路径"问题可以看成是在一个被"拉开"的时空中的弹性势能优化问题，而这一问题可以用统计物理模型来解决。

态度，在惠勒看来，量子力学才是未来物理学的一个核心问题，他说："未来的物理学应该来自我们对量子理论的更深入理解，而不是来自对量子理论的评判。"而 ER=EPR 更是充分体现了这一点。

## 困难的多体问题

牛顿曾经在他的《自然哲学的数学原理》中讨论了许许多多重要的理论问题，其中一个影响极为深远的问题就是"三体问题"。通常，计算两个物体的运动情况相对比较简单，以地球围绕太阳的运动为例，我们可以通过坐标变换，将这种运动分解为日地系统质心的运动以及两体相对于质心的运动[1]，由于质心总会相对惯性系做匀速直线运动，因此我们只需求解两个质点相对于质心的运动。这种简单的图像会因为引入第三个物体而变得非常复杂，可如果无法求解这样的问题，我们将永远无法解答太阳系这样一个包含了许多行星的系统的稳定性问题——会不会有一天因为微小的扰动，最终太阳系的行星全都惨烈地撞在一起？在牛顿去世约 160 年后，瑞典国王奥斯卡二世（Oscar II）为了庆祝其 60 岁的生日，对太阳系的稳定性问题提出了悬赏。在这次悬赏中，法国数学家庞加莱最终获得了奖金（1888 年）。庞加莱最终虽然没有为太阳系的稳定性问题给出一个完整的解答，但他阐发出这个问题背后深刻的数学原理。他将太阳系的稳定性问题进行了简化，提出了"限制性三体问题"，在这种情况下，由于三体中有两体的质量远远大于第三者，因而第三个质点完全无法影响两个有限质量的天体的运动。庞加莱发现，

---

[1] 由于太阳的质量远大于地球，因此"日地系统质心的运动"可以近似认为就是太阳质心的运动。

即使在这样简化的情况下，系统的演化仍然会非常复杂，如果给初始状态一个小的扰动（位置的扰动或者速度的扰动），系统此后的演化就可能出现巨大的差异。庞加莱称这样的系统是"混沌"（chaos）的，所谓的"混沌"并非是指"没有规律"或者"混乱无序"，事实上，恰恰相反，"混沌"一词在物理学上强调的正是物理规律的确定性，而恰恰在这种确定规律的情况下，竟然出现了类似于随机的结果，这才是真正让物理学家们震惊的。由于混沌的存在，我们连限制性三体问题这样看起来非常简单的问题都仍然无法严格求解，对于相互作用个体众多的体系，类似的计算就会变得更困难。"多体问题"的难度可见一斑。

在各种凝聚态体系中，我们同样会遇到困难的多体问题。例如以一块金属材料为例，金属中有着大量的电子，这些电子可能处在不同的量子态，电子与电子之间存在着复杂的相互作用，这样的体系远比经典力学中的多体问题等更为复杂，而且计算的复杂程度将随着系统中的粒子数目的增加而呈指数增长。在量子世界中，多体之间复杂的相互作用即构成了传说中的"量子多体问题"（quantum many-body）。量子多体问题是目前凝聚态物理学的研究重点和难点，在量子世界，由于粒子之间广泛存在着"关联"，许许多多纷繁复杂的凝聚态现象因而涌现出来，必须要用合适的工具才能帮助我们解决这样复杂的问题。我们已经提到，利用张量网络，我们可以很方便地研究多个量子比特之间的纠缠关系。幸运的是，张量网络也可以帮助凝聚态物理学家"压缩"凝聚态体系波函数中的其他信息，通过将凝聚态量子系统的基态用张量网络态来表示[1]，许多困难的凝聚态问题也有了解决的希望。这些凝聚态物理学方面的最新进展再次暗示我们：要想解决物理学中最根本的那些问题（例如时空的起源），高能物理未必是唯一的途径，凝聚态物理中同样暗含着解决问题的线索。

---

[1]　这种用张量网络处理凝聚态量子系统的基本思路叫作：多尺度纠缠重整拟设（Multi-scale Entanglement Renormalization Ansatz，MERA）。

## 量子纠缠与时间之箭

在日本动画电影《你的名字》（君の名は）中，"绳结"是一个重要的线索，在影片中，女主角宫水三叶的外婆这样解释线绳的意义："绳结的连接是产灵[1]，人与人的连接也是产灵，时间的连接也是产灵，全部都是神明的力量。我们所制作的结绳也是神明的作品，正是时间流动的体现。汇集，成形，扭曲，缠绕，有时又复原，断裂，再度连接。这就是产灵，这就是时间。"在日语中，"产灵"的读音与"绳结"相同，这里，我们不妨用奥卡姆剃刀剃掉"神明"的观念，直接从"绳结"的角度来理解外婆的话语。正如 ER=EPR 的猜想所暗示的那样，我们的确可以将世间的各种事物的本原理解成量子信息的一种"纠缠"，我们的世界就是从这种纠缠之中演生而出的。

我们很容易理解"纠缠"与"空间"的联系，量子纠缠像虫洞一样重新定义量子比特间的"距离"，这些距离演绎了空间的几何结构。例如，当宇宙中的量子比特间都没有纠缠时，它们将会彼此远离，这对应于空间的膨胀，其效果类似于"暗能量"。而如果某些动力学导致空间中的量子比特之间形成了越来越多的关联，那么许许多多"虫洞"会形成，原来距离很远的点会被拉近，空间因此发生了巨大的扭曲，而如果这种纠缠继续持续不断地进行，最终空间中的大量点会全部都坍缩到一点，这就形成了"黑洞"。

---

[1] "产灵"的读音为"Musubi"，是神道教中的一个概念，是天地万物生成、发展乃至完成的过程中发挥重要作用的一种灵性的成分，可以近似理解为"生灵"。在日语中与"绳结"的读音相同。

　　不过，这个解释还没有完全说明"时间"的问题，时间到底是什么？爱因斯坦在晚年曾经为一位旧友写下这样的悼词："米榭·贝索（Michele Besso）比我稍微早些离开了这个奇妙的世界，这并没有什么。我们这些物理学的信奉者心里清楚，过去、现在和未来的区别只不过是难以消除的感觉而已。"爱因斯坦的这个说法或许是对朋友亲人的宽慰，或许反映出其晚年的哲学，不过这一说法却没有指明时间这一概念的物理实质。与空间不同的一点在于，时间还有其特定的方向，并且有热力学第二定律明确地标识出这一方向。在阿西莫夫的《最后的问题》中，超级计算机 AC 所面临的问题就是"逆转宇宙的熵"，而对"熵"的逆转实际上也就是对时间的逆转。从玻尔兹曼开始，物理学家的一个执念就是通过某种更为基本的原理（例如牛顿定律）推导出时间上不可逆的热力学第二定律。这些尝试虽然为我们带来了大量有用的物理学规律（例如 $H$ 定理），但它们都没有在真正的意义上获得成功，不过，近年来在物理学领域的诸多进展却使得我们可以从量子纠缠的角度重新"推导"热力学第二定律。

　　下面将简单地说明怎样用量子纠缠的张量网络来理解时间的方向，这个想法来自于美国马萨诸塞理工学院的物理学家赛斯·劳埃德（Seth Lloyd），他在研究生期间产生了用量子纠缠来解释"时间之箭"的想法。我们已经提到，网络上的每个节点都是一个量子比特，节点与节点之间的纠缠关系就决定了时空的几何结构。一个量子系统的演化完全可以用张量网络的演化来表示，例如，局域的信息一旦与外界环境形成了许许多多的纠缠，那系统的状态就成为包括外界环境在内的整体状态的一部分[1]。这将导致我们无法再通过局域的测量获得该信息，这就是量子力学的"退相干"。"退相干"就好像我们把一瓶香水突然打破，香水中的溶剂分子开始不断扩散，最终，香水中的溶剂分子扩散到了外界环境中的各处，这就如同一个与外界环境形成了许多纠缠的量子比特。系统与环境之间建立起了越来

---

[1]　这一理论叫"本征态热化假说"（Eigenstate Thermalization Hypothesis，ETH）。

越多的长程连接，导致系统的每一个局部的信息都会弥散在整个系统之中，因此我们无法再通过局部的测量获取全部的信息，表面上看起来，信息就好像被"擦除"了。不过，正如香水的分子并不会凭空消失一样，信息其实并没有真的被"擦除"，如果进行全局的测量的话，我们将发现，其实熵增并不存在，这种全局测量的过程就类似于我们耐心地在空气中收集所有的香水分子。而由于我们无法对整个系统（宇宙）进行测量，于是我们就无法还原弥散在整个系统之中的信息，因此，尽管整个宇宙可以看成是始终处在一个量子纯态当中，但任何一个系统由于其与环境的纠缠导致退相干，系统局域的"熵"就不断增加，热力学第二定律和"时间之箭"也因此形成了。

"时间之箭"告诉我们一个深刻的道理：热力学和量子力学在深层次上是联系在一起的，只要我们先承认"信息"的概念，随后，"时间"的概念可以通过量子比特的纠缠和退相干演生而出。我们因而有了与玻尔兹曼完全不同的一种思路，玻尔兹曼承认牛顿力学，随后试图用牛顿力学推导出热力学第二定律，而我们现在承认量子力学，承认量子信息的纠缠，在量子信息退相干的动力学中我们得到了热力学第二定律，时间的方向因而演生出来，然后我们自然地将量子力学过渡到经典力学，于是有了牛顿定律。在这种视角下，我们把"时间"更多地看成一个热力学的概念，而不只是一个力学中的概念。在量子场论中，通过一种变换[1]可以将虚时间转换为逆温度，因此，量子力学中态随时间的演化问题也就变成了统计力学中态出现的概率问题。在广义相对论中同样也有类似的问题，假设原本存在热平衡的两个系统，突然因为某种原因（例如这两个系统附近的时空发生了扭曲），这两个系统的时钟变得不一样了，一个走得快，另

---

[1] 维克旋转（Wick rotation）。此外，零温情况下的量子场论模型在有限温度时，可以对应为一个含有虚时间的松原武生（Matsubara Takeo）函数的量子场论模型。

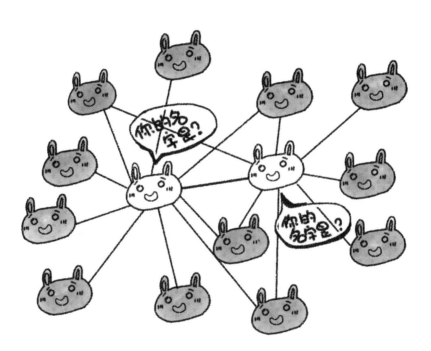

图 6-"时间之箭"的形成过程

由于系统与环境之间建立起了越来越多的长程连接，我们无法再通过局部的测量获取全部的信息，信息看起来就好像被擦除了

一个走得慢[1]，时间的流速改变了，在这两个系统中的光子的频率也会发生变化。此时假如通过这两个系统所辐射的光子的能量来推断系统的温度，我们会认为两个系统的温度一个更高、一个更低，无法达到热平衡，这再次证明了"时间"跟"温度"这两个概念深层次的统一。

## 熵与面积：
## AdS/CFT 对偶

在复杂网络的分析中，我们常常会需要分析网络上的"社区"结构。例如在美国大选时，我们可以将共和党和民主党的支持者看成两个不同的"社区"，在一个社区的内部，成员们的观点相互"接近"，因此相互之间存在大量的互动；然而，对于来自不同社区的两人，因为观点上的重大差异，他们的互动有可能很少，这种互动关系可以类比成一个只有局域纠缠的张量网络，因为只有那些观点"接近"的人才存在着"纠缠"。

用类似的社区分析的方法可以来研究一个存在着量子纠缠的系统，例如可以考虑将一个张量网络剖分为两部分，计算这两个部分之间的纠缠熵，我们就需要对在分割的过程中切断的连边总数进行一个恰当的估计。假如系统内部完全不存在任何长程的量子纠缠，那么当我们将系统切成两半时，就像对半切开了一个蛋糕，我们实际上只切断了分割面上的一部分连接。简而言之，在这种情况下，纠

---

[1] 在一个弯曲的时空中，时间流速的同步将不能再具有传递性，这种效果也会具有热力学效应，即"热力学第零定律"会被打破。

缠熵将只与剖分面的"面积"成正比。而如果系统中存在着长程的量子纠缠，因为系统内任意的两个量子比特都可能存在关联，此时，如果我们再来"切蛋糕"，我们不但要切开那些在分隔面上的连接，还需要切断所有在两个部分之间可能存在的连接，此时，系统的纠缠熵将与两个子系统的"体积"成正比。

在实际的问题中，熵究竟是与"面积"还是与"体积"成正比其实有着巨大的区别，例如黑洞的熵就曾经给我们留下了深刻的印象，霍金曾经证明黑洞的面积不会减少，而贝肯斯坦又提出黑洞的表面积与熵成正比，这种"面积律"就向我们展示了一幅奇妙的图像：黑洞是一个表面写满了信息的球，其信息完全呈现在表面。当我们"观看"一个黑洞时，只需观看黑洞的表面，就可以了解其内部所发生的一切。这是某种我们难以用直觉想象的场景，但其背后蕴含了很深刻的物理。用一个不太恰当的比喻来帮助我们理解，这种"面积"与"体积"的对应关系类似于电磁学中的高斯定律（Gauss'law）——在电场中对一个封闭曲面做一个面积分，可以得到这个曲面以内的体积中电荷的数目。这个例子虽然不严格，但它可以帮助我们隐约感受到 $D$ 维空间中的面积（边界）与 $D+1$ 维空间中的体积（体）之间的某种对应关系。在光学中，物理学家们用多种不同的方法实现了"全息图"（hologram）[1]，在一张二维的全息照片上，包含了将这张二维图片还原为三维图像的全部信息，当我们从不同的方位和角度来查看一张全息图时，可以看到图中物体的不同角度，产生完整的立体视觉，这种立体视觉虽然是某种"幻觉"，但由于在原来的全息图片上包含了三维图像的全部信息，我们完全可以通过一张全息图完整地了解三维图像的全部细节。

"全息图"和量子纠缠熵的面积律给我们一种深刻的暗示，很多物理学家相

---

[1]　1947 年英国匈牙利裔物理学家丹尼斯·加博尔（Gábor Dénes）发明了全息技术，并因此而获得了 1971 年的诺贝尔物理学奖。

信，我们对于自己所生活的时空也有着类似的"幻觉"。这些物理学家相信满足面积律的量子纠缠可以导出引力和时空。换句话说，我们所感知的"真实"的空间如同一张全息图中所看到的立体场景，我们对这种空间"立体"的认识不过是一种幻觉，宇宙的所有信息其实也可能只是写在某个"表面"上。这种"表面"与"体"的对应关系来源于弦论，最早由马尔达塞纳提出。在弦论中，用形如圆环的闭合弦来描述引力，引力子就是这种闭合的弦的振动模式。如果这些闭合的弦跑到了黑洞的附近，以黑洞的表面为视界，我们无法观测黑洞内部的情况，这些闭合的弦有一部分进入了黑洞，剩余的一些就露出在黑洞的表面，作为一个黑洞以外的观察者，我们可以认为黑洞的表面都覆盖着许许多多的"开弦"，这些开放的弦布满了黑洞的表面，包含了黑洞的全部信息，然而这些露出黑洞表面的开放的弦是不能用来描述引力的。马尔达塞纳注意到了"开弦"和"闭弦"在黑洞的表面和内部的这种对应关系，因而提出了现代物理中著名的 AdS/CFT 对偶[1]：AdS 空间中的超弦理论可以与边界上（不包含引力）的共形量子场论（CFT）很好地对应起来。这一思路后来又被杰拉德·特·胡夫特（Gerard't Hooft）和萨斯坎德所发展，这种观点现在也被称作"引力的全息原理"。

值得一提的是，尽管超弦理论未必被所有的物理学家承认和接受，但持不同学术观点的物理学家也都对 AdS/CFT 对偶表示出了极大的兴趣。例如在 2016 年底，荷兰物理学家埃里克·韦尔兰德（Erik Verlinde）就试图用 AdS/CFT 对偶来解释暗物质的引力效应。而在量子纠缠与张量网络的框架下，我们同样可以用这种全息原理重新理解空间的演生，空间中所有的量子信息都分布在空间的表面，在这个空间的表面，我们可以用不包含引力的量子场论来描述。而如果我们把这些量子信息间的纠缠关系也引入进来，我们的空间也就演生而出了，量子纠缠像虫

---

[1] AdS/CFT 对偶的全称为：反德西特 / 共形场论对偶（Anti-de Sitter/Conformal Field Theory correspondence），这一理论揭示的是反德西特空间（AdS）上的量子引力理论与其边界上的共形场论的对应关系。

洞一样将距离遥远的点连接到一起，构成了一个新的空间，在新的空间中，时空被扭曲了，引力也因此演生了出来。

## 永远走不出的圆盘：
## 双曲空间

　　量子纠缠像虫洞一样重新定义量子比特间的"距离"，这些距离的约束张开了宇宙的时空结构。许多实际的复杂网络都可以嵌入一些特定的空间中，例如，一个规则的格点结构就可以嵌入一个平直的欧式空间当中，我们可以在一张纸上轻松地画出这个规则的格点结构的"地图"。而一旦在规则的格点结构上引入一些长程的"纠缠"，这个网络的拓扑结构就可能发生重大的改变，例如变为一个小世界网络，这样一个充满了"虫洞"的网络将无法简单地在一张平直的纸面上摊开。

　　对一个复杂网络而言，"距离"与"结构"的对应关系将是一个非常有趣的问题。以我们熟悉的社交网络为例，在我们每个人的朋友圈中，总会有那些与我们相隔遥远、但频繁联系的好朋友。不过，如果我们对这个社交网络重新定义一下"距离"，例如将我们与自己的朋友的距离规定为 1，而与朋友的朋友的距离规定为 2……我们将发现自己的行为完全会被这种新定义的"距离"所支配，我们更倾向于与那些拓扑"距离"更近的人交朋友。事实上，在各类在线服务的推荐系统中，"你可能认识的人"正是通过类似的方法向用户推荐感兴趣的人的。这种推荐机制告诉我们一个道理，对于一个网络结构，如果可以找到这个网络结构嵌入（embedding）的几何空间，那么我们对网络动力学的刻画可能可以得到相当的简化，所有的网络动力学将几乎只与"距离"有关。

那么问题就来了，在一个 AdS 空间（张量网络）中，如果我们将量子比特间的纠缠视为"虫洞"，这些虫洞将原本相隔遥远的点连接到一起。这样的一个新的空间能不能嵌入某种几何空间中呢？如果可以的话，这是一种怎样的几何空间呢？不妨直观地来想象一下这样一种几何空间。假设在平面上分布着许多个城市，而城市之间只有公路相连，那么此时，空间距离较近的城市之间的交通是很方便的，例如保定与北京较为靠近，南京跟上海较为靠近，它们之间的交通较为方便，而从北京到上海之间的距离遥远，它们之间的交通较为不便。而假如现在引入一些"虫洞"，例如我们在北京和上海之间引入一些航班，这些航班大大拉近了原本相隔遥远的城市间的距离，这时，很可能从北京去往上海要比从北京去往保定更为便利，在这种情况下，假如需要从南京去往保定，虽然通过公路直接前往距离更短，但走一条"南京—上海—北京—保定"的路线可能会花费更短的时间。这个交通的例子告诉我们，如果在一个网络中也存在着一些"交通枢纽"，那么经由那些交通枢纽的传播可能可以帮助信息更好地传播。在一个 AdS 空间中，也会出现类似的情况，因为量子纠缠的出现空间也发生了类似的扭曲，这些扭曲使得新的空间变成了一种"双曲空间"。

在各种描述双曲空间的模型中，庞加莱圆盘可能是最直观和最知名的一种。如图 7 所示的埃舍尔的绘画就展示了庞加莱圆盘的一种直观图像，一个庞加莱圆盘将一个无限大的双曲空间展示在有限的一个单位圆内。由于一个庞加莱圆盘对应的是一个完整的双曲空间，因此一个看起来有限大小的圆盘就像《西游记》中所描述的"如来佛的手掌"那样永远无法走出。直观地来看，假如孙悟空从这样一个圆盘的中心出发逐渐走向圆盘的边缘，正如埃舍尔的绘画中所展示的那样，他会一直不断缩小，而因为他自己已经缩小，他的步伐（或者筋斗云）长度也在不断变短，当他逐渐靠近这个圆盘的边界时，他的尺寸已经变得接近于无穷小了。在如来佛看来，他

图 7–（上）埃舍尔的《天使与恶魔》
（下）双曲空间中的树形结构

的手掌心就是这样一个庞加莱圆盘,这个圆盘的大小显然是有界的;不过对孙悟空来说,这个世界是无穷大的,因为只要离原点越远,他的个头就越小,他永远没办法到达这个庞加莱圆盘的边界。

生活中遇到的许多复杂网络的结构都可以被嵌入庞加莱圆盘中,例如上面的图 7 中就展示了一个双曲空间中的树形结构。这些连边的长度看起来并不均匀,但其实是等长的——这是因为当孙悟空远离圆心时,其个头会缩小,这里所有的连边都对应于孙悟空"一步"的距离。在一个树形结构上,当孙悟空希望从一个叶节点到达另一个叶节点时,他将没有办法直接到达,因为这两个叶子节点之间没有其他直接的"纠缠"。一条连接两个叶节点的最短路径应该是通过这两个节点共同的祖先节点的路径,这种最短路径的构造方法类似于前面提到的经由枢纽节点的交通路线。这种路线在庞加莱圆盘中看起来,是一条偏向于原点的曲线。树形网络是非常有代表性的结构,现实世界中的许多网络也像树一样具有层次结构,不难想象,很多现实世界中的网络都可以嵌入一个庞加莱圆盘中进行研究,例如一个互联网社区的成长也可以看成是在庞加莱圆盘上的演化,在圆盘上,沿着半径的方向反映着某种"流行度",圆盘中心的节点是网络上的那些大 V 和明星,他们是互联网上的"交通枢纽",从中心沿着半径往外走,越靠近边界,则流行性越差;而与径向垂直的方向反映的是节点间的"相似度"。我们每个人都选择庞加莱圆盘上与自己距离靠近的节点优先连接,一个网络的成长过程由两种因素的竞争所决定:每个节点要么选择去连接那些"流行"的内容,要么选择连接那些与我们偏好"相似"的内容。

对于一个复杂的量子系统,因其各部分间存在着复杂的纠缠结构,所以可能有着不同的几何性质,严格地说,并非所有的量子态都可以严格地对应到一个双曲空间。不过,对于那些类似树形的网络结构,它们可以很好地对应到一个双曲空间。这些网络拓扑展现出自相似的分形结构,并且存在着明显的层次性,这些都是相变"临界点"的典型特征。在第一章和第三章中，我们已经多次提到"临界"这一概念的重要性。例如，我们曾经提到在一个鸟群中，虽然并不存在着长程的相互作用，仅凭着近程的相互作用，鸟群的个体之间通过协调达成了临界态，当系统处在临界态时，系统具有最强的信息处理能力，此时鸟群中的任意两个个体之间都存在着关联。当我们讨论量子多体问题的"临界点"时，在这些体系中同样会存在着类似的长程关联。而由于此时系统中存在大量自相似分形结构，系统可以完美地嵌入一个双曲空间。在 AdS/CFT 的视角下，一个处在临界态的无引力的共形场可以等价于一个量子引力场，边界上处在临界态的共形场是一个圆盘的边界，而与该共形场对偶的空间（AdS 空间）即为边界内部的一个庞加莱圆盘。从"临界"的角度重新理解这种对偶关系，我们其实是不断沿着庞加莱圆盘的半径方向朝着圆心前进，在这个过程中，我们对边界上的临界系统做持续不断的重正化操作。这种重正化操作导致了空间的全息对偶。伴随着重正化操作的进行，一个新的维度演生了出来，这个演生的维度沿着半径的方向，与庞加莱圆盘的边界正交。反复进行着的这种重正化操作可以用一个迭代方程来描述，而这个迭代方程所反映的动力学恰好对应的就是庞加莱圆盘体内 AdS 空间的"运动方程"。

## 时空只是一场幻觉

我们早已认识到，物理规律支配着宇宙中的各种动力学，可万万没想到的是，随着我们认识的深入，我们却发现这些动力学很可能是一场幻觉！想象这样一个场景，宇宙的全部信息写在遥远的天幕上，这些信息之间的纠缠构成了一张复杂的网络，这样一个网络塑造了空间，也决定了我们宇宙的时空。作为一个生活在宇宙中的人类，我们所感知的空间就是这个张量网络所嵌入的一个空间。物理学家们甚至已经证明，全息空间的理论对于平直的时空依然成立。我们认为这个空间真实存在，相信这个空间中的物理规律，这一切的一切建构了我们生活的经验和对时空的感受，但从演生论的观点来看，我们所感知到的一切并不是这个空间的根本。量子比特才是时空中最为基本的组成，量子纠缠才是宇宙最基本的结构，我们对时空的感观是一种"幻觉"，这种幻觉塑造了我们的感知，也决定了我们认识世界的模式，这种认知只不过是对量子纠缠的另一种描述。

还是用我们所熟悉的互联网为比喻来帮助我们理解这种"幻觉"吧。在互联网上，像谷歌这样的搜索引擎公司可以通过抓取网页来获取所有的信息，假如谷歌抓取了互联网上的所有网页，那么我们可以大致上认为，谷歌公式已经获取了互联网上的全部信息。在这些网页上，记录下我们与朋友们的互动，记录下世界上每个角落发生的全部新闻，记录下我们的交易，记录下所有的科学论文，也记录下各种各样的谣言、广告、垃圾信息……当我们将这些信息汇总起来，我们就好像得到了一套写有世界全部信息的"百科全书"，但这样一个百科全书不是我们熟悉的"网络空间"，因为互联网的真正关键是网页与网页之间的"链接"（link），这些链接就像是量子纠缠，将许许多多的信息（量子比特）连接在一起，这种网络的描述构筑起了一个全新的空间。在上述这个类比中，一个一个的"网页"展现给我们的是网络中的全部信息，这对应于一种没有引力的场论描述，而网页与网页之间的链接对应于一种量子引力的描述方式。

我们总是难以对长程关联有所把握，例如当我们用网页内容的变化来描述网络上的动力学时，我们会觉得千头万绪、不明就里，因为网页内容的变化不是一种局域的现象。一个关于"长程关联"的例子是：当我们看到朋友圈里两个朋友撞衫时，我们不会认为这与某个博物馆主页上的展览预告有丝毫的联系。但如果仔细梳理这一过程中的"信息流"，我们可能会发现事情的经过是这样的：一个策展人在某个博物馆策划了一场东方艺术的展览，一位知名设计师去博物馆看了这场展览，对展出的一幅中国古代的山水画产生了兴趣，突然产生了服装设计的灵感，随后，他所设计的服装在米兰时装周上发布，国内的服装企业很快就山寨了这种最新款的时装，马不停蹄地生产了大量类似设计的服装，最终导致我们的朋友圈里出现了两位撞衫的朋友。一旦梳理清楚了信息在网络上的流动，我们很容易就知道了事情的来龙去脉，因为我们都很熟悉"网络空间"中的"动力学"：我们熟悉网页间跳转的链接，熟悉自己的朋友圈，我们知道一个谣言是怎样在网络空间中扩散的，我们知道网络上的社区怎样成长……之所以我们熟悉网络空间，是因为在这样一个空间中，只存在着"局域"的连接，换句话说，信息是一步一步扩散到整个网络的，因此我们可以用网络空间中（庞加莱圆盘内）的局域关联来解释网页空间（边界）中的长程关联。我们所熟知的动力学全部都是我们对自己所感知的"网络空间"中局域化的描述，而不是对如同一本百科全书那样摊开的一页页网页信息关联和演化的描述。类比对互联网的这两种不同的描述方式，我们对于"时空"也有了两种不同的理解：一种是边界上（D-1 维空间中）没有引力的场论描述，另一种是体内部（D 维空间中）的量子引力的描述。例如，一个球面（二维系统）上没有引力的场论描述可以与球体（三维系统）内的量子引力描述等价。由于 AdS/CFT 对偶，这两种描述的方式是等价的，这两种描述的差别在于全息空间中增加了一个新的维度，即系统的标度，但这样一个维度的增加并没有让我们对宇宙的描述变得更复杂。我们用全息空间中局域的关联去解释边界上的长程关联，反而使信息与信息复杂的连接关系被直接暴露在阳光下，让信息的演化动力学变得直观可感。

## 宇宙是一种处理大数据的程序

　　埃及的亚历山大图书馆曾是世界上最大的图书馆。在公元前三世纪时，埃及托勒密王朝的统治者们曾经执行过一项书籍掠夺政策，对于所有经过亚历山大港的船只，一旦从其获得图书，马上归入亚历山大图书馆。这样一个伟大的图书馆曾经是人类文明的中转站，西方和东方的文明曾经在这里相遇，创造出古代灿烂的文化。据说，因为亚历山大图书馆藏书众多，仅图书馆的图书目录就已经卷帙浩繁，达到了 120 卷之多。因为要管理这样庞大的信息，所以亚历山大图书馆历任馆长和工作人员都曾经是古希腊最著名的学者，当亚历山大图书馆的最后一位馆长[1]由于卷入皇室的宫斗而被迫逃亡之后，没有人知道这样一个庞大的图书馆要怎样才能管理。今天，在互联网上我们可以便利地获取远比亚历山大图书馆多得多的信息，我们查找信息的方法早已经发生了翻天覆地的变化，我们不再依赖于"目录"，而是通过基于算法的推荐，通过我们的社交关系，通过页面与页面之间的链接关系等来查找和获取互联网上的信息，这些获取信息的途径都与网络的结构有着密切的关系。当我们建立起知识和信息的"网络"时，我们得到了信息间复杂的连接关系，这些连接关系有助于我们获取、理解和处理信息。

宇宙全息空间也可以看成是一种处理信息的手段。根据前面的讨论，我们可以把宇宙看成是一个巨大的量子计算机，之所以强调它是"量子计算机"，主要是因为这台计算机所处理的数据对象是量子比特，采用的算法是基于量子力学的算法。这台量子计算机正在处理从边界处输入的各种信息，它持续不停地进行着计算。为了处理这些边界处流入的"大数据"信息，这台计算机正用一个巨大无比的张量网络演算着这些信息之间的关联。我们的时空就是这样一个由量子比特的纠缠所编织出来的网络，这样一个网络定义了空间的几何形状。我们这些渺小的智慧生命本质上是这台量子计算机程序的一部分，我们感知着由信息编织出来的幻象，从而相信自己就生活在一个实际的空间中。我们所感受到的"空间"不过是宇宙处理和运算量子信息的一种方式。

---

[1] 萨莫色雷斯的阿里斯塔胡斯（Aristarchus of Samothrace）。

宇宙到底在进行一种怎样的计算呢？事实上，宇宙所进行的计算与今天互联网公司投资重金研发的深度学习是颇为相似的。我们在第一章中已经提到了重正化方法与深度学习的对应关系。沿着庞加莱圆盘径向不断进行的重正化操作就像是在不断进行深度学习的机器学习系统。起初，宇宙的张量网络是非常随机的，但随着边界上大数据的"冲刷"，全息空间的几何因而演生了出来。演生而成的全息空间就像解决具体机器学习问题的一个神经网络，这个神经网络的结构是由输入的信息所决定的。面对相同的数据的冲刷，宇宙的这种几何结构并不是唯一的，这些等价结构反映出时空结构中的许多对称性。从网络的角度来看，我们会谈及张量网络的"纠缠熵"，而从演生几何的角度来看，它就等价于全息空间中的"测地线"。纠缠熵与测地线之间的等价关系由笠－高柳（Ryu-Takayanagi）公式指出。

今天，已经有越来越多的物理学家开始认识到张量网络的重要价值。张量网络及其重正化不但提供了一种处理强关联凝聚态物理学问题的手段，更重要的是，它还可能向我们揭示出时空起源等基本问题的答案。目前，已经有许多顶级的物理学家在这一领域做出了许多重要的突破，他们已经找到了张量网络与圈量子引力理论的对应关系，还将张量网络演生的静态时空结构拓展到相应的动力学演化，甚至还已经成功地推导出了爱因斯坦方程即等效原理。在广义相对论中，空间的弯曲和质量是互相等价的，因此"几何空间"和"物质"这二者之间不再存在一个明确的界限，在这种框架下，我们直接就可以把时空的弯曲看成质量。

对时空的结构来说，虽然我们所熟悉的宇宙空间在大尺度上是平直的，可是如果关注极为微小的尺度，它的涨落也可能会非常大，这就超越了"广义相对论"，进入"量子引力"的领域了。这些涨落意味着随着宇宙"深度学习"程序的进行，张量网络不断出现连接的变化，这些变化体现为微观尺度上的量子的涨落。如果要验证全息时空理论的正确性，我们就必须对真空中这种几何结构涨落的性质进行精确的测量，这些涨落是一种"全息噪声"（holographic noise）。近年来，由于测量技术和控制技术的发展，已有物理学家开始尝试对这些全息噪声进行测量，一旦这些实验成功，全息对偶和演生几何将不再只是理论物理学家的一种假设，而是被实验验证的事实。到那时，我们对时空的基本看法将会被彻底颠覆。

## 计算主义

把宇宙的本原视作一种"计算"，这种思路直接可以上溯到古希腊的毕达哥拉斯（Pythagoras），毕达哥拉斯是一个神秘学派的带头人，他的一个有趣的思想在人类的历史中留下了深刻的回响。毕达哥拉斯曾用数学的方法研究音乐中的和弦，由此产生了宇宙"和谐"的理念，他于是试图用"数"[1]来解释一切，认为"万物皆数"，将数看成宇宙万物的本原。毕达哥拉斯的这一想法深深地影响了其身后的许多科学家和哲学家，毕达哥拉斯的学派在后来发生了分裂，一派继承了其道德礼仪和神秘主义，另一派继承了其所开创的定量科学传统，后者所在的学派被称为"数众"（Mathematikoi），他们是现代数学家（mathematician）们的先驱。

对"计算"的重视不但让数学科学得以发展，随着技术的进步，"计算机"也因而产生。英国数学家查尔斯·巴贝奇（Charles Babbage）在十九世纪时最早设计出了能够用于计算的机器（差分机与分析机），巴贝奇因此常常被视为计算机先驱。不过巴贝奇的构想要比"计算机"本身更为宏大，巴贝奇认为我们所生活的宇宙其实就是运行在一部极其巨大的计算机当中。《信息简史》（*The Information ▮A History，a Theory，a Flood*）的作者詹姆斯·格雷克（James Gleick）这样评价巴贝

---

[1] 毕达哥拉斯意义上的"数"更多是强调有理数（比例数）。

奇的观点："只要这个隐喻不是消减我们对于宇宙的认知，而是扩展我们对于计算机的认知，那么这种说法也说得通。"事实上，巴贝奇的想法绝不会丝毫消减我们对宇宙的认知，反而会让我们对支配宇宙的物理规律产生更为深刻的理解——例如我们很自然会思考这样的问题，如果某些物理学过程无法发生，到底是因为这个问题本身"可计算性"的问题，还是因为宇宙这台计算机计算能力的问题呢？

为了解决"可计算性"这一难题，计算机科学家图灵设计了一种抽象的计算模型，这种计算模型今天被称为"图灵机"（Turing machine）。图灵机能模拟人类用纸笔进行数学运算的过程，图灵将所有的计算过程分解为两种基本动作：其一是在纸上书写或擦除某个符号；其二是把注意力从纸的一个位置转移到另一个位置。图灵的定义使得模模糊糊的"计算"概念变得清晰明了，人们终于开始知道怎样定义关于"计算"的问题。对于任意一个大自然中的物理系统，如果其状态演化可以与图灵机建立起联系，我们可以认为它也是在进行一种"计算"。

沿着图灵所指出的方向，物理学家、计算机科学家、Mathematica 之父斯蒂芬·沃尔夫勒姆（Stephen Wolfram）尝试用计算机中的"运算"来解释各种复杂现象。沃尔夫勒姆思考的一个切入点是元胞自动机，我们在上一章中所介绍的"生命游戏"即为一种著名的元胞自动机。元胞自动机通过简单的规则就可以形成复杂的结构和演化，这让沃尔夫勒姆产生了浓厚的兴趣。他将他的研究结果写成了一本千余页的大书——《一种新科学》（A New Kind of Science），他在这本书中彻底地阐发了他的科学和哲学观点"自然界的本质是计算"。

在沃尔夫勒姆的著作中，他将元胞自动机分成四类，其中，第一类不管从怎样的初始条件出发，最终将演化到固定的沉寂状态；第二类最终将演化到一些特定的周期性出现的图样；第三类将出现极端依赖于初始条件的混沌状态；而第四类最为有趣，它既不像第二类那样陷入周期循环，也不像第三类那样完全陷入混沌

图 8- 织锦芋螺（Conus textile）复杂的花纹与基本元胞自动机（规则 30）产生的图样
非常相似。图片来源于 Rule 30 的维基百科

之中。它处在"周期"与"混沌"的边缘，可以演化出非常复杂的结构。"人工生命"的研究者朗顿在1990年时将这种周期态到混沌态的转变用类似于"相变"的语言进行了描述，他将这种复杂的状态称为"混沌边缘"（edge of chaos）。当元胞自动机的参数取"混沌边缘"的数值时，系统将拥有"通用计算"的能力，一台有"通用计算"能力的元胞自动机可以与一台图灵机建立起等价关系，它理论上可以用来进行任何复杂的计算，复杂性和更大尺度上的结构会在这里涌现出来。这种通用计算的能力再次展现了"临界点"的重要性。

张量网络的设想是对沃尔夫勒姆"计算主义"的再一次升级。在沃尔夫勒姆的元胞自动机中，各种规则是给定的，它们相当于物理世界中的运动方程。而张量网络及其演生时空给我们展示的是一种全新的图像，"规则"本身也是由于重正化的计算而产生的。整个宇宙是一台量子计算机，它在不停地进行着"大数据分析"，全息空间因而演生了出来。时空的演生为惠勒的"万物源于比特"提供了最好的注解。

## 弦网凝聚：
## 电子和光子的起源

当时空被演生出来之后，接下来我们将要思考的是时空中的量子场论问题。在演生论的观点下，我们可以把那些短程的量子纠缠理解成时空的背景，而长程的纠缠可以理解为这个背景下的量子场。这二者之间仍然存在一定程度的耦合，因为这二者之间从本质上来看无疑是等价的。如果要描述量子场的演生规则，那么对"长程量子纠缠"的刻画自然就变成了一个重点。

为了解释规范场的演生，文小刚提出过一个弦网凝聚理论（string-net condensation）。这一理论看起来像是民间科学家的狂想，但这种极具启发性的观点因为其背后的"美"和"新颖"已经得到了物理学界的广泛重视。在第一章中，我们提到大栗博司曾经将物理学家分为贤者、杂技师和魔法师，南部是一位魔法师，而在我看来，文小刚也是一位魔法师，只不过他与南部所走的是相反的路线。南部从凝聚态走到了粒子物理，而文小刚从粒子物理走向了凝聚态，然而这两条道路却在最中间相遇了，这个相遇的点就是"演生"的观点。他们都是"在不同的领域之间建立起桥梁"，让我们为这个奇妙的世界深深地着迷。

在这里，我们很简要地从物理图像的角度建立与这一理论相关的直觉。"长程量子纠缠"不但与基本粒子和规范场的起源息息相关，它还是凝聚态物理里新的物质态起源。我们在第一章中提到"固体是粒子物理的实验室"，文小刚教授的更是再进一步，将我们生活的世界就看成是一个凝聚态体系，因为真空本身可以被视作一种特殊的、高度纠缠的物态。在一个充满纠缠的凝聚态体系中，可以演生出像电子、光子这样的粒子吗？这样的问题曾经是非常困难的，而随着电子强关联系统研究取得一些重要的进展，电子、光子的演生问题也变得可以解决了。联想到"声子"是描述与晶格运动有关的"虚拟粒子"，它刻画着构成晶体的原子（或离子）的集体激发——那么光子会不会是类似的方式形成的呢？如果我们的真空是一种特殊的凝聚态的话，光子应该就是这种凝聚态的激发。文小刚将这种凝聚态称为弦网，顾名思义，弦网即为弦（string）编织而成的网。弦网存在于真空当中，它随机地发生着波动与涨落，表现得像一种液体，这种液体即所谓的"弦网液体"。

我们此前常常提到，"真空"可以看成是一种特殊的"固体"，然而一旦我们注意到光的特殊性质，我们就会发现这种类比有一些不精确之处。在介绍超导体的迈斯纳效应时，我们提到我们永远无法追上真空中的光子，这表现为电磁波只有横波，没有纵波。如果真空是能够产生光子（电磁波）的，那么它必须要具有这样的性质。然而，简单液体只可以被挤压，这就导致在普通的液体中只有纵波，没有横波；在固体中，原子排列为有序的状态，这导致固体不但可以被挤压，还可以经受剪切力，在固体中，既有纵波，又有横波。简单的液体和简单的固体都不能满足真空应有的性质，而"弦网液体"是一种能只产生横波的凝聚态结构[1]。

弦网液体解释了"光子"的起源，那么怎样才能解释"电子"的起源呢？在弦网液体中，我们可以将弦的端点看成是这些粒子，这与我们对固体的认识也是相似的，电子在晶格上运动，这些晶格就像是"端点"，而晶格本身会发生振动，这些振动的"激发"在晶体中对应声子，在弦网液体中，弦的密度波激发即对应为光子。将粒子理解为开弦的末端的想法来自于超弦理论，这种思路使得物理学的研究对象大大扩展。而在弦网液体理论中，电子和光子就有一种很简单的图像：电子是弦网中弦的端点，光子则是弦网的激发。在凝聚态物理中，一般来说，"序"决定了"激发"——例如周期结构的晶格就决定了"声子"。与此类似，因为光子是弦网的激发，那么弦网也具有某种"序"，这种序被称为"弦网凝聚"，它是一种新的序，像拓扑序那样，同样是一种非对称破缺的序。电子和光子之所以产生，是因为真空选择了一个具有弦网凝聚的态。"端点"和"激发"不只是对应于"电子"和"光子"，更是对应于"费米子"和"玻色子"。这样的场景正如文小刚所说："弦网液体给予了我们一个不同的视角来看世界。在弦网图画中，真空就是弦网液体，弦的密度波就是光波，弦的末端就是电子和夸克。电子和夸克可以形成原子，而原子可组合成各式各样的东西，如玻璃、细胞和地球，或者是一些会思考光和电子的起源问题的智慧生物。上帝说让光出现，我们有了光明。物理学家说让弦网液体出现，我们有了光和物质。可以说，演生原理，及其对光

---

[1] 通过用一个矢量描述弦密度（弦的方向就是矢量的方向），这使得弦密度波的运动方向就是弦密度的变化方向，所以弦的方向（即弦密度矢量的方向）总是垂直于弦密度波的运动方向，横波也就产生了。

和电子的统一，开拓了人类探索科学的疆界和视野，让我们可以不断站在新的科学前沿，尝试揭开宇宙的奥秘。"

著名的科普作家马丁·加德纳（Martin Gardner）在大学期间通过理性的思考从一个新教原教旨主义者转变成为一个著名的怀疑论者，他在他的《秩序与意外》（*Order and Surprise*）一书中这样描述宇宙的诞生："或许上帝的一位天使巡视了一遍无边无际的混沌之海，然后他用手指轻轻地搅了一下。在方程的这个微小而短暂的涡动中，我们的宇宙成形了。"当建立起了弦网凝聚的基本图像后，我们会觉得加德纳的描述确实非常精彩，只不过加德纳的这一描述还是涉及了"上帝""天使"，有某种创世神话的意味在。什么才是最精彩的创世神话呢？仔细比较之后，我们会发现，或许最合理的创世神话可能是飞天面条神教的。飞天面条神教信仰的中心教义认为，一个不可见，且不可感知的"飞行着的意大利面条怪物（Flying Spaghetti Monsterism）"[1]在"一次严重的酗酒后"，创造了整个宇宙，有趣的是，这似乎恰好符合了弦网凝聚的基本物理图像："弦"就像是面条，酗酒后飞行的面条对应着面条的激发。如果我们可以找到某种"面条"——具有弦网凝聚序的量子液体，我们很可能可以利用这种量子液体来模拟我们的宇宙，这实在又是一种激动人心的"计算方法"。

今天，许多科学家相信我们正面临着"第二次量子力学革命"。这次革命将像二十世纪初期的那场量子力学革命一样彻底颠覆原有的物理学观念，产生出新的物理学，并且孕育出大量新的技术。而这场革命的一个重要主题就是"信息"与"物质"的统一，一些核心的观点包括：物质是由量子信息构成的，时空起源于量

---

[1]　飞行面条怪物是一个物理学毕业生亨德森（Bobby Henderson）在所写的讽刺性公开信中首次提及的，这一公开信用"面条神"讽刺和抗议了堪萨斯州教育委员会允许在美国公立学校的科学课教授智能设计论作为进化论的替代解释的决策。这个解释参考了尤亦庄的《从涡旋到电与光的演生》。

图 9- 当科学家千辛万苦爬到山顶时，飞天面条神已经在此等候多时了，RAmen！

子纠缠。我们在这一章中简要地介绍了这些有趣的观点。人类一直希望了解宇宙万物从何而来、如何演化、规律如何，本章中介绍的这些观点很可能为回答这些古老的问题打开了一个突破口。当然，本章的介绍展示了物理学家对这些基本问题的猜想，以及他们尝试的一些回答。这些猜想未必会被证明是正确的，这些回答也或许在漫长的时间里无法得到实验的验证，这些尝试很可能因为缺乏被用来刻画这些理论的新数学而长期陷入停滞，但在新的理论范式建构起来之前，所有的这些探索都是有意义的。面对充满未知的领域，我们愿意相信"新颖比正确更重要"。

在这本书里，我们带着"宇宙从何而来"这样一个问题开启了探索物理学奥秘的旅程。我们介绍了物理学领域的一些有意思的新进展和新观点，我们也尝试着以演生论的观点来回答物理学领域的许多问题，这些回答不代表我们已经解决了这些问题，这仅仅只是我们未来探索的起点。未来的探索，将会是一条更加漫长的道路，我们不妨用爱因斯坦晚年的一段自述作为本书的结尾：

我很清楚，少年时代的宗教天堂就这样失去了，这是使我自己从'仅仅作为个人'的桎梏中，从那种被愿望、希望和原始感情所支配的生活中解放出来的第一个尝试。在我们之外有一个巨大的世界，它离开我们人类而独立存在，它在我们面前就像一个伟大而永恒的谜，然而至少部分的是我们的观察和思维所能及的。对这个世界的凝视深思，就像得到解放一样吸引着我们，而且我不久就注意到，许多我所尊敬和钦佩的人，在专心从事这项事业中，找到了内心的自由和安宁。在向我们提供的一切可能范围里，从思想上掌握这个在个人以外的世界，总是作为一个最高目标而有意无意地浮现在我的心目中。有类似想法的古今人物，以及他们已经达到的真知灼见，都是我的不可失去的朋友。通向这个天堂的道路，并不像通向宗教天堂的道路那样舒坦和诱人；但是，它已证明是可以信赖的，而且我从来也没有为选择了这条道路而后悔过。

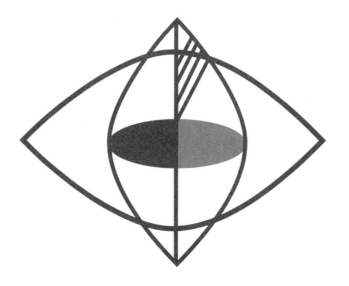

关于本书更详尽的参考文献及勘误，请访问知乎"生命的设计原则"专栏进行更多查阅。

知乎"生命与设计原则"专栏网址：

https://zhuanlan.zhihu.com/DesignPrinciple

**或扫描下方二维码：**

图书在版编目（CIP）数据

宇宙从何而来 / 傅渥成著 .—长沙：湖南科学技术出版社，2018.6
ISBN 978-7-5357-9809-1

Ⅰ . ①宇… Ⅱ . ①傅… Ⅲ . ①宇宙－普及读物 Ⅳ . ①P159-49

中国版本图书馆 CIP 数据核字（2018）第 094493 号

**上架建议：畅销·科普**

YUZHOU CONG HE ER LAI

**宇宙从何而来**

作　　者：傅渥成
出 版 人：张旭东
责任编辑：林澧波
监　　制：毛闽峰　李　娜
特约策划：沈可成　马玉瑾
特约编辑：马玉瑾
营销编辑：杨　帆　周怡文
封面设计：薄荷橙
版式设计：利　锐
出版发行：湖南科学技术出版社
　　　　　（湖南省长沙市湘雅路 276 号　邮编：410008）
网　　址：www.hnstp.com
印　　刷：三河市中晟雅豪印务有限公司
经　　销：新华书店
开　　本：700mm×995mm　1/16
字　　数：280 千字
印　　张：20.5
版　　次：2018 年 6 月第 1 版
印　　次：2018 年 6 月第 1 次印刷
书　　号：ISBN 978-7-5357-9809-1
定　　价：52.80 元

若有质量问题，请致电质量监督电话：010-59096394
团购电话：010-59320018